职高专计算机系列

关系数据库应用教程——基于Access 2010

Database Application Base on Access 2010

任淑美 李宁湘 ◎ 主编
尚敏 吴伟美 李彬 ◎ 副主编

人民邮电出版社
北京

图书在版编目（CIP）数据

关系数据库应用教程 ： 基于Access 2010 / 任淑美，
李宁湘主编. -- 北京 ： 人民邮电出版社，2014.9（2020.1重印）
工业和信息化人才培养规划教材. 高职高专计算机系
列
ISBN 978-7-115-36310-7

Ⅰ. ①关… Ⅱ. ①任… ②李… Ⅲ. ①关系数据库系
统－高等职业教育－教材 Ⅳ. ①TP311.138

中国版本图书馆CIP数据核字(2014)第142617号

内 容 提 要

本书共分 10 章，通过 3 个典型案例——“教学管理系统”、“图书管理系统”和“工资管理系统”，依次讲解了数据库的基本概念、创建和管理数据库、创建和操作数据表、设计和创建查询、SQL 查询、设计和创建窗体、设计和创建报表、创建用户界面以及应用实例，并将知识点融入开发案例中，最后以真实系统开发为例，贯穿所有的知识点，介绍应用程序创建的全过程。

本书知识性强，具备实用性和可操作性，可满足高职高专各相关专业学习关系数据库应用课程的需求，也可作为一般公司企业的员工培训教材，也适合作为全国计算机等级考试二级的 Access 的参考教程。

◆ 主　　编　任淑美　李宁湘
副 主 编　尚　敏　吴伟美　李彬
责任编辑　王　威
执行编辑　范博涛
责任印制　杨林杰

◆ 人民邮电出版社出版发行　　北京市丰台区成寿寺路 11 号
邮编　100164　　电子邮件　315@ptpress.com.cn
网址　http://www.ptpress.com.cn
北京捷迅佳彩印刷有限公司印刷

◆ 开本：787×1092　1/16
印张：15.75　　　　2014 年 9 月第 1 版
字数：392 千字　　　2020 年 1 月北京第 2 次印刷

定价：36.00 元

读者服务热线：(010)81055256　印装质量热线：(010)81055316
反盗版热线：(010)81055315

前 言 PREFACE

关系数据库应用是计算机应用的一个重要组成部分，是信息技术专业从业人员的必备技能。本教程采用的 Microsoft Access 2010 系统，是微软公司推出的数据库管理软件。Access 2010 与其他管理软件相比，突出的优势在于功能强大、应用广泛、易学好用。它使读者能在较短的时间内掌握最关键的技术，是一个学习关系数据库技术的优秀平台。

第一部分（第 1 章）：介绍数据库基本概念。从数据、信息、数据处理等基本概念进行引入，对数据库技术和信息技术进行比较，介绍了数据库技术的发展过程、数据库的体系结构、数据库系统的组成和数据库管理系统的功能等。

第二部分（第 2 章至第 9 章）：介绍 Access 2010 的核心功能。主要讲述内容包括：Access 2010 数据库概述；创建数据库的基本知识；数据表的概念、创建和操作方法等；在数据库中创建查询的目的、方法及使用；SQL 查询及常用的数据操纵语句；创建窗体的方法及如何使用窗体；报表的基本概念和创建及使用的方法；宏的概念和操作及使用方法；创建实用的数据库应用程序。

第三部分（第 10 章）：实例应用。以一个公司的真实系统开发为案例，介绍了一个应用程序创建的全过程。

第四部分：附录。列出了常用的一些符号、函数、属性及快捷键等，方便查阅。

本书的特点是，循序渐进，逐步深入，体系清晰，案例实用。本教程偏重对基础知识和基本概念的介绍，在内容的选择上遵循“必须、够用”的原则，以工作任务为引领，以相关知识点为脉络，特别注重读者的知识水平和接受能力，力求满足高职高专各相关专业对关系数据库应用课程的教学要求。全书内容丰富，注重理论与实践的结合，有很强的知识性、实用性和可操作性。通过本书的认真学习，能很快掌握并运用 Microsoft Access 2010 开发出具有实用价值的数据库应用程序。

本书由广东科学技术学院和广州致卓电脑科技有限公司共同策划，对全书的内容选取、知识结构的编排顺序以及实用案例等进行研究。全书由任淑美、李宁湘担任主编，尚敏、吴伟美、李彬担任副主编。由任淑美组织全书的编写工作，负责全书内容的总体规划、内容审定和统一修改。

编　　者

2014 年 5 月

目 录 CONTENTS

第1章 认识数据库 1

第2章 认识 Access 2010 数据库 9

第3章 创建和管理数据库 27

第4章 创建和操作数据表 51

第5章 设计和创建查询 86

第6章 SQL 查询 116

第 10 章　应用实例——建立工资管理系统　217

附　录　235

参考文献　244

PART 1

第1章 认识数据库

任务与目标

1．任务描述

本章的任务是掌握数据库的基本概念，理解什么是数据库技术，数据库技术的发展过程，了解数据库系统的组成和数据库管理系统的功能。

2．任务分解

任务 1.1　数据库的基本概念，数据、信息与数据库的关系。

任务 1.2　了解数据库技术的发展历程。

任务 1.3　数据库系统的组成。

任务 1.4　数据库管理系统的功能。

3．学习目标

目标 1：掌握数据库的基本概念，数据、信息与数据库三者之间的关系。

目标 2：深入了解数据库技术的发展历程。

目标 3：掌握数据库系统的组成。

目标 4：掌握数据库管理系统的功能。

1.1　数据库概述

任务 1.1　掌握数据库的基本概念，数据、信息与数据库的关系。

1.1.1　简述

随着信息处理技术与网络通信技术的发展，数据库技术已成为信息社会中对大量数据进行组织与管理的重要技术手段，是实现现代化信息管理的重要基础。

信息技术是知识经济的重要支柱，而数据库技术又是现代信息科学与技术的重要组成部分，是计算机数据处理与信息管理系统的核心。数据库技术研究和解决了计算机信息处理过程中如何对大量数据有效地组织和存储的问题。利用数据库技术，能够减少数据存储冗余、实现数据共享、保障数据安全以及高效地检索数据和处理数据。

数据库技术自 20 世纪 60 年代出现以来，发展速度相当快，至今已成为计算机技术发展的热点之一。在这不长的发展过程中，数据库技术的理论研究和应用系统的开发取得了很大的成就，数据库技术已成为现代计算机领域的重要组成部分。为提高工作效率和工作质量，很多企事业单位都使用数据库系统进行日常事务的管理。为适应社会对 IT 类人才的需求，数据库技术在我国高校的相关专业已成为学生必修的主要专业课。

1.1.2 数据、信息与数据库

数据是指使用符号记录下来的、可以识别的信息。信息则是关于现实世界中事物存在方式或运动状态的反映。数据库是统一管理相关数据的集合。

数据（Data）的表现形式很多，数字、字母、符号、图形、声音、图像和视频信号等都是数据。在日常生活中，数据无处不在，人们能够看到和听到的事物几乎都可以用数据表示出来，并可以经过编码后交给计算机处理。

信息（Information）是对原始数据进行加工或解释之后得到的能对客观世界产生影响的数据。如天气预报所报道的数据内容就是一种天气冷暖的信息。

数据处理是指对数据进行收集、整理、存储、传播、检索、分类或计算的过程。数据与信息之间的关系可以表示为：信息=数据+数据处理。

数据库（Database，DB）是长期存储在计算机内、有组织、可共享的数据，是与应用彼此独立的、以一定的组织方式存储在一起的、彼此相互关联的、具有较少冗余的、能够被多个用户共享的数据集合。其中的数据必须是可以记录的、且具有一定意义的事实。数据库可以人工地建立、维护和使用，也可以通过计算机建立、维护和使用。例如，公司雇员表中的员工姓名、性别、家庭住址、基本工资等。这些数据既可以放在登记表中，也可以在计算机上用相关的软件来管理。这些数据相互之间有一定的关系且具有一定的意义，反映在登记表中的这些相关数据的集合就是数据库。

1.1.3 信息技术与数据库技术

随着计算机行业的快速发展，信息技术（Information Technology）在各行各业得到广泛应用。而数据库技术则是信息技术的一个重要的支撑，它让人们在浩如烟海的数据中，通过分析、比对和处理，获取对人们有用的数据。

数据库技术是计算机科学技术的一个重要分支。计算机的使用从开始时单纯的科学研究和数据计算扩展到现在的各级行政职能部门和企业管理，对数据管理的需求要求更高。网络技术的发展，互联网应用的普及，使数据库技术、知识、技能的重要性得到充分的体现。现在，数据库已经成为信息管理、办公自动化、计算机辅助设计、金融服务、通信服务等应用领域的主要软件之一，帮助人们处理各种类型的数据。

数据库技术是研究数据库的结构、存储、设计、管理和应用的一门软件学科。它所研究的问题就是如何科学地组织和存储数据，如何高效地获取和处理数据。数据库技术是在操作系统的文件系统基础上发展起来的。

数据库最初是大公司或大机构中用作大规模事务处理的基础。后来随着个人计算机的普及，数据库技术被移植到 PC 上，用于单用户个人数据库应用。接着，由于 PC 在工作组内连成网，数据库技术就移植到工作组级。现在，数据库正被 Internet 和内联网的诸多应用所使用。

1.2 数据库技术的发展历程

任务 1.2　了解数据库技术的发展历程

数据处理的中心问题是数据管理。早期的数据处理比较落后，是通过手工进行。现在带高效存储设备的计算机的广泛使用，使数据处理进入了使用现代化工具的先进行列，数据处理的规模和范围以及处理速度都有了很大的提高。

随着计算机软、硬件技术的发展，以及计算机应用范围的扩展，计算机的数据处理经历了从低级到高级四个阶段：人工管理阶段、文件系统阶段、数据库系统阶段和高级数据库系统阶段。

1.2.1 人工管理阶段

早期计算机主要用于数值计算，只能使用卡片、纸带、磁盘等来存储数据。数据本身不能独立存储，只能作为程序的组成部分。数据的输入、输出和使用都是由程序来控制的，使用时随程序一起进入内存，用完后完全撤出计算机。

由于每个程序都有自己的一组数据，各程序之间的数据不能共享，没有软件对数据进行管理。程序员不仅要规定数据的逻辑结构，还要在程序中设计物理结构，如存储结构、存取方法、输入输出方式等。如果数据发生改变，程序员必须修改程序，并且数据的组织方法是由应用程序开发人员自行设计和安排的，没有统一的方式。如果两个程序需要使用相同的数据，也必须各自定义存储结构和存取方式，而不能共享相同的数据定义，造成了大量的数据冗余。

人工管理阶段的特点是：数据和程序不具有独立性；数据不能长期保存；系统中没有对数据进行管理的软件。

1.2.2 文件系统管理阶段

20 世纪 60 年代中期，出现了磁带、磁盘等大容量的外存储器和操作系统，计算机不仅能用于科学计算，还被大量用于数据管理。此时，数据不再是程序的组成部分，而是按一定的规则把大量的数据组织在数据文件中，并为每一个文件取一个名字，长期保存在存储设备上。

用文件来保存和操作数据，使程序有了一定的独立性。保存在存储设备上的数据，可以被多次存取和进行查询、修改、插入和删除等操作，并可采用多种文件组织形式，如顺序文件、索引文件和随机文件等。

数据文件的逻辑结构和存储结构由系统进行转换，也就是说它们可以有一定的差别。数据在文件中是以记录的形式存放的。在程序员设计程序需要访问数据文件时，只要给出文件名和逻辑记录号就可以调用，而不必关心数据存储在什么地方，可以集中精力考虑算法，节省了维护程序的工作量。

文件系统阶段的特点是：程序和数据有了一定的独立性，程序和数据分开存储；数据文件可以长期保存在外存储器上并可以多次存取；数据的存取以记录为基本单位，并出现了多种文件组织；数据冗余度大；缺乏数据独立性；数据联系弱，不能集中管理。

文件系统阶段的数据管理模型如图 1.1 所示。

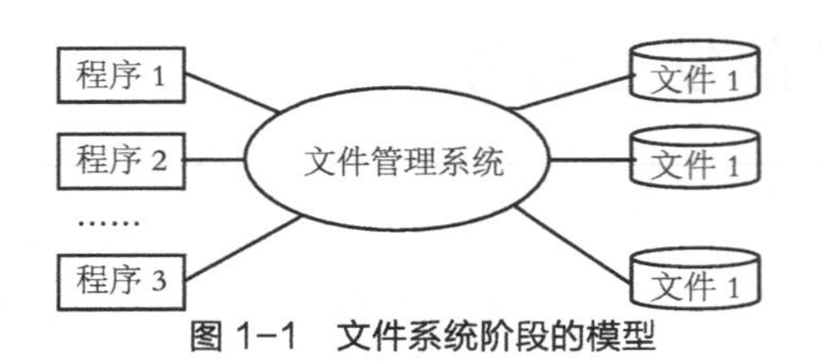

图 1-1　文件系统阶段的模型

1.2.3　数据库系统管理阶段

从 20 世纪 60 年代后期开始，数据处理的规模急剧增长。计算机中采用了大容量的磁盘系统，用于管理的规模越来越庞大。为了解决数据的独立性问题，实现数据的统一管理，达到数据共享的目的，数据库技术得到了极大的发展。数据库系统克服了文件系统管理阶段存在的各种问题，提供了优化的数据管理方法。

在数据库系统管理阶段的数据管理特点主要如下。

（1）数据库中的数据是结构化的。数据是按照某种规则，以能反映数据之间内在联系的形式组织在库文件中的。它考虑了记录之间的联系，这种联系通过存储路径来实现。

（2）数据冗余度小，易扩充。存储于数据库中的大量数据与应用程序是相互独立的。数据面向系统，减少了数据冗余，实现了不同应用间的数据共享。

（3）有较高的数据和程序独立性。数据的变动不会影响到应用程序，数据也不会受到应用程序变化的影响。

（4）数据库为用户提供了方便的接口。数据库系统提供了管理、控制数据和各种简单明了的操作命令及程序设计语言，使用户可以向数据库发出查询、修改、统计等各种命令，拓宽了数据库的应用范围。

（5）数据的最小存取单位是数据项。在数据库中用户既可以存取数据库中某一个数据项或一组数据项，也可以存取一个记录或一组记录。

数据库阶段的数据管理模型如图 1.2 所示。

图 1-2　应用程序与数据库的联系

1.2.4　高级数据库系统管理阶段

20 世纪 70 年代中期以来，出现了分布式数据库、面向对象数据库和智能型知识数据库等，这些数据库通常被称为高级数据库技术。在不断出现的数据库新产品中，关系数据库系统居多，且管理功能越来越强。下面对三种常见的数据库技术进行简单介绍。

（1）客户机/服务器结构的数据库技术

由于计算机网络技术的发展以及地理上分散的用户对数据库的应用需求，关系数据库管理系统的运行环境从单机扩展到网络，从封闭式走向开放式。在客户机/服务器结构中，网络上的每个结点都是一个通用计算机。某个或某些结点用来专门执行数据库管理系统的功能，称为“数据库服务器”。其他结点上的计算机运行数据库管理系统的外围应用开发工具，支持用户的应用，称为“客户机”。客户机执行应用程序并对服务器提出服务请求，服务器完成客户机所委托的公共服务，并且把查询结果返回给客户机，即形成通常所说的客户机/服务器结构。

客户机/服务器结构的数据库管理系统就是把原来单机环境下的数据库管理系统功能在客户机/服务器这种新的环境下进行合理的分布，对硬件和软件进行合理的配置和设计。它可以更好地实现数据服务和应用程序的共享，系统容易扩充。

（2）分布式数据库系统阶段

分布式数据库系统是数据库技术与计算机网络技术相结合的产物，是一个逻辑上统一、地域上分散的数据集合，是计算机网络环境中各个局部数据库的逻辑集合，同时受分布式数据库管理系统的控制和管理。分布式数据库系统适当地增加了数据冗余，个别结点的失效不会引起系统的瘫痪，而且多台处理机可并行地工作，提高了数据处理的效率。

在分布式数据库管理系统中，每个结点的数据库系统都有独立处理本地事务的能力，而且各局部结点之间也能够互相访问、有效配合，能够处理更复杂的事务。这种系统有高度的透明性，每台计算机上的用户不需要了解所访问的数据究竟在什么地方，就像使用本地数据库一样。

分布式数据库系统适合于那些各部门在地理上分散的组织机构和事务处理，如银行业务、飞机订票、火车订票等。

分布式数据库有两个主要特点：网络上每个结点都具有独立处理数据的能力；计算机之间用通信网络连接。

（3）并行数据库系统

计算机应用技术的发展要求主机有更强的数据处理能力，这就对硬件和软件性能的提高提出了要求，对数据库的性能和可用性也提出了更高的要求。并行数据库技术的实现为解决这些问题提供了可能性。

并行数据库系统可以作为服务器面向多个客户机进行服务。并行数据库系统必须具有处理并行性、数据划分、数据复制以及分布事务等能力。依赖于不同的并行系统体系结构，一个处理器可以支持多种功能。

1.3 数据库系统的组成

任务 1.3　了解数据库系统的组成

数据库系统是由数据库、数据库管理系统（DBMS）、支持数据库运行的软件和硬件环境、应用程序和数据库管理员组成的。

（1）数据库

数据库是一组相互联系的若干文件的集合，其中最基本的是包含用户数据的文件。用户所需的数据，按逻辑分类存储于数据库文件中，文件之间的联系是由它们之间的逻辑关系决定的，这种联系也要存储于数据库文件中。

（2）数据库管理系统

数据库管理系统（DBMS）是专门用于管理数据的软件。它一般提供数据定义、数据操纵、数据并发控制、数据维护、数据库恢复等功能。它提供应用程序与数据库之间的接口，允许用户访问数据库中的数据，负责逻辑数据与物理数据之间的映射，是控制和管理数据库运行的工具。常用的数据库管理系统有很多种，如 Visual ForPro、Access、Oracal 等。

（3）硬件和软件

每种数据库管理系统都要求有自己的软、硬件环境。数据库系统对硬件的要求是要有足够大的内存来存放操作系统、数据库管理系统的核心模块、数据库数据缓冲区、应用程序以及用户的工作区。不同的数据库产品对硬件的要求是不相同的。

软件主要包括操作系统、数据库管理系统和一些开发工具。操作系统要能提供对数据库管理系统的支持。

（4）应用程序

应用程序是为某一特定的用途而开发的软件。如档案管理系统、成绩管理系统等。

（5）管理员

数据库管理员（DBA）是管理、维护数据库系统的人员。其主要职责有如下几个方面。

（1）决定数据库的信息内容和结构。必须参与数据库设计的全过程，与用户、程序员、系统分析员一起设计。

（2）决定数据库的存储结构和存取策略。综合各用户的应用需求，与数据库设计人员一起共同决定数据的物理组织、存取方式等。

（3）定义数据的安全性要求和完整性约束条件。保证数据库的安全性和完整性是数据库管理员的重要职责。不同用户对数据库的存取权限、数据库的保密级别和完整性约束条件等都应由管理员负责确定。

（4）建立数据库。管理员负责原始数据的录入，建立用户数据库。

（5）监督和控制数据库的使用和运行。负责监视数据库系统的运行情况，如果出现问题，要及时处理。遇到硬、软件故障，必须能在最短的时间内使之恢复正常。

（6）数据库系统的改进和重组。负责对系统运行时的空间利用率和处理效率进行记录、统计和分析，根据实际应用和一定的策略对数据库进行重组并不断改进数据库的设计。

1.4 数据库管理系统的功能

任务 1.4 掌握数据库管理系统的功能

数据库管理系统作为数据库系统的核心软件，其主要目标是使数据库成为方便用户使用的资源，易于为各种用户所共享，并增强数据的安全性、完整性和可用性。

不同的 DBMS 对硬件资源、软件环境的适应性各不相同，因而其功能也有差异。一般来说，DBMS 应具备下述几个方面的功能。

（1）数据库定义功能

数据库定义也称为数据库描述，包括定义构成数据库系统的模式、存储模式和外模式，定义外模式与模式之间、模式与存储模式（内模式）之间的映射，以及定义有关的约束条件，如为保证数据库中的数据具有正确语义而定义的完整性规则，为保证数据库安全而定义的用户口令和存取权限等。

（2）数据库操纵功能

数据库操纵功能是 DBMS 面向用户的功能。DBMS 接收、分析和执行用户对数据库提出的各种操作要求，完成数据库数据的检索、插入、删除和更新等各种数据处理任务。

（3）数据库运行控制功能

DBMS 的核心工作是对数据库的运行进行管理，包括执行访问数据库时的安全性检查、完整性约束条件的检查和执行、数据共享的并发控制，以及数据库的内部维护等。所有访问数据库的操作都要在这些控制程序的统一管理下进行，其目的是保证数据库的可用性和可靠性。DBMS 提供以下几个方面的数据控制功能。

① 数据安全性控制功能。目的是防止因非授权用户存取数据而造成数据泄密或破坏。如设置口令，确定用户的访问密级和数据存取权限等。

② 数据完整性控制功能。完整性是数据的准确性和一致性的测度。在将数据添加到数据库时，对数据的合法性和一致性的检验将会提高数据的完整性。

③ 并发控制功能。数据库是提供给多个用户共享的，因此用户对数据的存取可能是并发的，即多个用户可能同时访问同一个数据库，因此 DBMS 应能对多用户的并发操作加以控制、协调。例如，当一个用户正在修改某些数据项时，如果其他用户也要同时存取这些数据项，就可能导致数据出错。DBMS 可采用加锁的方式进行控制。

④ 数据库恢复功能。数据库的运行过程中有可能会出现故障，因此系统应能提供恢复数据库的功能，如使用备份、转储等方式，使发生故障的数据库有能力恢复到损坏之前的状态。

练习与思考

一、选择题

1. 在数据管理技术的发展过程中，经历了人工管理阶段、文件系统阶段和数据库系统阶段。在这几个阶段中，数据独立性最高的是（　　）阶段。

A. 数据库系统　　B. 文件系统

C. 人工管理　　D. 数据项管理

2. 数据库系统与文件系统的主要区别是（　　）。

A. 数据库系统复杂，而文件系统简单

B. 文件系统不能解决数据冗余和数据独立性的问题，而数据库系统可以解决

C. 文件系统只能管理文件，而数据库系统能够管理各种类型的数据

D. 文件系统管理的数据量较少，而数据库系统可以管理庞大的数据量

3. 数据库系统的核心是（　　）。

A. 数据库　　B. 数据库管理系统

C. 数据模型　　D. 软件工具

4. 在数据库中存储的是（　　）。

A. 数据　　B. 数据模型

C. 数据以及数据之间的联系　　D. 信息

5. 数据库的特点之一是数据的共享，这里所说的数据共享是指（　　）。

A. 同一个应用中的多个程序共享一个数据集合

B. 多个用户、同一种语言共享数据

C. 多个用户共享一个数据文件

D. 多种应用、多种语言、多个用户相互覆盖地使用数据集合

6. 数据库、数据库管理系统、数据库系统三者之间的关系是（　　）。

A. DBS 包括 DB 和 DBMS　　B. DBMS 包括 DB 和 DBS

C. DB 包括 DBS 和 DBMS　　D. DBS 就是 DB，也就是 DBMS

7.（　　）可以减少数据重复存储的现象。

A. 记录　　B. 数据库

C. 字段　　D. 文件

8. 数据库管理系统（DBMS）的主要功能是（　　）。

A. 定义数据库　　B. 应用数据库

C. 修改数据库　　D. 保护数据库

9. 数据库管理系统能实现对数据库中数据的插入、查询、修改和删除等操作，这种功能称之为（　　）。

A. 数据管理功能　　B. 数据操纵功能

C. 数据控制功能　　D. 数据定义功能

二、填空题

1. 经过数据处理和加工而用于决策或其他应用活动的数据称为（　　）。
2. 数据库是长期存储在计算机内，有（　　）的、可（　　）的数据集合。
3. DBMS 管理的是（　　）的数据。
4. 由（　　）负责全面管理和控制数据库系统。
5. 数据库系统包括数据库（　　）、（　　）、（　　）和（　　）四个方面。
6. 数据库体系结构按照（　　）、（　　）和（　　）三级结构进行组织。

三、简答题

1. 什么是数据库？
2. 使用数据库系统有什么好处？
3. 文件系统管理数据的方法是什么？
4. 什么是数据库管理系统？
5. 数据库管理系统有哪些功能？
6. DBA 的职责是什么？

PART 2

第2章 认识 Access 2010 数据库

任务与目标

1．任务描述

以 Access 2010 作为学习关系型数据库管理系统的平台。本章主要了解 Access 2010 的基本功能和基本知识，了解各种版本的区别。掌握安装、启动和退出 Access 2010 的方法，掌握如何设置 Access 2010 的工作环境，熟悉操作界面，了解常用的数据库对象及其用途。

2．任务分解

任务 2.1　了解 Access 2010 数据库管理系统的特点及主要功能。

任务 2.2　安装 Access 2010 系统，启动系统、退出系统。

任务 2.3　使用 Access 2010 操作界面。

任务 2.4　了解 Access 2010 中常用的数据库对象。

3．学习目标

目标 1：了解 Access 2010 数据库管理系统的特点及主要功能。

目标 2：掌握安装 Access 2010 系统、启动系统、退出系统的方法。

目标 3：熟练使用 Access 2010 操作界面。

目标 4：了解 Access 2010 中常用的数据库对象及其功能。

2.1　Access 2010 简介

任务 2.1　了解 Access 2010 数据库管理系统的特点及主要功能。

Access 2010 是一个关系型数据库管理系统，是 Microsoft Office 软件中的一个重要组成部分，具有与 Word、Excel 和 PowerPoint 等相类似的操作界面和使用环境。随着版本的不断升级，现在已经成为最流行的数据库管理系统。

开始时微软公司是将 Access 单独作为一个产品进行销售的，后来通过大量的改进，Access 的功能变得越来越强大。它提供了大量的工具和向导，即使没有任何编程经验，也可以通过可视化的操作来完成大部分的数据库管理和开发工作。不管是处理公司的客户订单数据，或是管理自己的个人通信录，还是对大量科研数据的记录和处理，人们都可以利用它来进行对大量数据的管理工作。

2.1.1 Access 2010 的特点

与其他数据库管理系统相比，Access 具有如下特点。

1．功能强大

Access 2010 提供了一组功能强大的工具，帮助用户方便地得到所需要的信息，并允许用户在便于管理的环境中快速开始跟踪、报告和共享信息。

2．快速实现主题专业设计

利用 Access 2010 提供的主题工具，快速设置修改数据库外观，用户不需要具有高深的数据库知识，就可以快速创建和修改应用程序及报表，快速创建窗体、报表、查询以及更多对象。

3．存储文件格式

Access2010 采用新型文件格式，能够支持许多产品的增强功能。新的 Access 文件采用的文件扩展名为 Accdb，它的用户只能执行 VBA 代码，而不能修改这些代码。

4．兼容多种数据库格式

Access 2010 增加了对 PDF 和 XPS 格式文件的支持，用户只要在相关的网站上下载相应原插件，安装后，就可以把数据表、窗体或报表直接输出为这两种格式。

5．全新的用户界面

利用 Access 2010 全新的用户界面，用户可以更快捷、更容易地制作出外观漂亮的、功能强大的桌面数据库应用程序。新用户界面由多个元素构成，这些元素定义了用户与数据库的交互方式，能帮助用户熟练运用 Access，有助于快速使用各种命令。其功能区中包含多组命令，可将最常用的命令提供给用户，很多命令只在需要时才显示。

6．共享数据库

Access 2010 增强了通过 Web 网络共享数据库的功能，同时还提供了一种作为 Web 应用程序布署到 SharePoint 服务器的新方法。Access 2010 与 SharePoint 技术紧密结合，它可以基于 SharePoint 的数据创建数据库，也可以与 SharePoint 服务器交换数据。

2.1.2 Access 2010 的主要功能

Access 2010 是专业化的数据库设计与开发工具，不但能够存储和检索信息、提供所需求的信息和自动完成可重复执行的任务，还能编写数据库管理软件。在数据处理方面具有公式计算、函数计算、数据排序、数据筛选、数据汇总、数据分析、生成图表等功能，广泛应用于中小型企业、事业单位的统计、分析数据和财务管理等方面。

Access 2010 在功能上不仅继承了 Access 以前版本的优点，而且还增强了一些独具特色的新功能，可以更高效地进行数据库开发和管理工作。

1．完整的数据库管理功能

Access 2010 提供了一整套用于组织数据、建立查询、生成窗体、打印报表、共享数据的功能，使用这些功能可以完成数据库的各项管理工作。通过宏和模板，可以将各种数据库及其对象联系在一起，从而形成一个数据库应用系统。利用 Access 提供的“切换面版管理器”创建切换面板，可以将已经建立的各种数据库对象连接在一起，将已经完成的原功能集成为一个完整的应用系统。

2．功能强大的模板

在 Access 2010 中，用户可以使用“样本模板”快速开始创建数据库。既可以创建自己的数据库，也可以使用事先设计好的、具有专业水准的数据库模板开始创建数据。每个模板都是一个完整的跟踪应用程序，具有预定义的表、窗体、报表、查询、宏和关系。模板设计为一经打开便可直接使用，从而保证用户可以快速开始工作。

Access 2010 提供了 12 个处理普通日常各类管理工作的数据库模板，如营销项目、教职员等。

3．数据计算和数据汇总

Access 2010 新增了计算机字段数据类型，能够完成原来需要在控件、宏、查询或 VBA 代码中进行的计算，可以很方便地显示和使用计算结果。

汇总数据也是 Access 2010 新增的功能。在早期的版本中，必须在查询或表达式中使用函数对行进行计算，在 2010 版本中，不仅可以直接使用功能区上的命令对它们进行计数，同时还可以从下拉列表中选择其他聚合函数进行求和、求平均值等计算。

4．方便操作的图形界面

Access 2010 的图形界面经过重新设计后，使用称为“功能区”的标准区域代替了早期版本中的多层菜单和工具栏。图 2-1 所示的即为“创建”功能区。该功能区界面选项简洁，功能按钮集中、直观，十分方便初学者使用。其独具特色的图形化查询设计，使得原来必须编写大量代码的工作，现在只需要用鼠标拖动对象就可以轻松完成了。

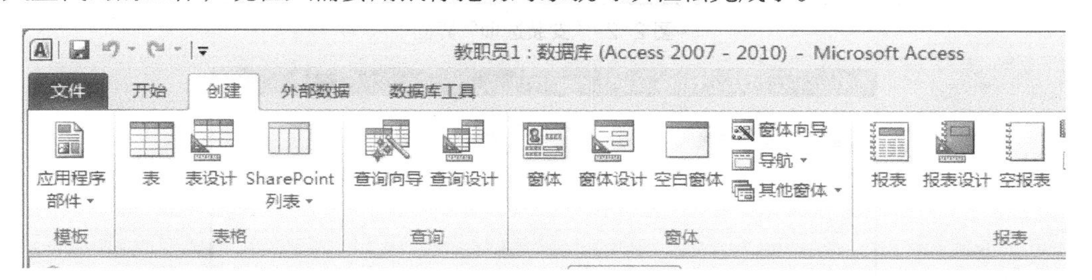

图 2-1 “创建”功能区

5．开发网络数据库

Access 2010 提供了两种数据库类型的开发工具，一种是标准桌面数据库系统，另一种是 Web 数据库类型。使用 Web 数据库开发工具可以很方便地开发出网络数据库。

2.2 Access 2010 的安装、启动和退出

任务 2.2 安装 Access 2010 系统，启动系统、退出系统。

在使用 Access 2010 之前，用户首先要安装这个软件，以方便使用和学习操作方法。

2.2.1 Access 2010 的安装和卸载

1．安装 Access 2010

操作步骤如下所示。

（1）将 Microsoft Office 2010 的安装光盘放入光驱，安装程序自动运行。出现如图 2-2 所示的“安装选项”界面。

（2）选择 Microsoft Access ，单击“继续”进入系统安装过程，观察安装进度条，如图 2-3 所示。

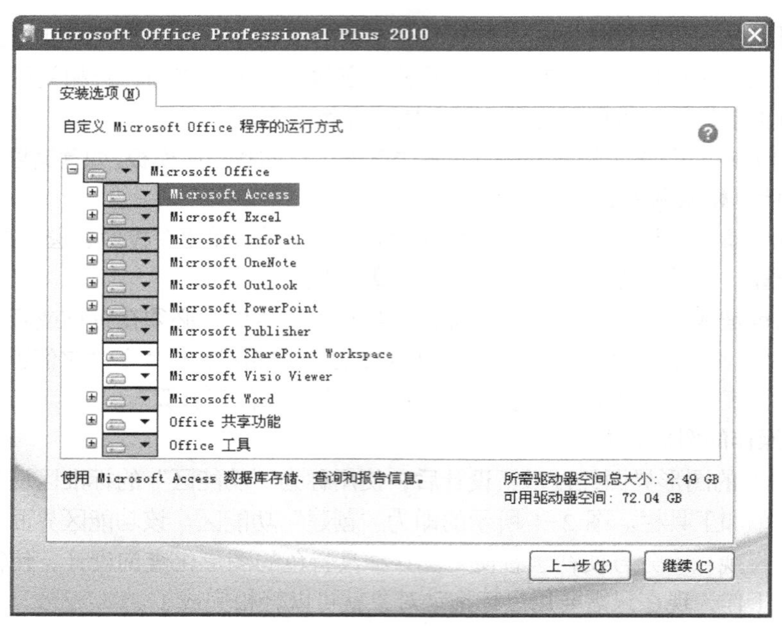

图 2-2 “安装选项”界面

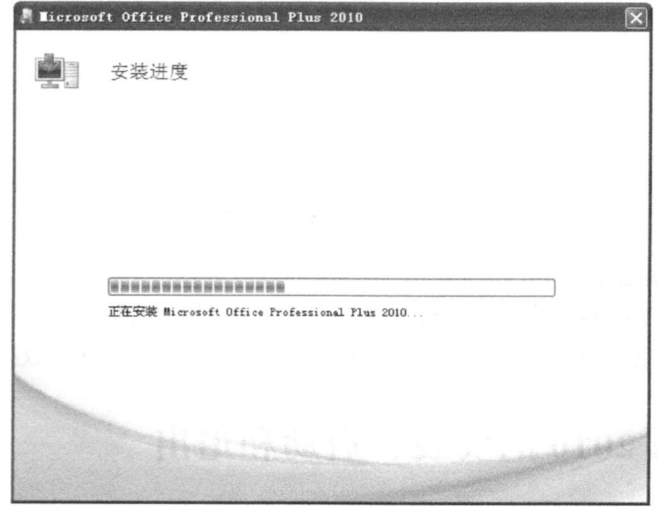

图 2-3 安装进度

（3）安装过程中将出现一系列的画面，依次进行相应的选择。

（4）当出现如图 2-4 所示的完成画面时，单击“关闭”按钮。

2．卸载 Access 2010

操作步骤如下所示。

（1）依次单击“开始”、“控制面板”、“添加和删除程序”，如图 2-5 所示。

（2）在打开的“添加或删除程序”界面中，选中“Microsoft Office Professional Plus 2010”，如图 2-6 所示，然后单击“删除”按钮。

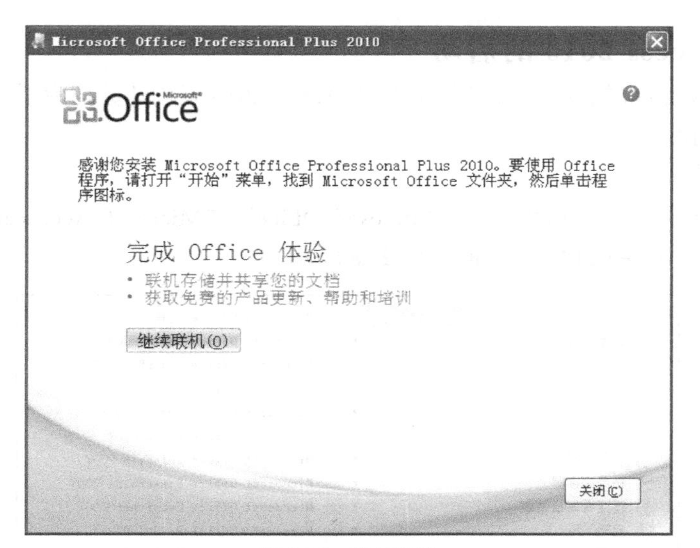

图 2-4　安装进度

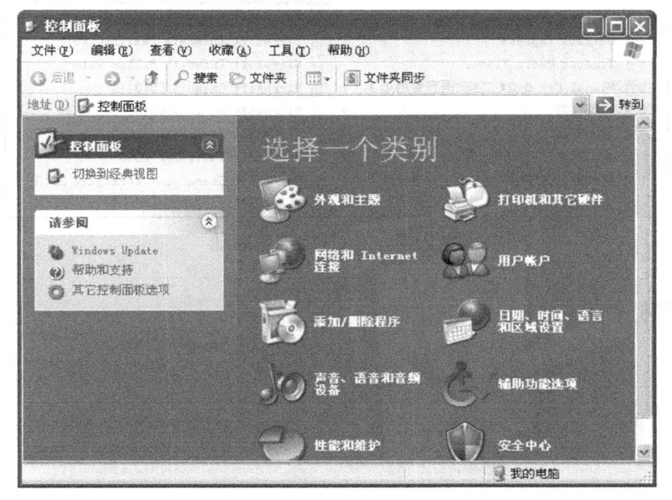

图 2-5　控制面板

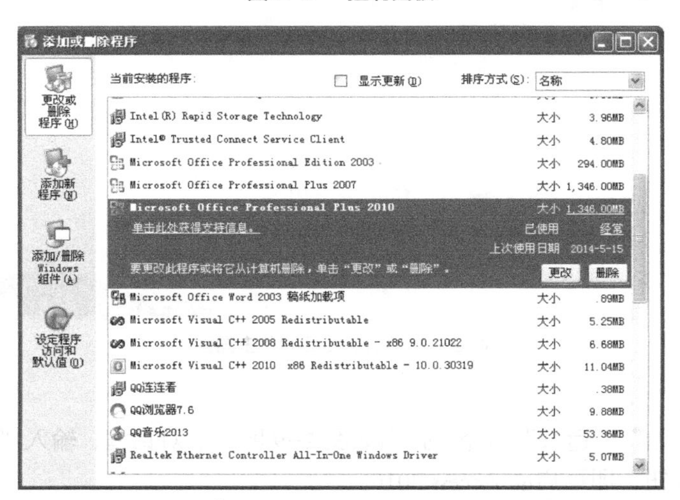

图 2-6　选择删除“Microsoft Office Professional Plus 2010”

2.2.2 Access 2010 的启动

在完成 Access 2010 的安装后，就可以使用 Access 2010 来创建数据库了。创建数据库必须先启动 Access 2010。

1．启动方法一

依次选择“开始”、“所有程序”、“Microsoft Office”、“Microsoft Access 2010”命令，如图 2-7 所示。打开的 Access 2010 主画面如图 2-8 所示。

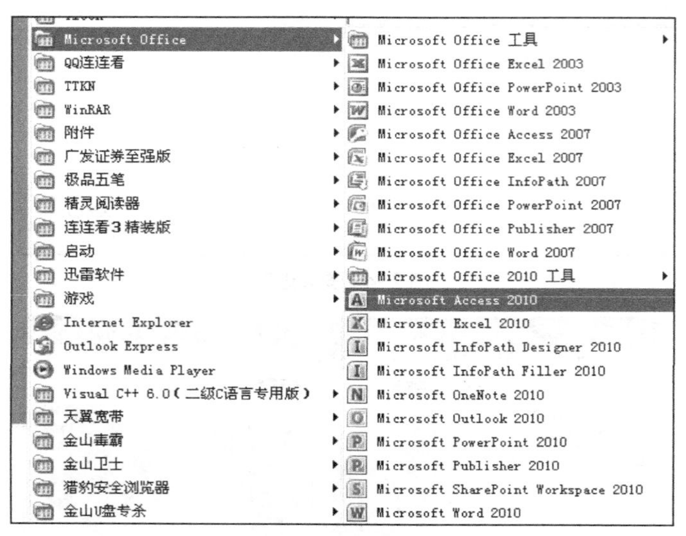

图 2-7　从开始菜单启动

图 2-8　Access 2010 主画面

2．启动方法二

依次选择“开始”、“运行”命令，弹出如图 2-9 所示的对话框，输入“msaccess.exe”，然后单击“确定”按钮，即可启动 Access 2010。

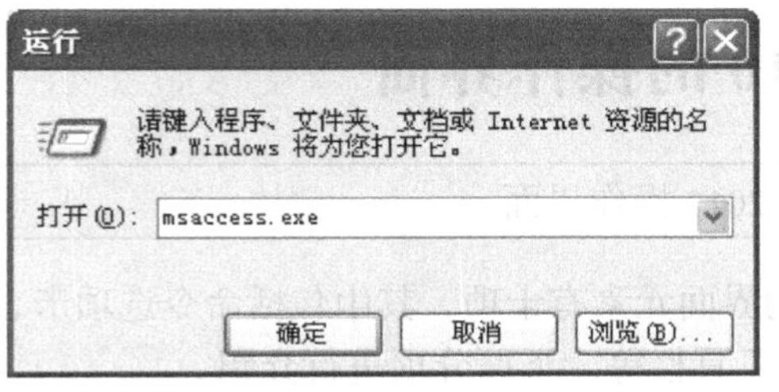

图 2-9 “运行”对话框

3．启动方法三

在计算机操作系统中找到需要打开的 Access 数据库文件，然后直接双击该文件的图标，即可打开数据库系统。如在桌面上创建了 Access 快捷方式图标，双击该图标也可以启动。

2.2.3 Access 2010 的退出

下列 3 种方法均可关闭 Access 2010 数据库。

1．方法一

在打开的 Access 窗口中，单击右上角的“关闭”按钮。

2．方法二

如图 2-10 所示单击“A”按钮，然后选择最下方的“关闭”。

3．方法三

如图 2-11 所示选择“文件”菜单 ，单击最下方的“退出”。

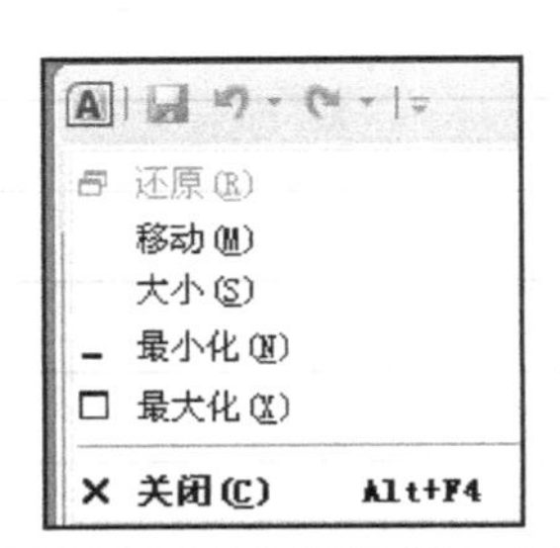

图 2-10 退出方法二

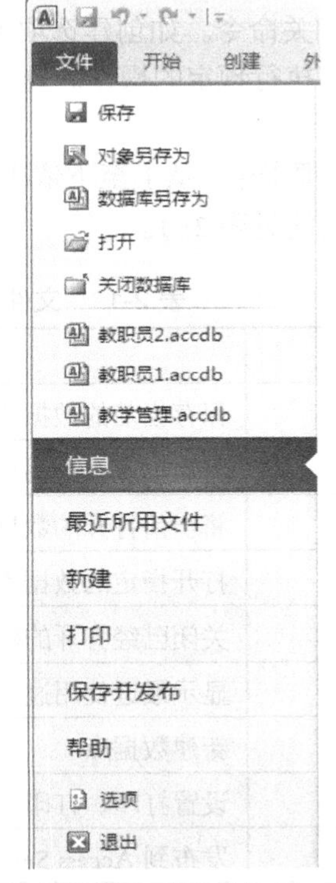

图 2-11 退出方法三

2.3　Access 2010 的操作界面

任务 2.3 使用 Access 2010 操作界面。

Access 2010 中主要的界面元素有十项，其中包括命令选项卡、样式库、导航窗格、上下文命令选项卡、快速访问工具栏等。下面分项进行介绍。

2.3.1　功能区

功能区由一系列包含命令的选项卡组成，如图 2–12 所示。它位于程序窗口的顶部，为命令提供了一个集中的区域。功能区可以分为多个部分，其中包括“文件”、“开始”等选项卡。

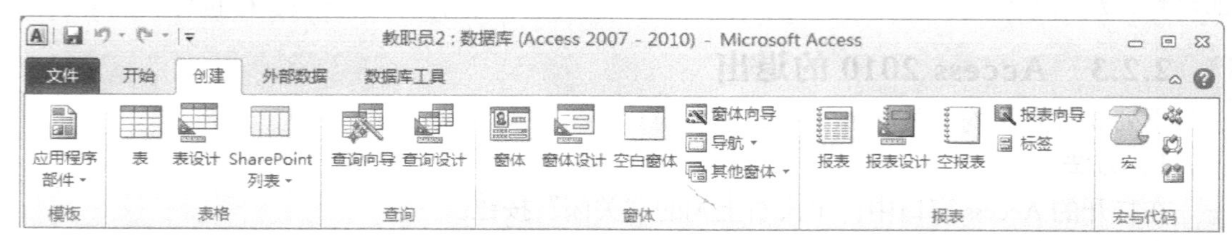

图 2–12　功能区

2.3.2　命令选项卡

主要的命令选项卡包含“开始”、“创建”、“外部数据”、“数据库工具”和“数据表”选项卡。在各选项卡中对命令以分组方式进行管理，通常一个选项卡分为多个命令组，每个选项卡都包含多组相关命令。如创建选项卡分为了“模板”、“表格”　“查询”、等命令组，可以从中选择命令，执行预定的操作。

（1）文件选项卡

在“文件”选项卡中，从上至下依次为“保存”、“对象另存为”等选项，如图 2–11 所示。各选项的名称和功能见表 2–1。

表 2-1　“文件”选项卡中各项命令及功能

名　称	功　能
保存	保存当前的数据库
对象另存为	将数据库对象另存为一个对象
数据库另存为	将当前打开的数据库另存为一个数据库
打开	打开指定的数据库
关闭数据库	关闭已经打开的数据库
最近所用文件	显示最近使用过的数据库
新建	新建数据库
打印	设置打印、打印预览、快速打印
保存并发布	发布到 Access Services

（2）开始选项卡

在“开始”选项卡中的命令组如图 2-13 所示，从左至右依次为“视图”、“剪贴板”、“排序和筛选”、“记录”、“查找”、“文本格式”等选项组。各选项组的功能见表 2-2。

图 2-13 “开始”选项卡

表 2-2 “开始”选项卡中各项命令及功能

名　称	功　能
视图	选择不同的视图
剪贴板	从剪贴板复制和粘贴
排序和筛选	对记录进行排序和筛选
记录	使用记录（刷新、新建、保存、删除、汇总等）
查找	查找记录
文本格式	设置当前的文本的格式
中文简繁转换	对备注字段应用 RTF 格式

（3）创建选项卡

在“创建”选项卡中的命令组如图 2-12 所示，从左至右的选项组依次为“模板”、“表格”、“查询”、“窗体”、“报表”、“宏与代码”，其功能见表 2-3。

表 2-3 “创建”选项卡中各项命令及功能

名　称	功　能
模板	插入或创建数据库局部或整个数据库应用程序
表格	使用表模板创建新的空白表、使用表设计视图创建新表、在 SharePoint 网站上创建列表，在链接至新创建的列表的当前数据库中创建表
查询	利用查询向导创建查询，使用设计视图创建查询
窗体	创建空白窗体、进行窗体设计、基于活动表或查询创建新报表、创建新的数据透视表或图表
报表	设计空报表，利用向导创建报表，对报表进行设计
宏与代码	向数据库添加逻辑，以自动化重复任务和创建更多可用界面

（4）外部数据选项卡

在外部数据选项卡中，从左至右的命令组如图 2-14 所示，其功能见表 2-4。

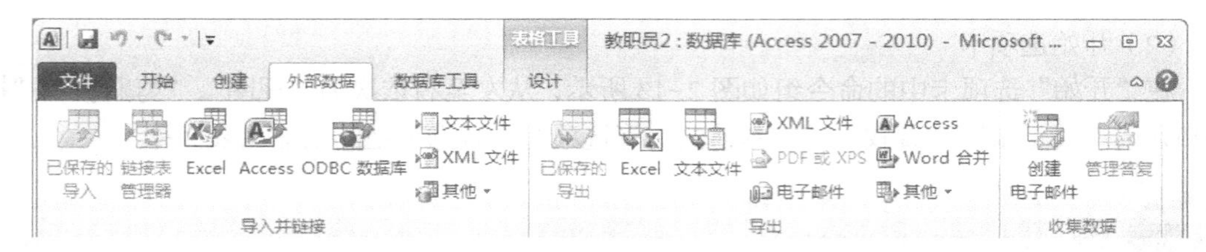

图 2-14 “外部数据”选项卡

表 2-4 “外部数据”选项卡中各项命令及功能

名　称	功　能
导入并链接	导入或链接到外部数据
导出	将所选对象导出为各种不同的文件方式
收集数据	从用户处收集数据用于填充数据库

（5）数据库工具选项卡

在“数据库工具”选项卡中，从左至右的选项组如图 2-15 所示，其功能见表 2-5。

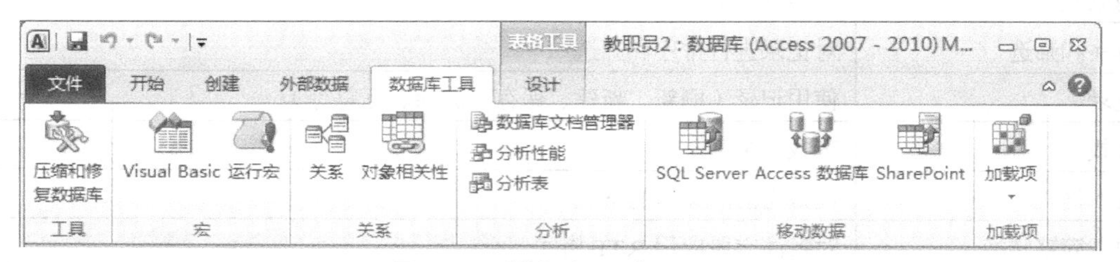

图 2-15 “数据库工具”选项卡

表 2-5 “数据库工具”选项卡中各项命令及功能

名　称	功　能
工具	压缩和修复数据库的工具
宏	启动 Visual Basic 编辑器或运行宏
关系	创建和查看表关系、显示隐藏对象相关性或属性的工作表
分析	分析表、分析执行情况、数据库文档管理器
移动数据	将数据移至 SQL Server 或 Access 数据库、拆分数据库、创建与表的链接
加载项	管理 Access 加载项

（6）设计选项卡

在“设计”选项卡中，从左至右的选项组如图 2-16 所示，其功能见表 2-6。

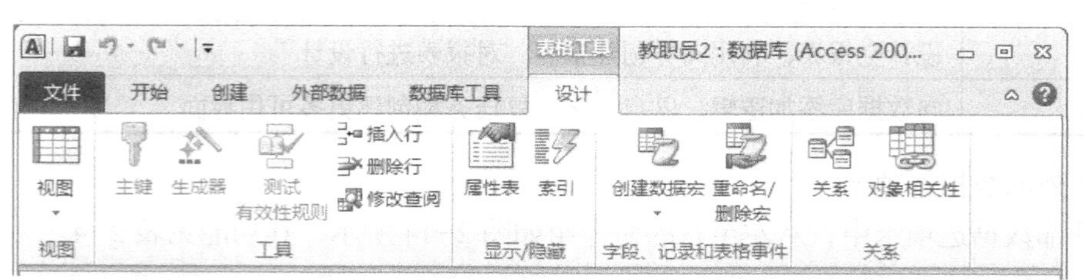

图 2-16 “设计”选项卡

表 2-6 "设计"选项卡中各项命令及功能

名 称	功 能
视图	设计视图
工具	进行辅助设计所用的工具
显示/隐藏	显示或隐藏选定对象的属性，显示索引字段列表
字段、记录和表格事件	创建数据宏、重命名、删除宏
关系	定义或显示对象的相关性

2.3.3 其他操作工具

（1）启动页面

启动 Access 2010 时，将出现"Microsoft Access"页面，如图 2-17 所示。

在此页面中用户可以创建新的"空数据库"，可以利用"样本模板"创建数据库，可以打开最近使用过的数据库，还可以使用"打开"按钮打开指定的数据库。

在该页面的中间下方是各种数据库模板。如选择"样本模板"，则可以显示当前 Access2010 系统中所有的本地模板，如图 2-18 所示。

图 2-17 启动页面

（2）上下文命令选项卡

上下文命令选项卡就是根据用户正在使用的对象或正在执行的任务而显示的命令选项卡。例如，只有在电子表格中出现图表，且用户准备修改时，用来编辑图表的命令才会显示。上下文命令选项卡中包含特定上下文中需要使用的命令和功能。如在设计视图中打开一个表，则上下文选项卡中将包含仅在该视图中使用表时才能应用的命令，如图 2-19 所示。

图 2-18　所有样本模板

（3）快速访问工具栏

“快速访问工具栏”就是在 Office 徽标右侧显示的一个标准工具栏，只需单击即可访问命令，如图 2-20 所示，默认命令集包括一些经常使用的命令，如“保存”、“撤销”、“恢复”等。

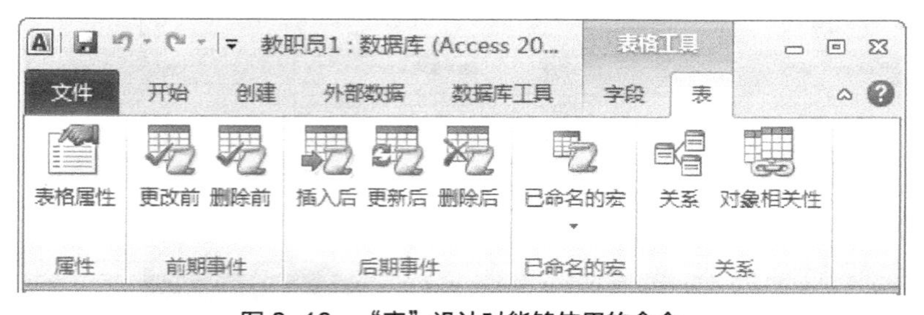

图 2-19　“表”设计时能够使用的命令

图 2-20　快速访问工具栏

用户还可以自定义快速访问工具栏，以便将最常用的命令包括在内。

启动 Access 2010 后，单击快速访问工具栏最右侧的下拉箭头，如图 2-21 所示的下拉框中出现常用命令，单击选中的命令即可添加到快速访问工具栏。若要添加不在此下拉列表中的命令，单击自定义快速访问工具栏下方的“其他命令”，在弹出的“Access 选项”对话框中，选择要添加一个或多个命令，然后单击“添加”按钮，如图 2-22 所示，单击“确定”按钮关闭该对话框，所选择的命令即已添加上去了。

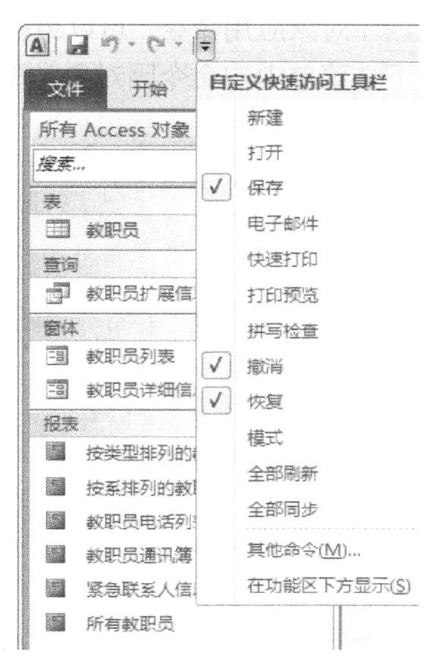

图 2-21　自定义快速访问工具栏

图 2-22　Access 选项

若要在快速访问工具栏中删除某个命令，在“Access 选项”对话框中，选择要删除的一个或多个命令，然后单击“删除”按钮即可。

（4）导航窗格

导航窗口位于 Access 2010 窗口的左下方，如图 2-23 所示。该窗口显示了在该数据库中所创建的所有的表、查询、报表等。

若要打开数据库对象或对数据库对象应用命令，可以单击右键，如图 2-23 所示。然后从上下文菜单中选择一个命令。上下文菜单中的命令因对象类型的不同而不同。

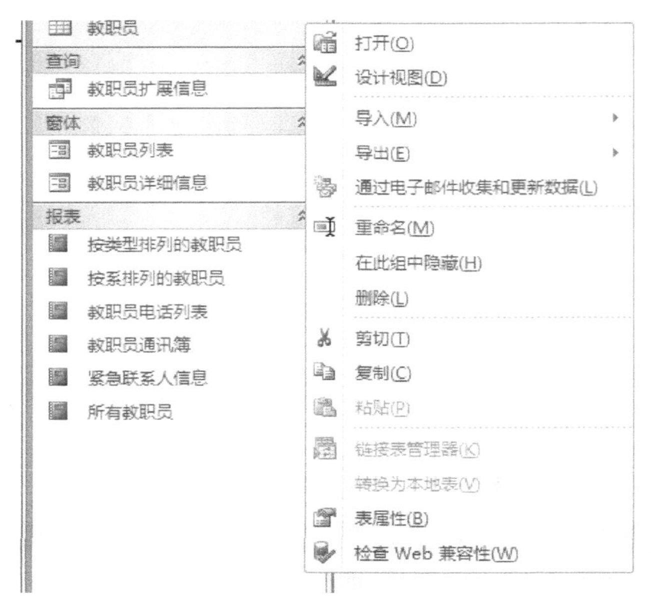

图 2-23　各种对象的导航窗口

（5）选项卡式文档

启动 Access 2010 后，可以用选项卡式文档代替重叠窗口来显示数据库对象，如图 2-24 所示，即为数据表的选项卡式文档。表、查询、窗体、报表都可以显示为选项卡文档。

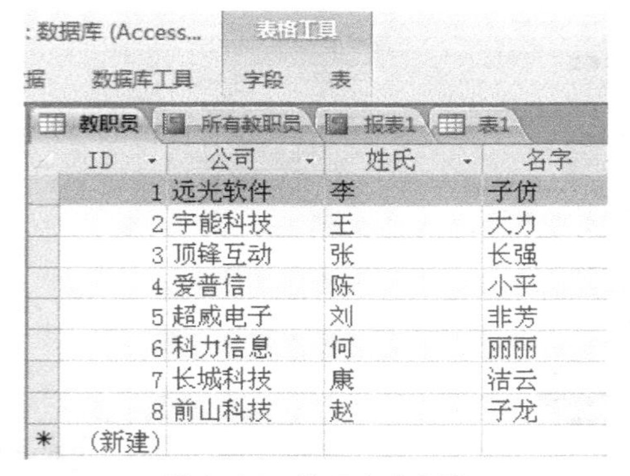

图 2-24　选项卡式文档

在“Access 选项”对话框中可以启用或禁用选项卡式文档，如图 2-25 所示。如果要更改选项卡式文档设置，则必须关闭然后重新打开数据库，新设置才能生效。

（6）状态栏

在 Access 2010 的窗口底部显示状态栏。其中显示状态信息，且还包含用于切换视图的按钮，如图 2-26 所示。利用状态栏上的可用控件，可以在各种视图之间实现快速切换活动窗口。还可以利用状态栏上的滑块，调整缩放对象的比例。状态栏也可以启用和禁用，如图 2-25 所示。

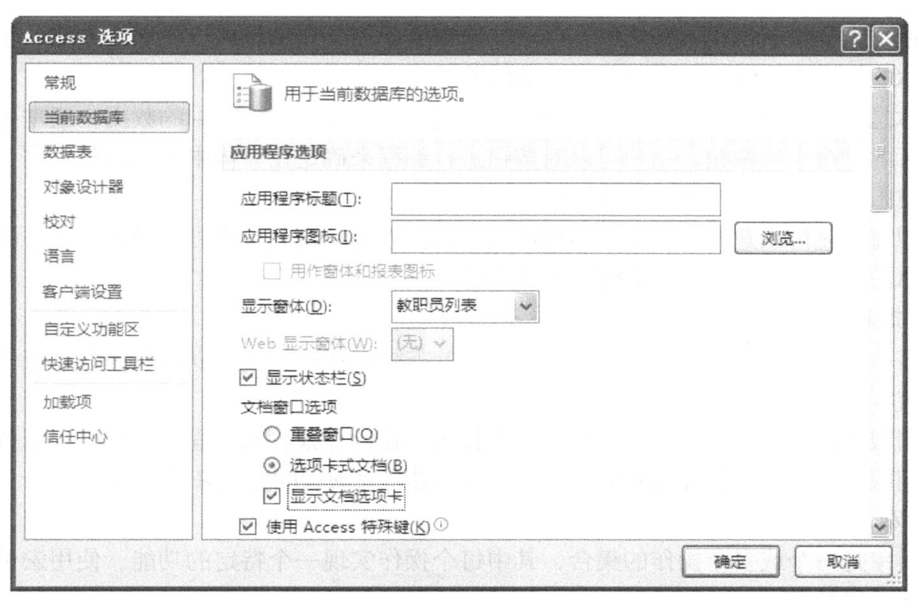

图 2-25　选择"显示文档选项卡"单选项

图 2-26　状态栏和视图切换按钮

2.4　Access 2010 中常用的数据对象

任务 2.4　了解 Access 2010 中常用的数据库对象。

在 Microsoft Office Access 2010 中提供了六大对象。Access 的主要功能就是通过这六大数据库对象来完成的。

1．表

表是数据库中最基本的组成单位，是用来存储大量数据信息的对象，是数据库的数据源。建立和规划数据库，第一步工作就是建立各种数据表。查询、窗体等其他 5 个对象的数据源都是表，都是建立在表对象之上的。

一个数据库文件可以包含多个表对象。一个表对象实际上就是由行、列数据组成的一张二维表格。字段就是表中的一列，字段存放不同的数据类型，具有一些相关的属性。记录就是数据表中的一行，记录用来收集某指定对象的所有相关信息。

2．查询

查询是按预先设定的规则有选择地显示一个表或多个表中的数据信息。查询对象不是数据的集合，而是操作的集合。查询是针对数据表中数据源的操作命令，每次打开查询，就相当于重新按条件进行查询。

查询是数据库中应用最多的对象之一，可执行很多不同的功能。最常用的功能是从表中检索特定数据。

3．窗体

在 Access 中，由用户自己定义的窗口叫做窗体。用户可以在窗体中设置显示表的信息，并通过增加命令按钮、文本框、标签以及其他对象，使其更加轻松方便地输入和显示数据。运用窗体能给用户提供一个更加友好的操作界面。

窗体是一个数据库对象，可用于输入、编辑、显示表或查询表中的数据，通常还包含一些可执行各种命令的按钮。用户可以对按钮进行编程来确定在窗体中显示哪些数据、打开其他窗体或报表，或者执行其他各种任务。

利用窗体还可以建立用于主程序导航的主切换面板。该面板中可以设置各种不同的功能模板，单击某一按钮，即可启动相应的功能模块。

4．报表

报表是以特定的格式打印显示数据最有效的方法。在报表中可以对有关数据实现汇总、求平均值等计算。

利用报表设计器可以设计出各种各样的报表。在设计报表的过程中，可以根据该报表要回答的问题，设置每个报表的分组显示，从而以最容易阅读的方式来显示信息。

5．宏

宏对象是一个或多个操作的集合，其中每个操作实现一个特定的功能。使用宏可以使一些操作任务自动完成。

宏由一连串的宏动作组成，利用这一连串的动作可以完成一些常见的数据库管理功能。例如打开一个窗体对象、执行一个查询、预览一个报表等。

Access 提供了几十种宏操作，根据用途可以将其分为五类。

6．模块

模块是子程序和函数的集合，它们作为一个单元存储在一起。利用模块，可以提高代码的可重用性，同时更加方便代码的组织与管理。模块的主要作用是建立复杂的 VBA 程序，以完成宏等不能完成的任务。

模块可以分为类模块和标准模块两类。类模块中包含各种事件过程，标准模块包含与任何其他特定对象无关的常规过程。过程就是能够完成一定功能的 VBA 语句块。

2.5 实验

1．安装 Access 2010

（1）将 Microsoft Office 2010 的安装盘放入光驱，安装程序自动运行。

（2）当出现选择 Microsoft Office 产品画面时，选择“Microsoft Access 2010”，然后单击“继续”按钮。

（3）在“安装选项”标签中选择暂时不需要安装的程序。然后单击“继续”按钮。

（4）确定文件安装位置。

（5）安装过程中将出现一系列的画面，依次进行相应的选择。

（6）当出现安装完成画面时，单击“关闭”按钮。

2．卸载 Access 2010

（1）依次单击“开始”、“控制面板”、“添加和删除程序”。

（2）在打开的“添加和删除程序”选项卡中，选中“Microsoft Office Professional Plus 2010”。

（3）单击“删除”按钮。

3．启动 Access 2010

（1）方法一

依次选择“开始”、“所有程序”、“Microsoft Office”、“Microsoft Access 2010”命令。

（2）方法二

在计算机操作系统中找到需要打开的 Access 数据库文件，然后直接双击该文件的图标，打开数据库系统。

4．退出 Access 2010

（1）方法一：在打开的 Access 窗口中单击右上角的“关闭”按钮。

（2）方法二：单击“A”按钮，然后选择最下方的“关闭”。

（3）方法三：选择“文件”按钮 ，单击最下文的“退出”。

5．自定义快速访问工具栏

（1）启动 Access 2010 后，单击快速访问工具栏最右侧的下拉箭头，单击选中的命令，添加到快速访问工具栏。

（2）选择要添加命令“表”，然后单击“添加”按钮。

（3）选择要添加命令“窗体”，然后单击“添加”按钮。

（4）选择要添加命令“打印预览”，然后单击“添加”按钮。

（5）选择要添加命令“电子邮件”，然后单击“添加”按钮。

（6）单击“确定”按钮关闭该对话框。

6．查看自定义快速访问工具栏

在启动后的“Microsoft Access”页面中，快速访问工具栏中显示自定义快速访问工具“表”、“窗体”、“打印预览”、“电子邮件”等按钮。

7．删除自定义快速访问工具栏

在“Access 选项”对话框中，选择要删除的“表”、“窗体”、“打印预览”、“电子邮件”等命令，然后单击“删除”按钮。

8．设置 Access 2010 选项

（1）启动 Access 2010，单击自定义快速访问工具栏下方的“其他命令”，在弹出的“Access 选项”对话框中，选择“当前数据库”。

A. 设置是否“显示状态栏”

B. 设置是否“显示文档选项卡”

C. 设置是否“关闭时压缩”

D. 设置是否“显示导航窗格”

E. 设置是否“允许默认快捷菜单”

（2）启动 Access 2010，单击自定义快速访问工具栏下方的“其他命令”，在弹出的“Access 选项”对话框中选择“客户端设置”。

A. 设置“按 Enter 键后光标移动方式”为“下一条记录”

B. 设置“默认方向”为“从右至左”

C. 设置“常规对齐方式”为“文本模式”

练习与思考

一、选择题

1. Access 2010 是一个（　　）系统。

A. 文字处理　　B. 网页制作

C. 电子表格　　D. 数据库管理

2. 以下不属于 Access 2010 数据库对象的是（　　）。

A. 窗体　　B. 报表

C. 组合框　　D. 宏

3. Access 2010 通过（　　）进行功能设置。

A. Access 选项　　B. 代码窗口

C. 属性窗口　　D. 打开对话框

4. 在数据库的六大对象中，用于存储数据的数据库对象是（　　），用于和用户进行交互的数据库对象是（　　）。

A. 表　　B. 查询

C. 窗体　　D. 报表

5. 在 Access 2010 中，随着打开数据库对象的不同而不同的操作区域称为（　　）。

A. 命令选项卡　　B. 上下文命令选项卡

C. 导航窗格　　D. 工具栏

6. 新版本的 Access 2010 的默认数据库格式是（　　）。

A. MDB　　B. ACCDE

C. ACCDB　　D. MDE

二、简答题

1. 什么是 Access ？ Access 有什么特点？
2. Access 的发展过程是怎样的？
3. Access 的主要功能有哪些？
4. Access 2010 中主要的界面元素是什么？
5. 导航窗格的特点是什么？
6. 命令选项卡的主要优势是什么？
7. 用户是否可以自定义快速访问工具栏？
8. 用户在使用过程中如何获取帮助？
9. Access 2010 最基本的功能是什么？

PART 3

第 3 章 创建和管理数据库

任务与目标

1．任务描述

本章主要掌握使用 Access 2010 的创建和操作数据库的基本方法，掌握数据库中基本数据库对象的特点、功能及基本操作数据库对象的方法。同时掌握数据库的安全设置和维护技术。

2．任务分解

任务 3.1　使用 Access 2010 创建数据库。

任务 3.2　操作 Access 2010 数据库。

任务 3.3　观察数据库对象和视图。

任务 3.4　操作数据库对象。

任务 3.5　数据库安全设置。

任务 3.6　维护数据库。

3．学习目标

目标 1：掌握利用 Access 2010 创建数据库的主要方法。

目标 2：掌握操作 Access 2010 数据库的方法。

目标 3：熟练观察数据库对象和视图。

目标 4：熟练操作数据库对象。

目标 5：掌握对数据库进行安全设置的方法。

目标 6：掌握常规维护数据库的方法。

3.1　数据库应用实例——教学管理系统

本章以“教学管理系统”为例，讲解创建数据库的方法，以及如何组织数据库对象和操作数据库对象。

在学校的教学管理过程中，有很多数据需要管理，学校规模越大，数据量就越大。手工管理这些数据难度很大，而教学管理又是学校的核心工作。所以利用先进的技术和手段提高教学管理的效率和管理水平，对提高人才的培养水平具有重要意义。

教学管理中通常需要进行的工作是教师信息的管理、学生信息的管理、成绩的管理和课程的管理等工作。本教材将以教学管理系统为实例，进行分析和设计，创建教学管理系统。

本例中教学管理系统有 3 个模块：教师信息管理、学生信息管理和课程信息管理，如图 3-1 所示。各个模块的功能如下所示。

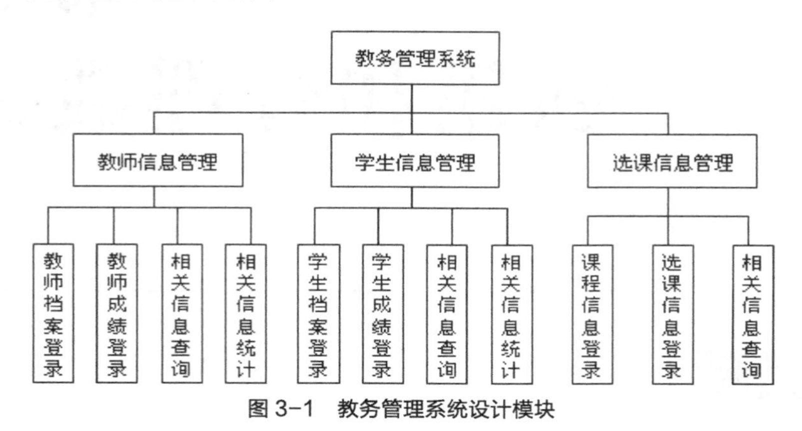

图 3-1　教务管理系统设计模块

（1）教师信息管理。实现教师档案信息和授课信息的录入。并可进行相关信息的查询和统计。

（2）学生信息管理。实现学生档案信息、考试成绩等信息的录入。并可进行相关信息的查询和统计。

（3）选课信息管理。实现课程信息和学生选课信息的录入，进行相关查询与统计。

3.2　创建数据库

任务 3.1　使用 Access 2010 创建数据库。

在 Access 数据库管理系统中，数据库是一个容器，用于存储数据库应用系统的其他对象。也就是说，可以以一个单独的数据库文件存储一个数据库应用系统中包含的所有对象。

Access 2010 提供了两种建立数据库的方法，一种是使用模板创建数据库，另一种是从头创建一个数据库，也就是创建一个空数据库。

3.2.1　利用模板创建数据库

使用模板创建数据库是创建数据库最快的方法。在 Access 2010 中提供了 12 个数据库模板，如“教职员”、“任务”、“事件”等。如果在创建数据库时能找到并使用与之相近的模板，用户只需要进行一些简单的操作，就可以方便快速地创建一个包含了表、查询等数据库对象的数据库系统。下面以在 Access 2010 中，建立一个“教职员”数据库为例，说明使用模板创建数据库的操作步骤。

例 3.1　在 Access 2010 里利用模板创建一个名为“教职员”的数据库。

操作步骤如下所示。

（1）依次执行“开始”、“所有程序”、“Microsoft Office”、“Microsoft Access 2010”命令打开 Access 2010 的主界面。

（2）单击左边“样本模板”，这时 Access 2010 的界面产生相应的变化，如图 3-2 所示。

（3）单击“教职员”，窗口的右边将显示要创建的数据库。在文本框中输入要保存的数据库的文件名，单击“创建”按钮，如图 3-3 所示，这时数据库就会创建在指定的保存路径下。

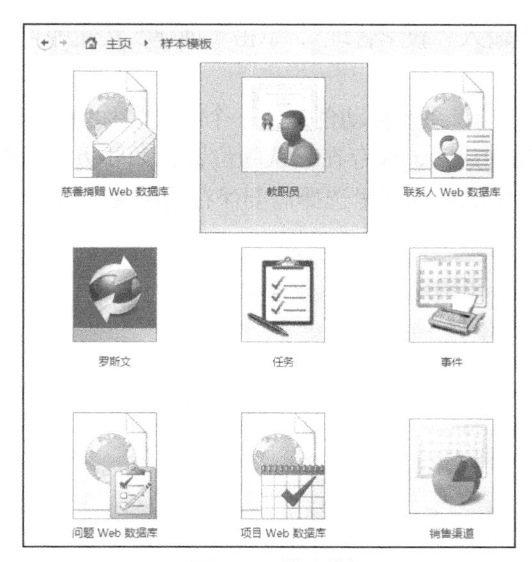

图 3-2 样本模板

图 3-3 设置数据库文件名

这样，就完成了通过向导创建的数据库，此时可以应用该数据库了。

3.2.2 建立空数据库

若找不到满足需要的模板，或在另一个程序中有需要导入的 Access 数据，最好的办法是从头开始创建数据库。从头创建数据库就是建立具有数据库的外壳，但是没有数据库对象和数据的空白数据库。先建立一个空白数据库，以后再根据需要向空数据库中添加表、查询、窗体、报表、宏等对象，这样可以灵活地创建更加符合实际需要的数据库系统。

例 3.2 在 Access 2010 里创建一个名为“教学管理”的空白数据库。

操作步骤如下所示。

（1）打开 Access 2010 的主界面。

（2）单击 Access 2010 窗口左上角的“文件”标志，在弹出的下拉菜单中单击“新建”命令新建数据库，或单击“空数据库”按钮，如图 3-4 所示。

图 3-4 新建数据库

（3）在图 3-4 所示的文件名文本框中输入“教学管理”，单击“创建”按钮即可创建一个新的数据库。

图 3-5 所示，一个新的数据库创建完毕，系统自动创建了一个临时名称为“表 1”的数据表，并以数据工作表视图打开。数据库创建后，保存在默认的位置，如要更改保存位置，可单击“文件名”右边的打开图标，在弹出的对话框里选择需要保存的路径即可。

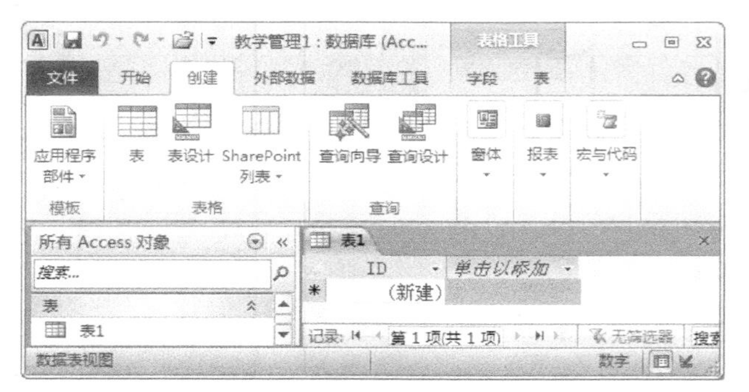

图 3-5 “表 1”的数据工作表视图

3.3 操作数据库

任务 3.2 操作 Access 2010 数据库。

3.3.1 打开数据库

当创建完一个数据库后，Access 2010 的界面将自动转换到数据库的界面，此外我们还可以通过以下 3 种方式打开数据库。

1．方法一

打开存放数据库的文件夹，双击保存的数据库文件“教学管理.addcb”，该数据库将被打开。打开后的数据库初始界面如图 3-6 所示。

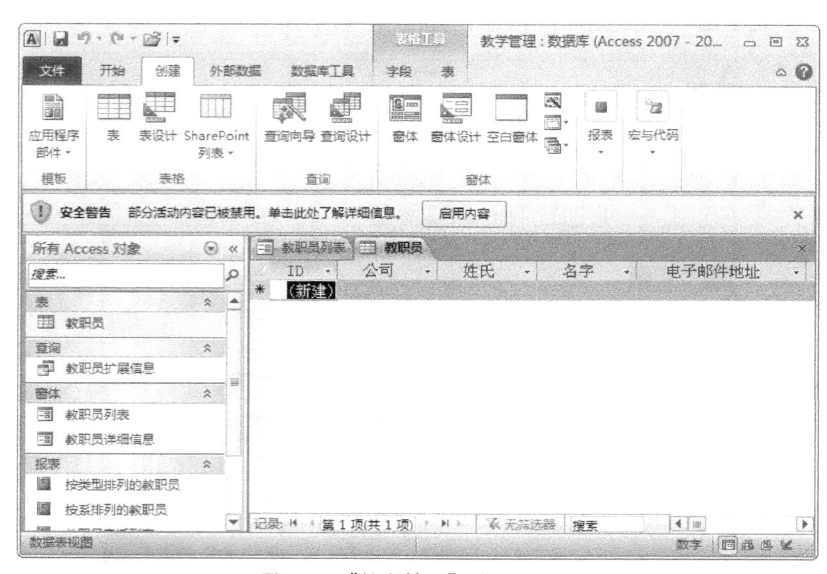

图 3-6 “教学管理”数据库界面

2. 方法二

打开 Access 2010 的界面，单击“文件”选项卡中的“打开”按钮，弹出如图 3-7 所示“打开”对话框。在弹出的对话框中选择要打开的数据库文件，并单击“打开”按钮，这时被选中的数据库将被打开。

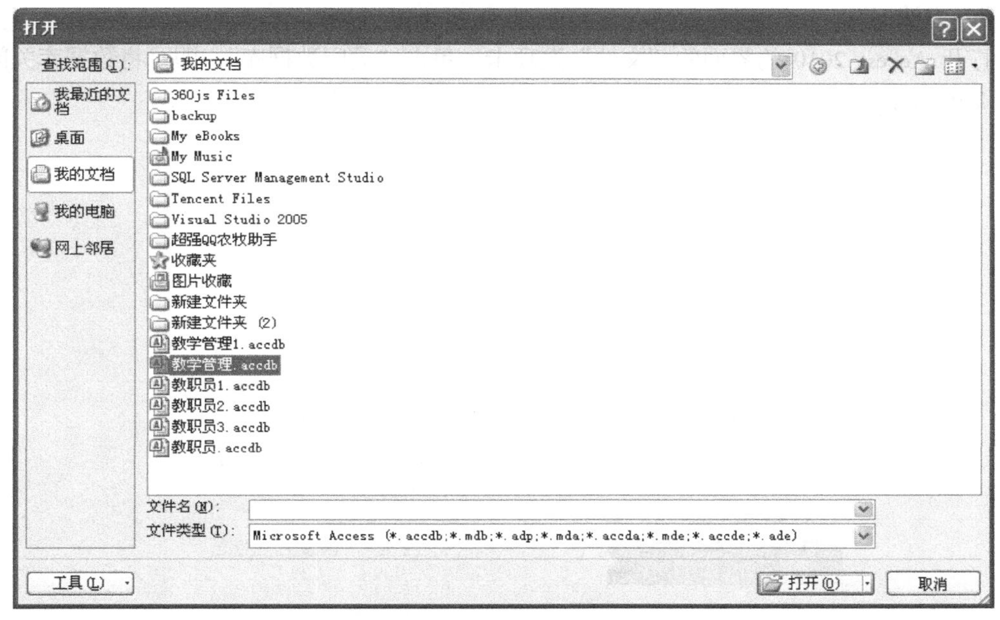

图 3-7 “打开”对话框

3. 方法三

打开 Access 2010 的界面的“文件”选项卡，单击“最近所用文件”，在“最近使用的数据库”列表中，双击文件名就可以打开数据库，如图 3-8 所示。

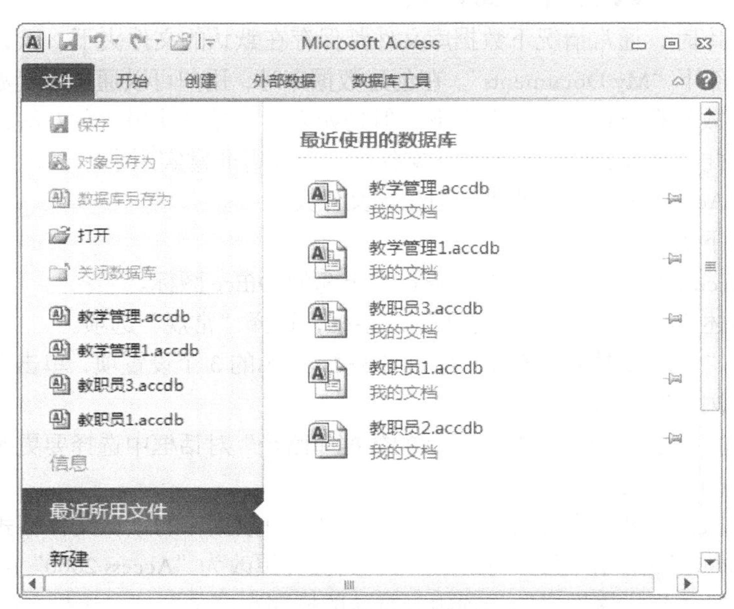

图 3-8 打开最近使用的数据库

3.3.2 关闭数据库

在完成对数据库的操作后，需要将其关闭。关闭数据库可以使用以下方法。

1. 方法一

单击打开的数据库右上角的“关闭”图标进行关闭。

2. 方法二

打开 Access 2010 的界面的“文件”选项卡，单击“关闭数据库”，即可将数据库关闭。如图 3-9 所示。

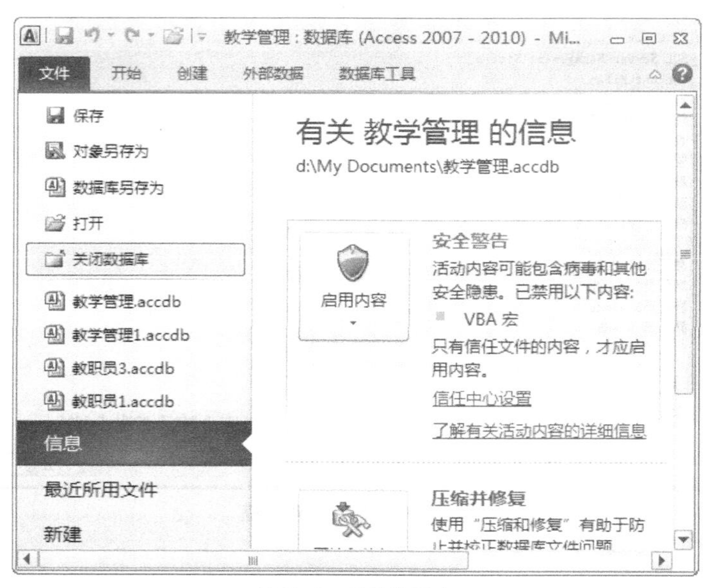

图 3-9 关闭数据库

3.3.3 改变默认数据库文件夹

在创建数据库时，通常情况下数据库文件都保存在默认的文件夹下，默认文件夹为“计算机用户名”文件下“My Documents”。在创建数据库时，用户可以通过改变数据库的保存路径，而将文件存放到自己设定的文件夹下。但是如果用户总是使用此种方法，不但麻烦，而且很容易出错。此时更改文件保存的默认文件夹，就变得非常实用了。

例 3.3 在 Access 2010 里修改默认数据库文件夹。

操作步骤如下所示。

（1）打开 Access 2010 的界面，单击窗口左上角的 Office 图标。

（2）使用前述方法进入“Access 选项”对话框，选择“常规”选项。

（3）在中间“创建数据库”区域，有如图 3-10 所示的 3 个设置项，单击“默认数据库文件夹”右边的“浏览”按钮。

（4）在弹出的如图 3-11 所示的“默认的数据库路径”对话框中选择要更改的默认数据库文件夹，单击“确定”按钮即可。

在这里还可以对另外两个设置进行更改。在“空白数据库的默认文件格式”中，默认的格式是“Access 2007”格式，通过下拉菜单可以将文件更改为“Access 2000”或“Access 2003”格式。在“新建数据库排序次序”选项中，默认的排序次序是按“汉语拼音-旧式”，通过下拉按钮也可以更改。

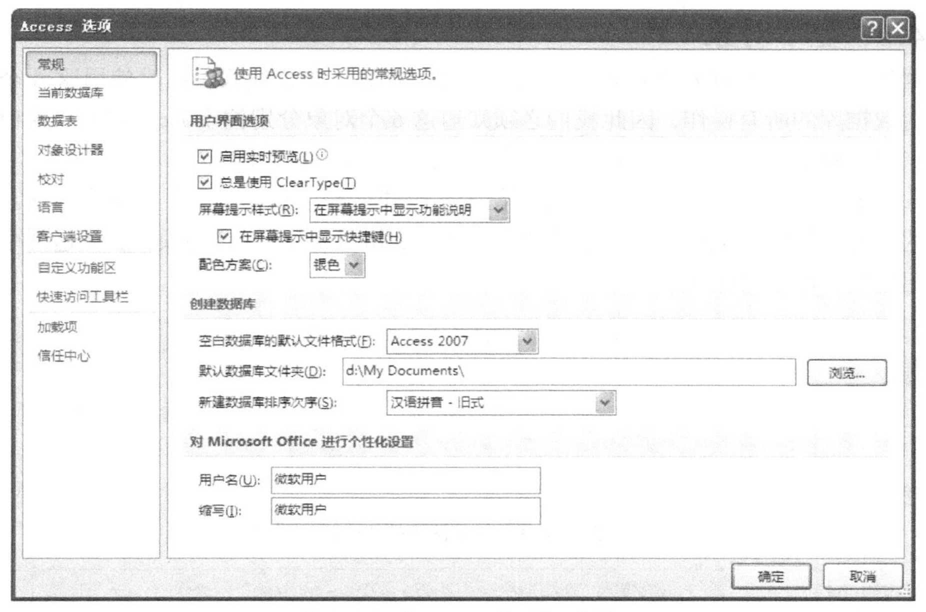

图 3-10 “Access 选项”对话框

图 3-11 “默认的数据库路径”对话框

3.4 数据库窗口的基本操作

任务 3.3 观察数据库对象和视图。

在数据库窗口里，输入记录后，常常需要利用对象而必须在数据库窗口中进行操作，同时还需要在数据库的窗口中利用不同的视图查看模块。

3.4.1 显示对象

数据库里主要对象有 6 个：表、查询、窗体、报表、宏、模板。通过使用这 6 个对象可以完成对数据库的所有操作，因此我们必须知道这 6 个对象分别位于 Access 2010 窗口中的哪个位置，并了解如何显示不同的对象，以方便 Access 2010 的应用。

Access 2010 里的大部分对象，都分别位于“创建”和“数据库工具”两个区域。单击菜单栏上的“创建”和“数据库工具”，出现如图 3-12 和图 3-13 所示的项目，从这两个图例中可以看出它们显示了这些对象。

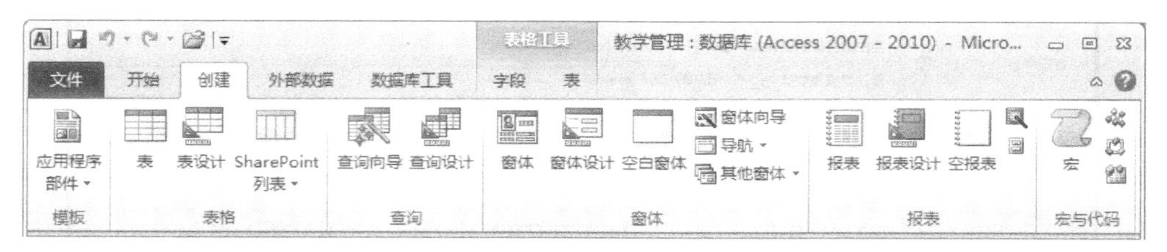

图 3-12 “创建”功能区下的 Access 对象

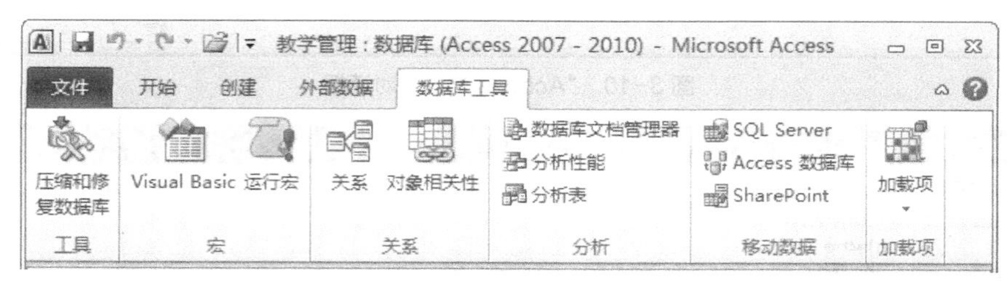

图 3-13 “数据库工具”功能区下的 Access 对象

表格：表命令选项卡位于“创建”功能区的最左边，在此项命令里，可以实现有关“表”的大部分操作。在 Access 2010 中，可以生成 Web 数据库并将它们发布到 SharePoint 网站。

查询：在“查询”命令选项卡里，可以利用“查询向导”、“查询设计”等按钮实现对查询的相关操作。

窗体：在“窗体”命令选项卡里，可以利用“窗体”、“窗体向导”、“窗体设计”、“空白窗体”、“数据透视图”等按钮实现对窗体的相关操作。

报表：在“报表”命令选项卡里，可以利用“报表”、“报表设计”、“标签”、“空报表”、“报表向导”等按钮实现对报表的相关操作。

宏与代码：宏是一个或多个操作命令的集合，其中每个命令用于实现一个特定的操作。可将宏和其他代码插入数据库。

模板：是由 VB 程序设计语言编写的程序集合或一个函数过程，通过嵌入在 Access 中的 VB 程序设计语言编辑器和编译器实现与 Access 的结合。

3.4.2 数据库视图

数据库创建完毕后，经常需要利用不同的视图方式查看创建的数据库里记录的状态。

Access 2010 提供了多种视图，方便用户在创建不同的对象时使用。如在创建窗体时，提供了如图 3-14 所示的 4 种视图模式，在创建表格时，提供了如图 3-15 所示的视图模式。

数据表视图：用来显示数据工作表中的数据，也可查看查询的输出结果等。

数据透视表视图（O）：可以用来查看一些比较复杂的数据表，数据将以“数据透视表视图”形式展现。

数据透视图视图（V）：以图表的形式直观地将数据表记录的信息展现出来。

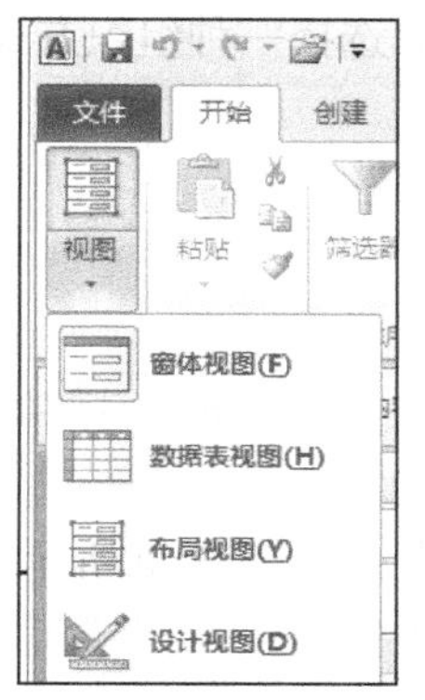

图 3-14　创建窗体时的视图模式　　　　图 3-15　创建表格时的视图模式

设计视图：创建和自定义数据库对象。在此可以实现设置元素的属性、添加和删除字段与控件，以及改变颜色、背景等，如图 3-16 所示即为“学生档案表”的设计视图。

视图切换主要有两种方法。

（1）打开一个表，然后单击视图按钮，弹出如图 3-15 所示的下拉列表，选择不同的视图方式单击即可实现视图的切换。

（2）通过单击“视图区”里不同的视图方式更换不同的视图模式。

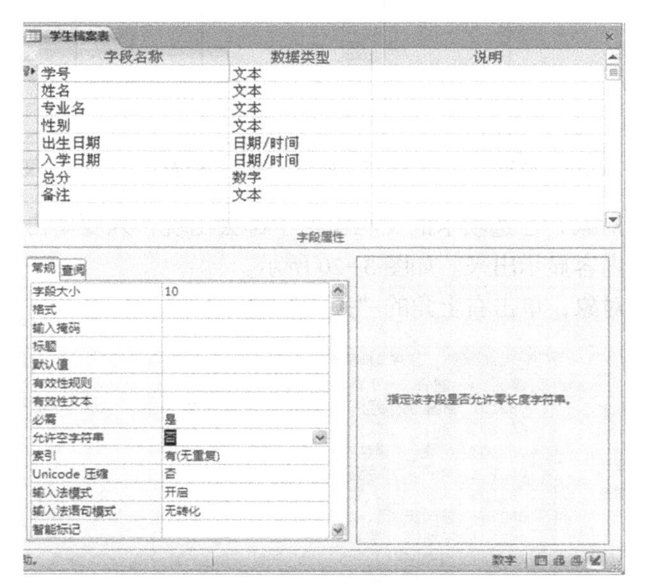

图 3-16　“学生档案表”的设计视图

3.5　数据库对象的基本操作

任务 3.4　操作数据库对象。

创建一个数据库后，除了要对这些对象进行打开操作外，通常还需要对数据库中的对象进行插入、复制、删除和重命名等操作。如下内容均以对“表”对象的操作为例进行说明。

3.5.1　打开数据库对象

当需要打开数据库对象时，可以在“导航窗格”中，选择一种组织方式，然后双击对象，就可将其直接打开。

例 3.4　打开“教学管理”数据库中的“学生档案表”。

操作步骤如下所示。

（1）打开“教学管理”数据库。

（2）在导航窗格中，单击如图 3–17 所示的“所有 Access 对象”右侧的下拉箭头。

（3）在展开的对象中，单击“表”。

（4）然后在显示出的所有的表中选中“学生档案表”，如图 3–18 所示。

（5）单击右键，在弹出的如图 3–19 所示的快捷菜单中单击“打开”命令。“学生档案表”被打开，如图 3–20 所示。

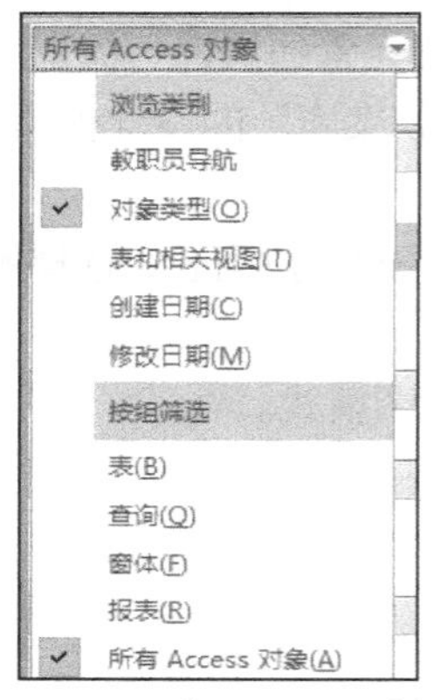

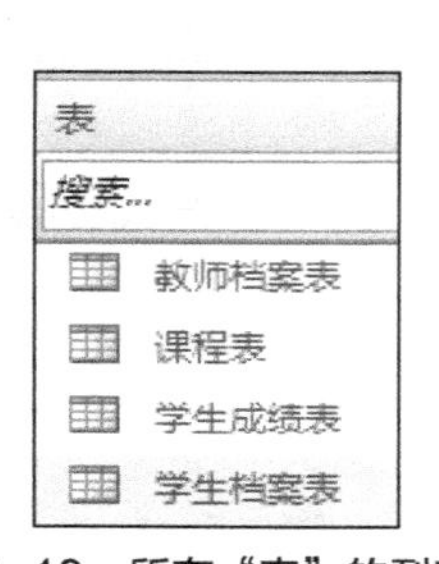

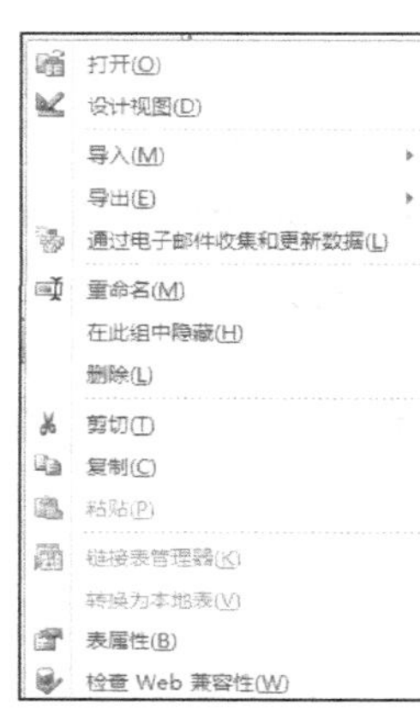

图 3–17　所有 Access 对象　　图 3–18　所有“表”的列表　　图 3–19　快捷菜单

如果打开了多个对象，在选项卡的文档窗格中都会出现，只要单击需要的文档选项卡，就可以将这个对象的内容显示出来。如图 3–20 所示。

若要关闭数据库对象，单击右上角的“关闭”按钮即可。

图 3–20　“学生档案表”数据表视图

3.5.2　添加数据库对象

在窗口左边的导航区域可以显示所有的对象。如果需要在数据库中添加一个表或其他对象，可以采用新建的方法。如果是添加表，还可以采用导入数据的方式，创建一个新的表。

例 3.5 将 Excel “教师档案表”工作表导入，生成一个 Access 数据表“教师档案表”。

操作步骤如下所示。

（1）打开“教学管理”数据库。

（2）在菜单栏选择“导入数据”选项卡，单击“Excel”选项，弹出如图 3–21 所示的“获取外部数据”对话框。

（3）单击“浏览”按钮，找到“教师档案表”工作表所在的 Excel 文件“Access 2007 课件”，单击“打开”命令。

（4）然后在“获取外部数据”对话框中选中第一个选项。单击“确定”按钮。

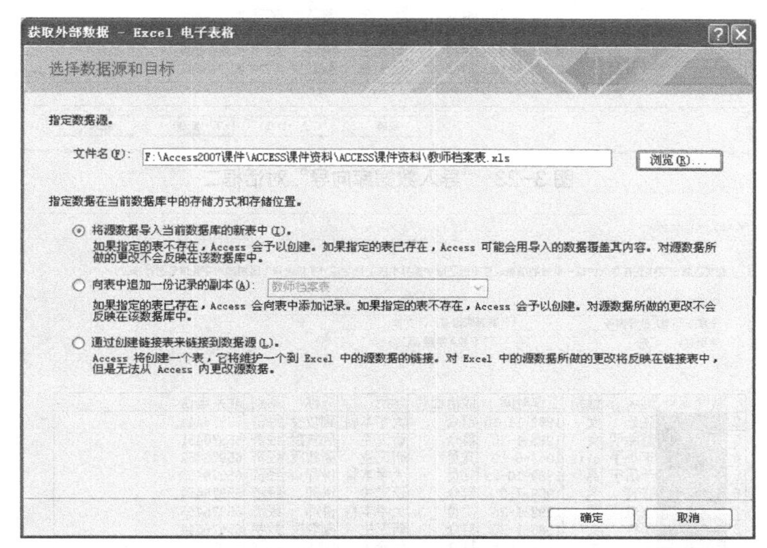

图 3–21 “获取外部数据”对话框

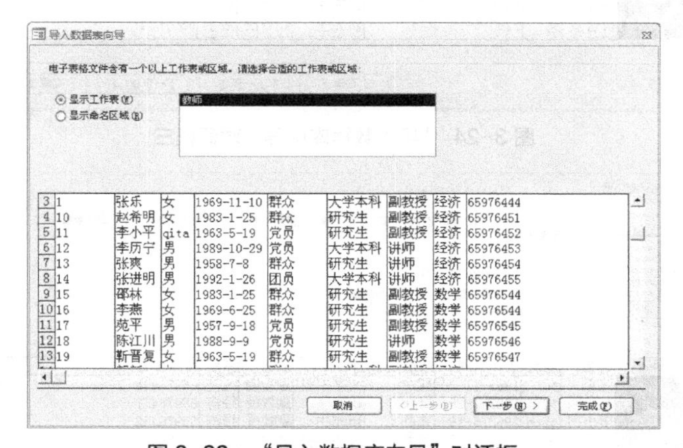

图 3–22 “导入数据库向导”对话框一

（5）在弹出的如图 3–22 所示的“导入数据库向导”对话框中选中“教师”，单击“下一步”。

（6）依次单击“下一步”，选中“第一行包含列标题”，如图 3–23 所示。

（7）单击“下一步”，如图 3–24 所示，可以指定有关正在导入每一字段的信息。

（8）依次单击“下一步”，选中“我自己选择主键”，如图 3–25 所示。

（9）在“导入到表”文本框中输入要创建的数据表名“教师档案数据表”，如图 3–26 所示。

（10）单击“完成”，出现如图 3–27 所示画面，即插入了一个新表到数据库中。

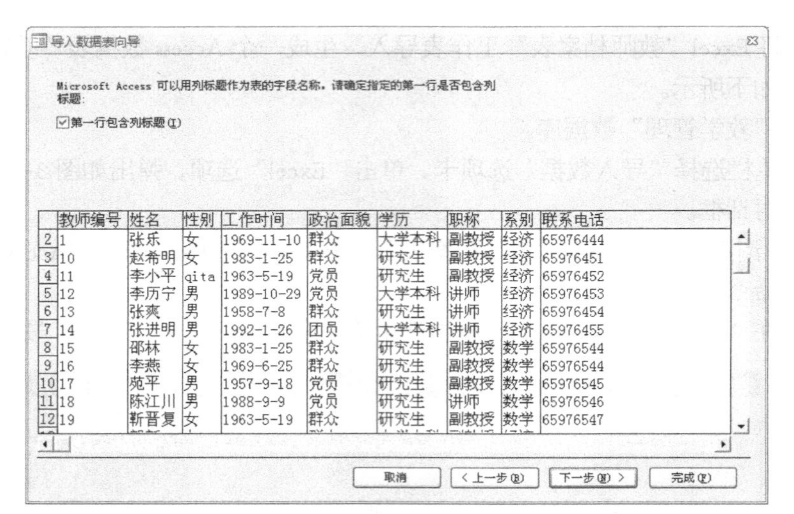

图 3-23 “导入数据库向导”对话框二

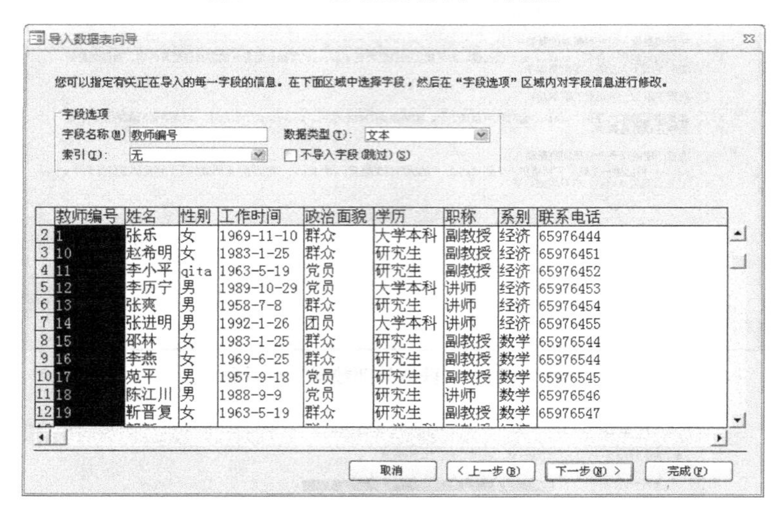

图 3-24 “导入数据库向导”对话框三

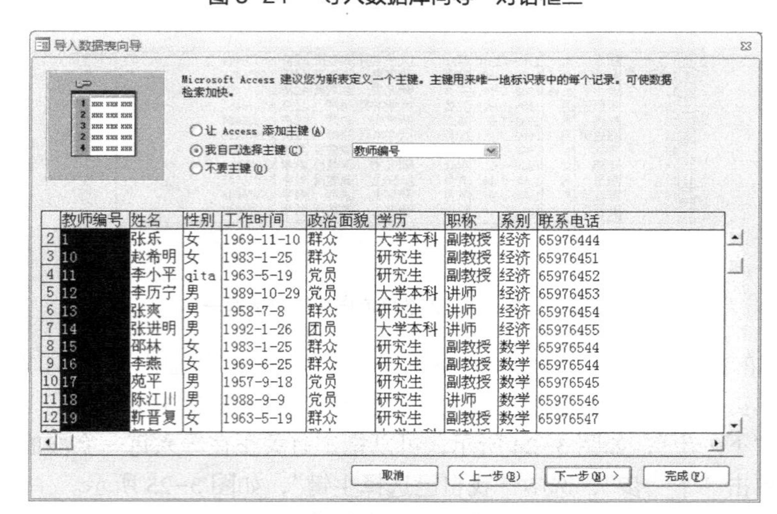

图 3-25 “导入数据库向导”对话框四

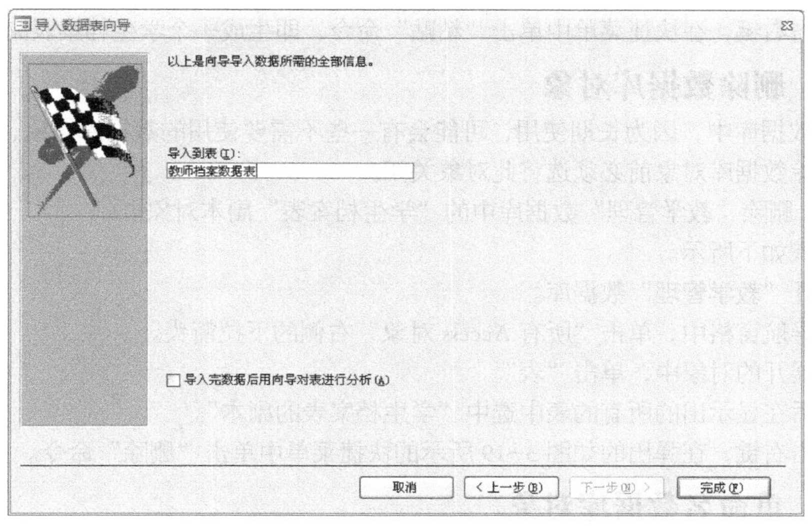

图 3-26 “导入数据库向导”对话框五

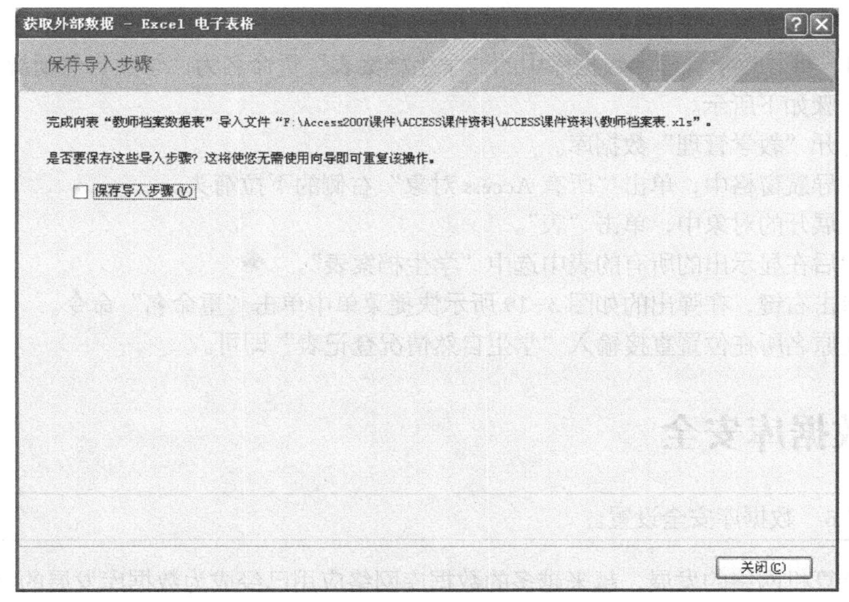

图 3-27 完成向表导入 Excel 数据表文件

3.5.3 复制数据库对象

一般在修改某个对象的设计之前，创建一个副本可以避免因操作失误而造成的损失。一旦操作发生差错，可以使用对象副本还原对象。

例 3.6 复制“教学管理”数据库中的“学生档案表”对象。

操作步骤如下所示。

（1）打开“教学管理”数据库。

（2）在导航窗格中，单击“所有 Access 对象”右侧的下拉箭头。

（3）在展开的对象中，单击“表”。

（4）然后在显示出的所有的表中选中“学生档案表”。

（5）单击右键，在弹出的如图 3-19 所示的快捷菜单中单击“复制”命令。

（6）单击右键，在快捷菜单中单击“粘贴”命令，即生成一个学生档案表副本。

3.5.4 删除数据库对象

在一个数据库中，因为长期使用，可能会有一些不需要使用的数据库对象，应该及时将其删除。删除数据库对象前必须选将此对象关闭。

例 3.7 删除“教学管理”数据库中的“学生档案表”副本对象。

操作步骤如下所示。

（1）打开“教学管理”数据库。

（2）在导航窗格中，单击“所有 Access 对象”右侧的下拉箭头。

（3）在展开的对象中，单击“表”。

（4）然后在显示出的所有的表中选中“学生档案表的副本”。

（5）单击右键，在弹出的如图 3-19 所示的快捷菜单中单击“删除”命令。

3.5.5 重命名数据库对象

在 Access 数据库中，当一个对象创建完成后，如果发现命名不太合适，此时可对该对象重命名。

例 3.8 将“教学管理”数据库中的“学生档案表”重命名为“学生自然情况登记表”。

操作步骤如下所示。

（1）打开“教学管理”数据库。

（2）在导航窗格中，单击“所有 Access 对象”右侧的下拉箭头。

（3）在展开的对象中，单击“表”。

（4）然后在显示出的所有的表中选中“学生档案表”。

（5）单击右键，在弹出的如图 3-19 所示快捷菜单中单击“重命名”命令。

（6）在原名所在位置直接输入“学生自然情况登记表”即可。

3.6 数据库安全

任务 3.5 数据库安全设置。

随着计算机网络的发展，越来越多的数据库网络应用已经成为数据库发展的必然趋势。在这种环境下，做好对数据库的管理和安全保护工作显得尤为重要。

3.6.1 设置数据库密码

数据库系统的安全主要是指防止非法用户使用或访问系统中的应用程序和数据。为避免应用程序及其数据遭到意外破坏，Access 提供了一系列保护措施，包括设置访问密码，对数据进行加密等多种方法。在 Access 2010 中可以通过密码来保护数据库，它的安全性比以前的版本更强。下面介绍为 Access2010 数据库创建密码。在 Access 2010 中要对数据库设置密码，必须以独占的方式打开数据库。

例 3.9 加密数据库。

操作步骤如下所示。

（1）单击左上角 Office 徽标按钮，然后单击“打开”按钮。

（2）在“打开”对话框中，通过浏览找到要打开的文件。单击“打开”按钮旁边的箭头，然后单击“以独占方式打开”。如图 3-28 所示。

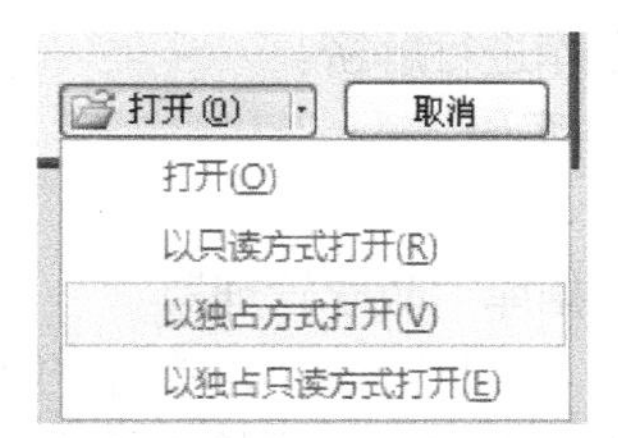

图 3-28　以独占方式打开数据库文件

（3）单击“文件”选项卡上的“信息”命令，单击“用密码进行加密”，如图 3-29 所示。

图 3-29　“用密码进行加密”按钮

（4）在“设置数据库密码”对话框里，在“密码”文本框里输入数据库密码，在“验证”文本框里，输入确认密码，完成后单击“确定”按钮，如图 3-30 所示。

此时的“教学管理”被加上了密码，用户如果要打开“教学管理系统”，则必须输入所设置的密码，如图 3-31 所示，用户只有输入正确才能打开数据库。记住密码很重要，如果忘记了密码，Microsoft 将无法找回。

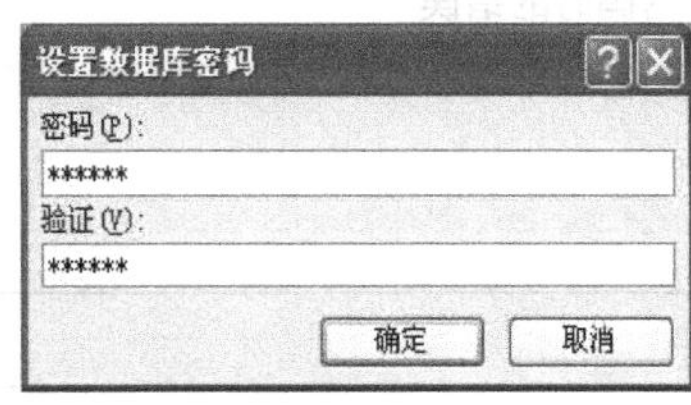

图 3-30　输入要设置的密码

图 3-31　要求输入密码

图 3-33　撤销数据库密码

3.6.2 解密数据库

当不需要密码时，可以对数据库进行解密。

例 3.10 对加密的数据库撤销密码。

操作步骤：

（1）以独占方式打开加密的数据库“教学管理”。

（2）单击“文件”选项卡上的“信息”命令，单击“解密数据库”，如图 3-32 所示。

（3）在弹出的“撤销数据库密码”对话框里输入被设置的密码，完成后单击“确定”按钮。如图 3-33 所示，如果输入的密码不正确，撤销将无效。

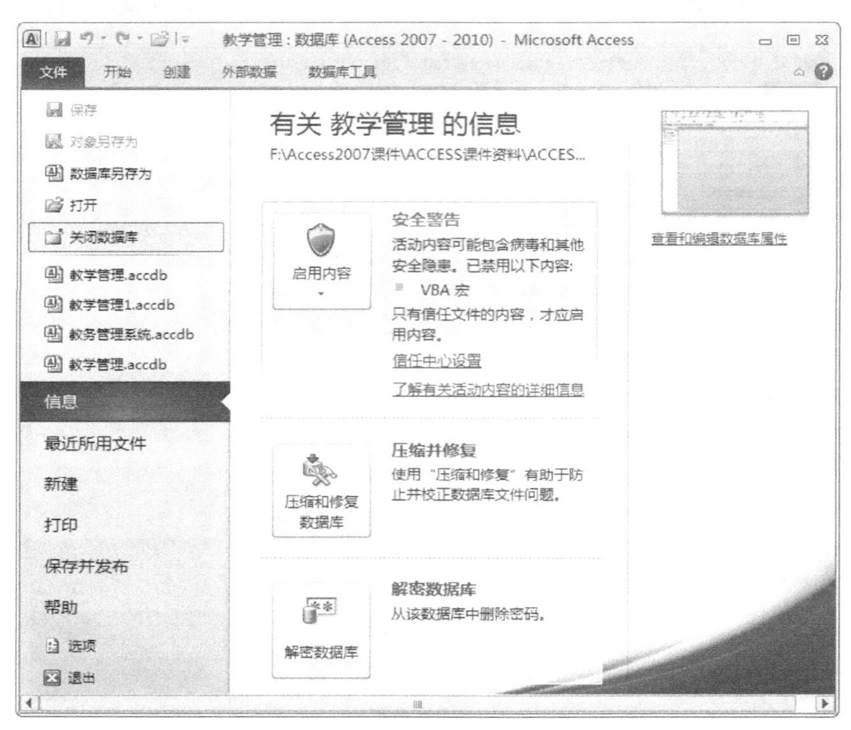

图 3-32 “解密数据库”按钮

注意：设置和删除数据库密码时必须以独占方式打开，否则将出现如图 3-34 所示的错误。

图 3-34 不“以独占方式打开”在设置或删除数据库密码时的错误

3.7 维护数据库

任务 3.6 维护数据库。

在 Access 2010 中，提供了许多维护、管理数据库的有效方法，能够在简单的操作下实现对数据库的优化管理。下面主要介绍这些操作。

3.7.1 导出和导入数据库

1．导出数据库

将数据库导出备份有助于保护数据库，以防出现系统故障以及“撤销”命令无法修复的错误。定期导出数据库中的数据是非常重要的。

例 3.11 导出数据库。

操作步骤如下所示。

（1）打开要导出的数据库。

（2）选择“导出”选项卡，单击“Access”按钮，弹出“导出-Access 数据库”对话框，单击“浏览”按钮，指定目标文件名及格式，如图 3-35 所示。

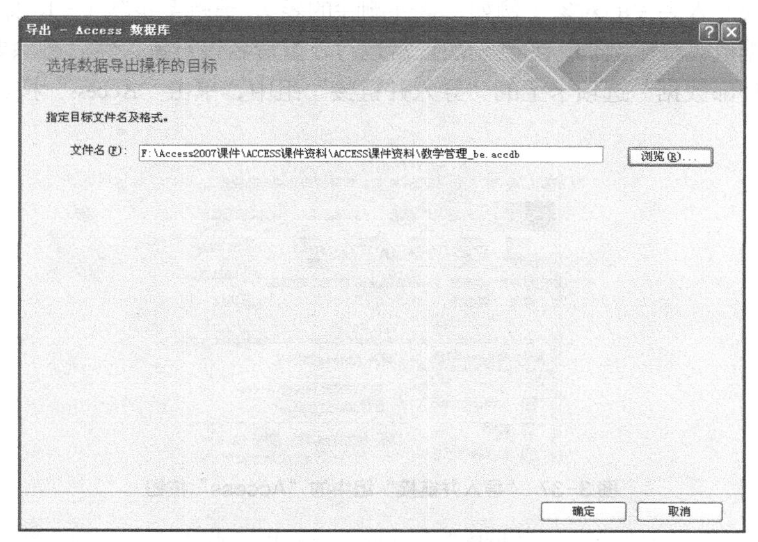

图 3-35 “导出-Access 数据库”对话框

（3）单击“确定”按钮，出现“导出”对话框，如图 3-36 所示，选择“定义和数据”，单击“确定”按钮。

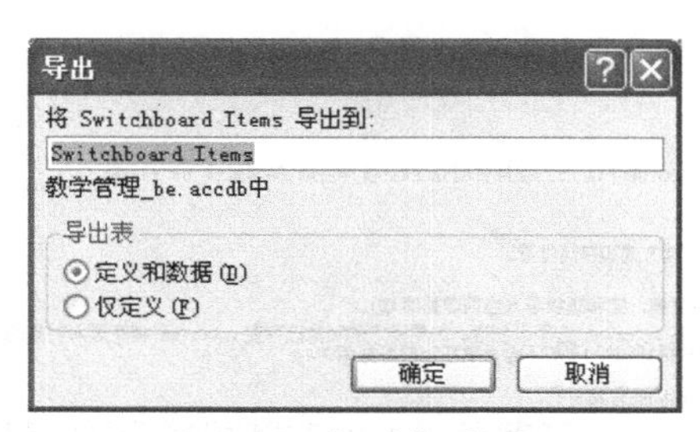

图 3-36 “导出”对话框

在 Access 2010 中，也可以通过生成“Accde”，对选中的数据库生成副本，方法如下：

打开要进行操作的数据库，选择“文件”选项卡，单击“数据库另存为”，在弹出的“另存为”对话框中，选择保存位置保存即可。

2．导入数据库

若要导入数据库，必须已经具有数据库的导出，你可以还原整个数据库，也可以有选择地还原数据库中的对象。

（1）导入整个数据库

导入整个数据库时，将用整个数据库的导出从整体上替换受到损坏、存在数据问题或丢失的数据库文件。如果数据库文件已损坏或存在数据问题，删除损坏的文件并用导出进行替换。

（2）导入数据库的一部分

若要导入某个数据库对象，可将该对象从导出中导入到包含要导入的对象的数据库中。你可以一次导入多个对象。

例 3.12 导入数据库。

操作步骤如下所示。

（1）打开要将对象导入到其中的数据库。

（2）如果要导入丢失的对象（例如，意外删除的表），请跳至步骤（3）。如果要替换的对象包含错误数据或丢失了数据，或已无法正常运行，重命名该对象，然后删除要替换的对象。

（3）在“外部数据”选项卡上的“导入并链接”组中，单击“Access”按钮，如图 3-37 所示。

图 3-37 “导入并链接”组中的“Access”按钮

（4）在“获取外部数据-Access 数据库”对话框中，单击“浏览”来定位导出数据库。单击“将表、查询、窗体、报表、宏和模块导入当前数据库”，然后单击“确定”按钮，如图 3-38 所示。

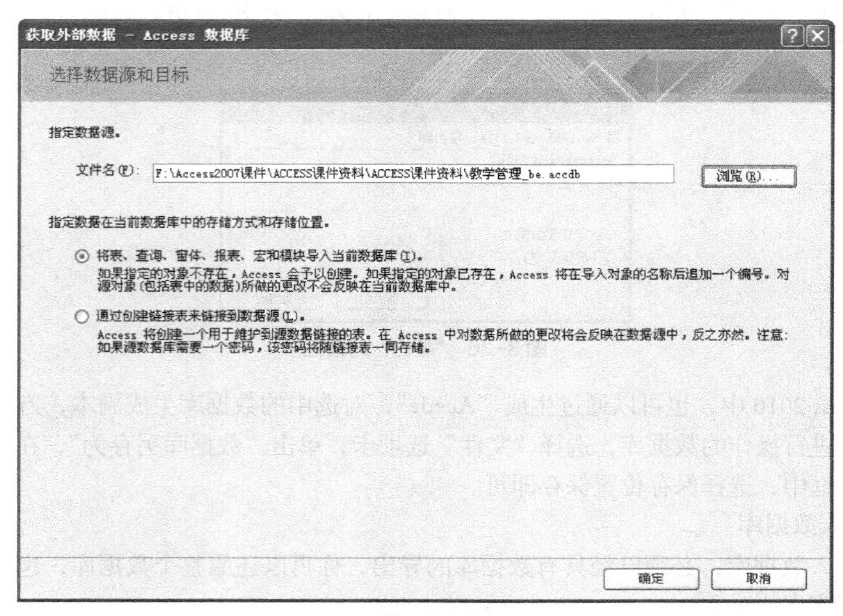

图 3-38 获取外部数据对话框

（5）在“导入对象”对话框中，单击与要导入的对象类型相对应的选项卡。例如，如果要还原表，单击“表”选项卡，如图 3-39 所示。

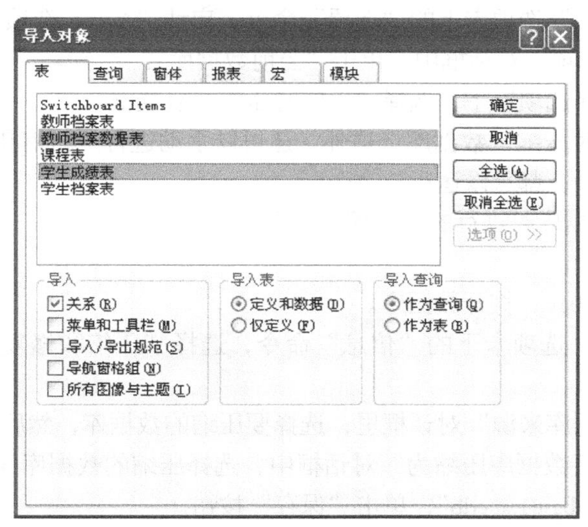

图 3-39　导入对象对话框

（6）单击“确定”按钮，成功导入所有对象，如图 3-40 所示。

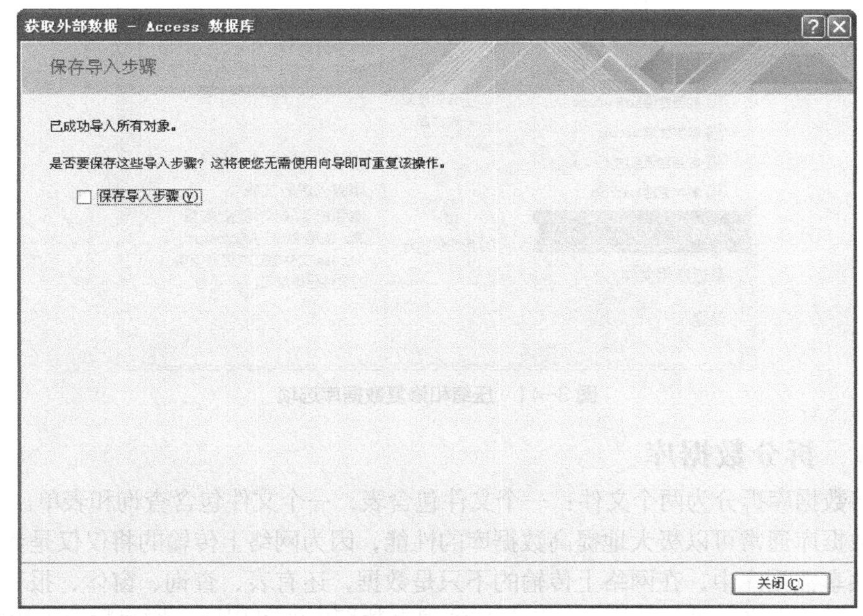

图 3-40　导入完成对话框

3.7.2　压缩和修复数据库

数据库文件在使用过程中可能会迅速增大，有时会影响性能，有时也可能被损坏。在 Access 中，可以使用“压缩和修复数据库”命令来防止或修复这些问题。

如果要在数据库关闭时自动执行压缩和修复，可以选择“关闭时压缩”数据库选项。

例 3.13　在数据库关闭时自动执行压缩和修复。

操作步骤如下所示。

（1）打开数据库文件。

（2）单击左“文件”选项卡上的“选项”命令，启动“Access 选项”对话框。

（3）在“Access 选项”对话框中，单击“当前数据库”。

（4）在“应用程序选项”下，选择“关闭时压缩”复选框。

除了使用“关闭时压缩”数据库选项外，还可以手动进行“压缩和修复数据库”命令。无论数据库是否已打开，都可以运行该命令。

例 3.14 打开数据库时进行的“压缩和修复数据库”命令。

操作步骤如下所示。

（1）打开 Access 2010，打开数据库。

（2）单击“文件”选项卡下的“信息”命令，选择“压缩和修复数据库”，如图 3−41 所示。

（3）在“压缩数据库来源”对话框里，选择要压缩的数据库，然后单击“压缩”按钮。

（4）在弹出的“将数据库压缩为”对话框中，选择压缩的数据库保存位置并为数据库命名，默认名称为“Database1.accdb”，单击“保存”按钮。

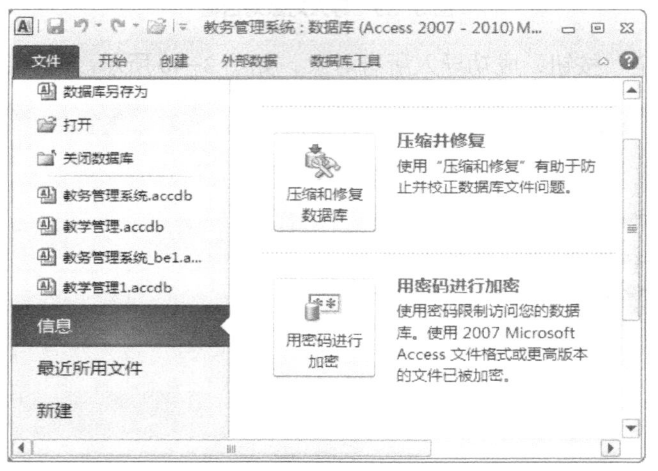

图 3−41 压缩和修复数据库选项

3.7.3 拆分数据库

可以将数据库拆分为两个文件：一个文件包含表，一个文件包含查询和表单。

拆分数据库通常可以极大地提高数据库的性能，因为网络上传输的将仅仅是数据。而在未拆分的共享数据库中，在网络上传输的不只是数据，还有表、查询、窗体、报表、宏和模块等数据库对象本身。进行数据库的拆分还能提高数据库的可用性，增强数据库的安全。

拆分数据库之前，最好先备份数据库。这样，如果你在拆分数据库后决定撤消该操作，则可以使用备份副本来还原原始数据库。

例 3.15 拆分备份的数据库。

操作步骤如下所示。

（1）打开备份的数据库文件。

（2）在“数据库工具”选项卡上的“移动数据”组中，单击“Access 数据库”，如图 3−42

所示。 随即将启动“数据库拆分器”向导，如图 3-43 所示。

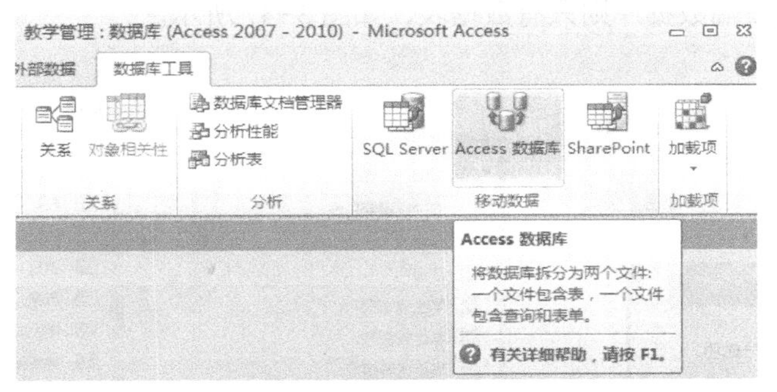

图 3-42　拆分数据库按钮

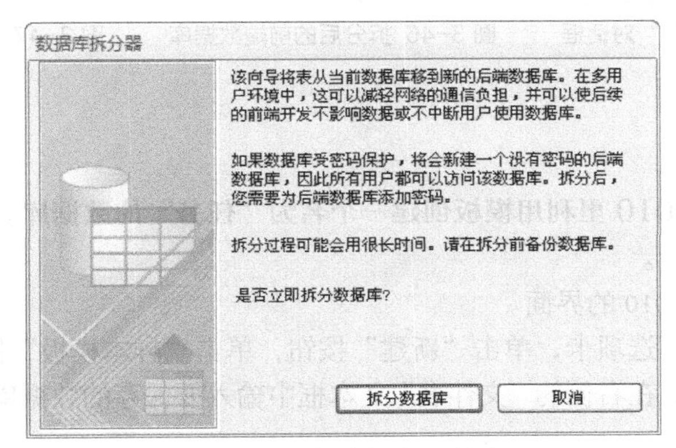

图 3-43　数据库拆分器对话框

（3）图 3-43 所示，单击“拆分数据库”。

（4）图 3-44 所示的“创建后端数据库”对话框中，指定后端数据库文件的名称、文件类型和位置，单击“拆分”，出现“数据库拆分成功”，如图 3-45 所示。

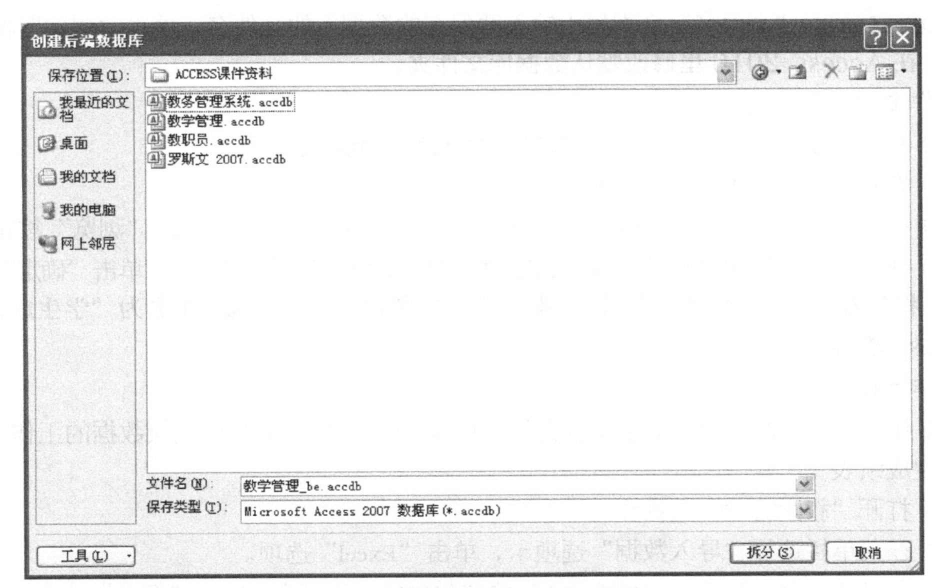

图 3-44　“创建后端数据库”对话框

数据拆分成功后，浏览数据库中的数据表可以发现每个数据表的前面多了一个“➧”，如图 13-46 所示，而后端数据库则只有数据表，如图 3-47 所示。

图 3-45 “数据库拆分器”对话框

图 3-46 拆分后的前端数据库

图 3-47 拆分后的后端数据库

3.8 实验

1. 在 Access 2010 里利用模板创建一个名为“任务”的数据库。

操作步骤如下所示。

（1）打开 Access 2010 的界面。

（2）单击“文件”选项卡，单击“新建”按钮，单击“样本模板”按钮。

（3）单击“任务”，在右侧的“文件名”文本框中输入要保存的数据库的文件名，单击“创建”按钮。

2. 在 Access 2010 里创建一个名为“教学管理”的空白数据库。

操作步骤如下所示。

（1）打开 Access 2010 的界面。

（2）单击“文件”选项卡，单击“新建”按钮，单击“空数据库”按钮。

（3）在右侧的“文件名”文本框中输入要保存的数据库的文件名，单击“创建”按钮。

3. 在 Access 2010 里修改默认数据库文件夹。

操作步骤如下所示。

（1）打开 Access 2010 的界面，单击窗口左上角的 Office 图标。

（2）在对话框里单击“Access 选项”按钮。

（3）在中间“创建数据库”区域，单击“默认数据库文件夹”右边的“浏览”按钮。

（4）在“默认的数据库路径”对话框中选择要更改的默认数据库文件夹，单击“确定”按钮。

4. 将名为“学生成绩表”的 Excel 文件中的数据导入，生成一个名为“学生成绩表”的 Access 数据表。

操作步骤如下所示。

（1）建立一个文件名为“学生成绩表”的 Excel 文件，将存放学生成绩数据的工作表命名为“学生成绩表”。

（2）打开“教学管理”数据库。

（3）在菜单栏选择“导入数据”选项卡，单击“Excel”选项。

（4）单击“浏览”按钮，找到 Excel 文件“学生成绩表.xls”，单击“打开”命令。

（5）在“获取外部数据”对话框中选中第一个选项。单击“确定”按钮。

(6) 在“导入数据库向导”对话框中选中“学生成绩表”，单击“下一步”按钮。

(7) 单击“下一步”，选中“第一行包含列标题”。

(8) 单击“下一步”，选中“我自己选择主键”。

(9) 在“导入到表”文本框中输入要创建的数据表名“学生成绩表”。

(10) 单击“完成”，即插入了一个新表到数据库中。

5. 复制“教学管理”数据库中的“学生成绩表”对象。

操作步骤如下所示。

(1) 打开“教学管理”数据库。

(2) 在导航窗格中，单击“所有 Access 对象”右侧的下拉箭头。

(3) 在展开的对象中，单击“表”。

(4) 然后在显示出的所有的表中选中“学生成绩表”。

(5) 单击右键，在弹出的快捷菜单中单击“复制”命令。

(6) 单击右键，在快捷菜单中单击“粘贴”命令，即生成一个学生成绩表副本。

6. 删除“教学管理”数据库中的“学生成绩表”副本对象。

操作步骤如下所示。

(1) 打开“教学管理”数据库。

(2) 在导航窗格中，单击“所有 Access 对象”右侧的下拉箭头。

(3) 在展开的对象中，单击“表”。

(4) 然后在显示出的所有的表中选中“学生成绩表的副本”。

(5) 单击右键，在弹出的快捷菜单中单击“删除”命令。

7. 将“教学管理”数据库中的“学生成绩表”重命名为“学生各科成绩统计表”。

操作步骤如下所示。

(1) 打开“教学管理”数据库。

(2) 在导航窗格中，单击“所有 Access 对象”右侧的下拉箭头。

(3) 在展开的对象中，单击“表”。

(4) 然后在显示出的所有的表中选中“学生成绩表”。

(5) 单击右键，在弹出的快捷菜单中单击“重命名”命令。

(6) 在原名所在位置直接输入“学生各科成绩统计表”即可。

练习与思考

一、选择题

1. 为将原有的 Excel 表格中的数据导入 Access 中生成数据表，最快的办法是（　　）。
   A. 将整个 Excel 表格拷贝-粘贴到 Access 数据表下
   B. 将 Excel 表格“另存为”mdb 格式
   C. 在 Access 中将 Excel 表格“导入”到数据表下
   D. 将 Excel 表格打印出来，按后在 Access 下输入到数据表中
2. 利用 Access2010 创建的数据库文件，其扩展名为（　　）。
   A. .ADP　　B. .ACCDB
   C. .FRM　　D. .MDB

3. 如果用户要新建一个“资产”数据库系统，那么最快的建立方法是（　　）。
   A. 通过数据库模板建立
   B. 通过数据库字段模板建立
   C. 新建空白数据库
   D. 所有建立方法都一样
4. 通常在一个单独的（　　）中存储一个数据库应用系统中包含的所有对象。
   A. 表对象
   B. 报表文件
   C. 数据库文件
   D. 窗体文件

二、简答题

1. 简述创建一个空白数据库的过程。
2. Access 2010 提供了哪些常用的数据库模板？
3. 操作数据库对象的方法有哪些？
4. 简述重命名数据库对象的操作方法。
5. 打开和关闭数据库分别有哪几种方法？
6. 怎样改变数据库默认文件夹？

PART4

第 4 章 创建和操作数据表

任务与目标

1．任务描述

本章的主要学习利用 Access 2010 关系数据库系统创建表、操作表、对表中的记录进行排序、查找指定记录以及建立表间关系。

2．任务分解

任务 4.1　使用 Access 2010 创建数据表。

任务 4.2　操作 Access 2010 数据表。

任务 4.3　对表中数据进行排序和筛选。

任务 4.4　创建表与表之间的关系。

3．学习目标

目标 1：掌握利用 Access 2010 创建数据表的主要方法。

目标 2：掌握操作 Access 2010 数据表的方法。

目标 3：熟练进行表中数据的排序和筛选。

目标 4：熟练掌握创建表与表之间关系的方法。

4.1　创建数据表

任务 4.1　使用 Access 2010 创建数据表。

在上一章我们已经创建了一个名为“教学管理”的空白数据库“教学管理.accdb”，接下来，我们要在这个数据库中建立以下 4 个表：教师档案表、学生档案表、学生成绩表、课程表，见表 4−1~表 4−4。

表 4-1　学生档案表

学　号	姓　名	专业名	性　别	出生日期	入校日期	总　分	备　注
030101	王晓林	计算机应用	男	1982−2−3	2003−9−17	505	
030102	马小雨	计算机应用	女	1981−5−13	2003−9−17	502	
030103	李和平	计算机应用	男	1980−9−5	2003−9−17	451	
…	…	…	…	…	…	…	

表 4-2　教师档案表

职工号	姓　名	性　别	出生日期	所在专业	职　称	备　注
ZG0101	吴天南	男	1972-2-3	计算机应用	讲师	
ZG0102	胡平平	男	1971-5-13	计算机应用	讲师	
ZG0103	刘力林	男	1970-9-5	计算机应用	讲师	
…	…	…	…	…	…	

表 4-3　课程表

课 程 号	课 程 名	开课学期	学　时	学　分
101	计算机基础	1	80	5
102	数据结构	3	76	4
103	离散数学	2	70	4
104	程序设计语言	2	72	4
201	操作系统	3	68	3
…	…	…	…	…

表 4-4　学生成绩表

学　号	课 程 号	分　数
030101	101	78
030101	102	81
030101	103	85
030102	104	68
030102	201	77
…	…	…

4.1.1　建立表的结构

创建表时，要先建立表的结构，再往表中输入数据。上述数据表的结构见表 4-5 至表 4-8。

表 4-5　学生档案表结构（表名：学生档案表）

列　名	数据类型	字段大小	是否允许为空	默 认 值	说　明
学号	文本	6	N	无	主键
姓名	文本	8	N	无	
专业名	文本	10	Y	无	
性别	文本	2	Y	男	
出生日期	日期/时间		Y	无	
入校日期	日期/时间		Y	无	
总分	数字	单精度	Y	无	
备注	文本	20	Y	无	

表 4-6 教师档案表结构（表名：教师档案表）

列　　名	数据类型	字段大小	是否允许为空	默 认 值	说　　明
职工号	文本	6	N	无	主键
姓名	文本	8	N	无	
性别	文本	2	Y	男	
出生日期	日期/时间		Y	无	
所在专业	文本	10	Y	无	
职称	文本	10	Y	无	
备注	文本	20	Y	无	

表 4-7 课程表结构（表名：课程表）

列　　名	数据类型	字段大小	是否允许为空	默 认 值	说　　明
课程号	文本	3	N	无	主键
课程名	文本	20	N	无	
开课学期	数字	整型	Y	无	
学时	数字	整型	Y	无	
学分	数字	整型	Y	无	

表 4-8 学生成绩表结构（表名：成绩表）

列名	数据类型	字段大小	是否允许为空	默认值	说明
学号	文本	6	N	无	主键
课程号	文本	3	N	无	主键
分数	数字	单精度	Y	无	

通常创建表的方法有 4 种：使用设计视图创建表、使用数据表视图创建表、使用表模板创建表和通过导入外部数据创建表。使用表模板创建表时，只需要选择模板，就可以自动建立表的结构，虽然简单快捷但是有局限性。通过导入外部数据创建表的方法在例 3.5 中已有介绍。下面只介绍前两种方法。

1．使用设计视图创建表

这是比较常用的方法。

例 4.1 在“教学管理”数据库中建立“学生档案表”的结构，并输入一些数据。

操作步骤如下所示。

（1）打开数据库文件“教学管理.addcb”后，单击“创建”功能区，然后将光标移动到“表格”命令选项卡上的“表设计”按钮上，如图 4-1 所示。

（2）单击该按钮后，打开设计视图界面，如图 4-2 所示。

（3）添加字段：在“字段名称”列输入要添加的字段名称，如“学号”。单击相应的“数据类型”方格，从它的下拉列表中选择当前字段的数据类型，如“文本”。“说明”是关于字段的描述性文字，有助于用户理解字段的含义，是可选的。按照表 4-5 的要求，在窗体的下半部分继续设置字段的属性。

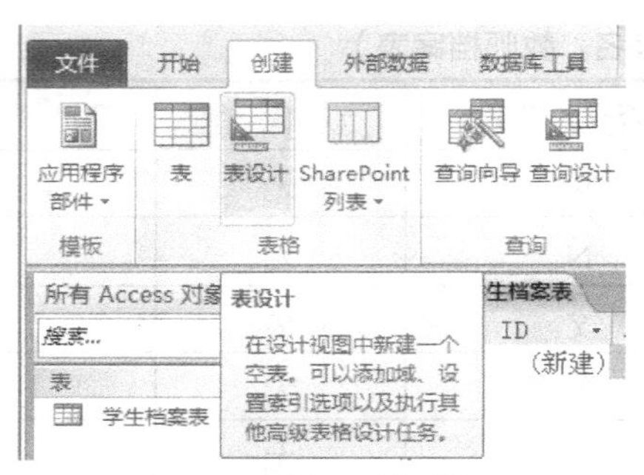

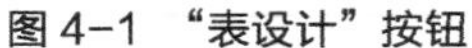

图 4-1 “表设计”按钮

图 4-2 设计视图界面

类似地添加表的其他字段，如图 4-3 所示。

（4）将“学号”字段设置为表的主键：单击该字段行前的字段选定器以选中该行，然后单击“工具”选项卡中的“主键”按钮，如图 4-4 所示。则“学号”字段行前会出现图标。用同样的方法可以取消主键的设置。

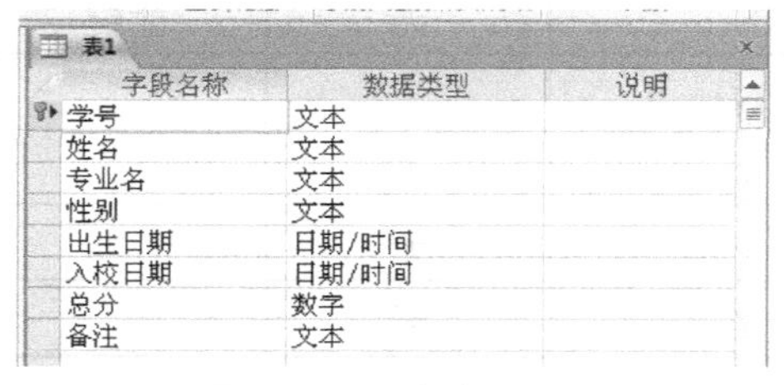

表1

字段名称	数据类型	说明
学号	文本	
姓名	文本	
专业名	文本	
性别	文本	
出生日期	日期/时间	
入校日期	日期/时间	
总分	数字	
备注	文本	

图 4-3 添加字段

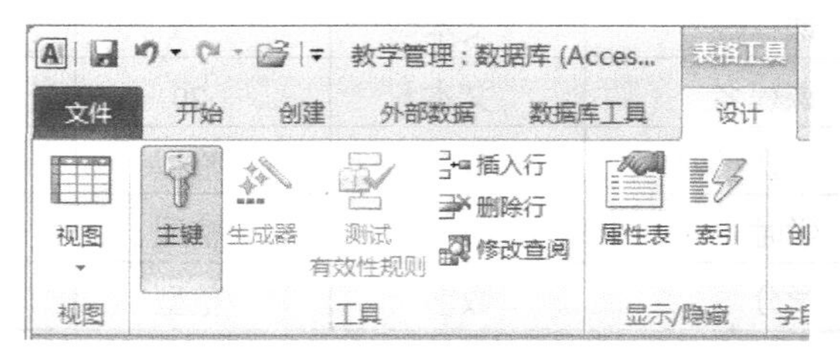

图 4-4 将“学号”字段设为主键

有时需要将多个字段同时设为主键，方法是先选中一个字段行，然后在按住“Ctrl”键的同时选择其他的字段行，选择完毕再单击“主键”按钮。

（5）将表保存为“学生档案表”：单击工具栏中的“保存”按钮，弹出“另存为”对话框，输入表的名称“学生档案表”。单击“确定”按钮保存该表，如图 4-5 所示。

（6）输入数据：单击“视图”选项卡中的“视图”按钮，在下拉列表中选择“数据表视图”，如图 4-6 所示。单击后在打开的数据表视图界面中输入数据，如图 4-7 所示。关闭“学生档案表”窗口时数据将自动保存。

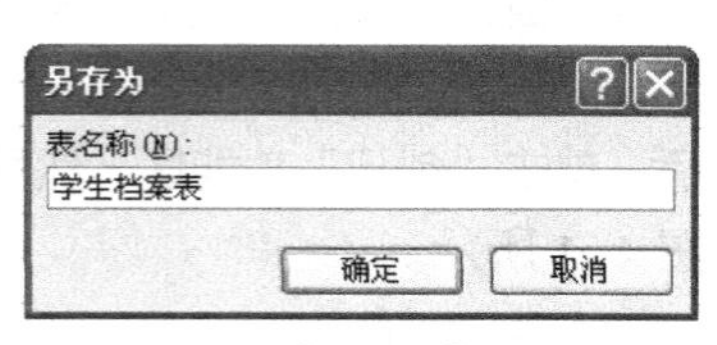

图 4-5 “另存为”对话框

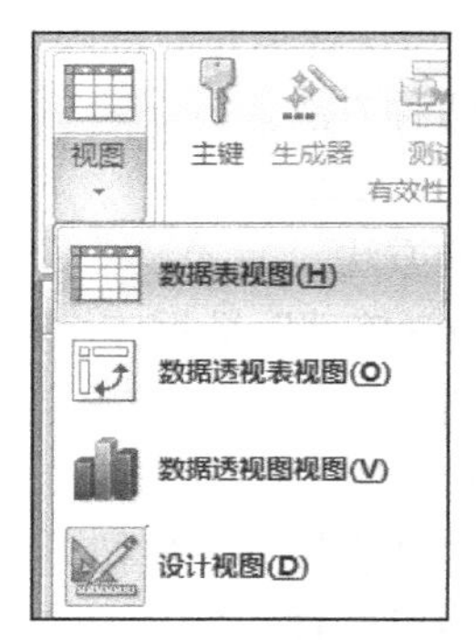

图 4-6 视图列表

2．使用数据表视图创建表

这种方法很方便，但是若要详细设置字段属性，则仍需要使用上一种方法。

例 4.2 在“教学管理”数据库中建立“教师档案表”的结构。

学生档案表

学号	姓名	专业名	性别	出生日期	入校日期	总分	备注
130101	王晓	信息管理	男	1996-2-3	2013-9-15	512	
130102	马丽娟	信息管理	女	1996-10-10	2013-9-15	513	
130103	李小青	信息管理	女	1996-4-1	2013-9-15	523	
130104	刘华清	信息管理	男	1996-4-5	2013-9-15	541	
130105	张为	信息管理	男	1995-4-6	2013-9-15	521	
130106	吴小天	信息管理	男	1995-8-9	2013-9-15	542	
130207	贺龙云	网络技术	男	1994-7-8	2013-9-15	501	
130208	赵子曙	网络技术	男	1994-12-20	2013-9-16	506	
130209	何文光	网络技术	男	1996-2-12	2013-9-15	542	
130210	陈杰	网络技术	男	1995-4-30	2013-9-17	516	
130211	徐少杰	网络技术	男	1996-1-1	2013-9-16	508	
130312	郭艳芳	软件技术	女	1995-12-8	2013-9-18	507	
130313	李明明	软件技术	男	1994-4-8	2013-9-15	514	
130314	卢锋	软件技术	男	1995-7-6	2013-9-16	527	
130315	徐明林	软件技术	男	1995-5-25	2013-9-17	509	

记录: 第 1 项(共 15 项 无筛选器 搜索 数字

图 4-7　在“学生档案表”中输入数据

操作步骤如下所示。

（1）打开数据库文件“教学管理.addcb”后，单击“创建”功能区，然后将光标移动到“表”命令选项卡上的“表”按钮上，如图 4-8 所示。单击该按钮后在数据表视图下打开如图 4-9 所示的界面。

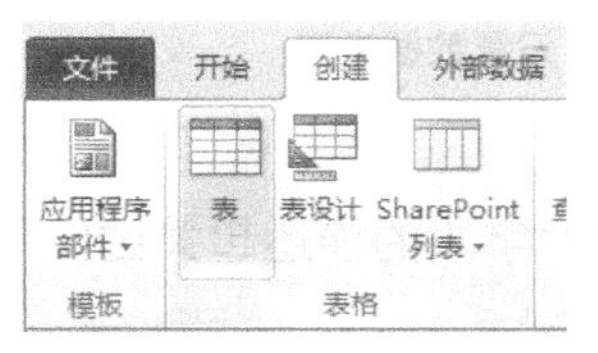

图 4-8　“表”按钮

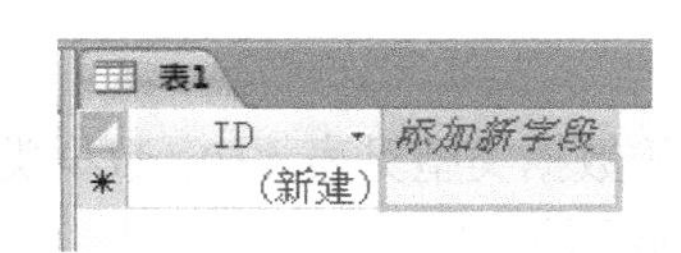

图 4-9　数据表视图

（2）添加字段：双击 ID 字段，使其处于可编辑状态，然后将其改为“职工号” ，如图 4-10 所示。单击“格式”组中的“数据类型”下拉列表按钮选择“文本”数据类型，在“属性”组中的“字段大小”文本框中输入 6，如图 4-10 所示。类似地，添加其他字段。

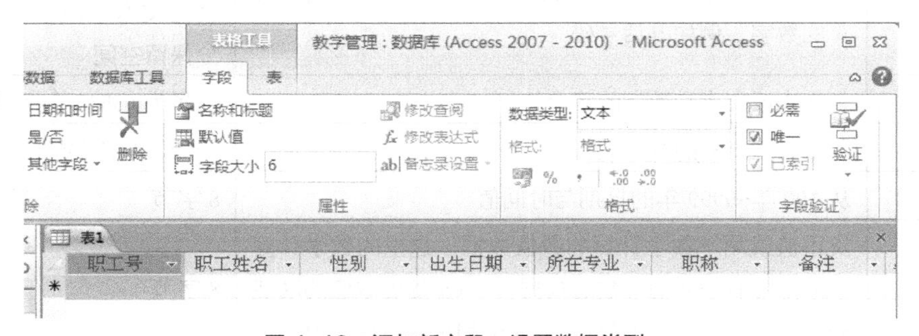

图 4-10　添加新字段、设置数据类型

（3）保存表：单击工具栏中的“保存”按钮，在弹出的“另存为”对话框中输入表的名称“教师档案表”，单击“确定”按钮保存该表。

4.1.2　定义表的字段

建立表的结构时，对表中的每一个字段除了需要指定位于设计视图窗口上半部分的字段名称、数据类型和说明外，通常还需要设置位于窗口下半部分的常规选项卡和查阅选项卡上的字段属性，如图 4-11 所示。下面对字段的数据类型、常规属性和查阅属性进行详细说明。

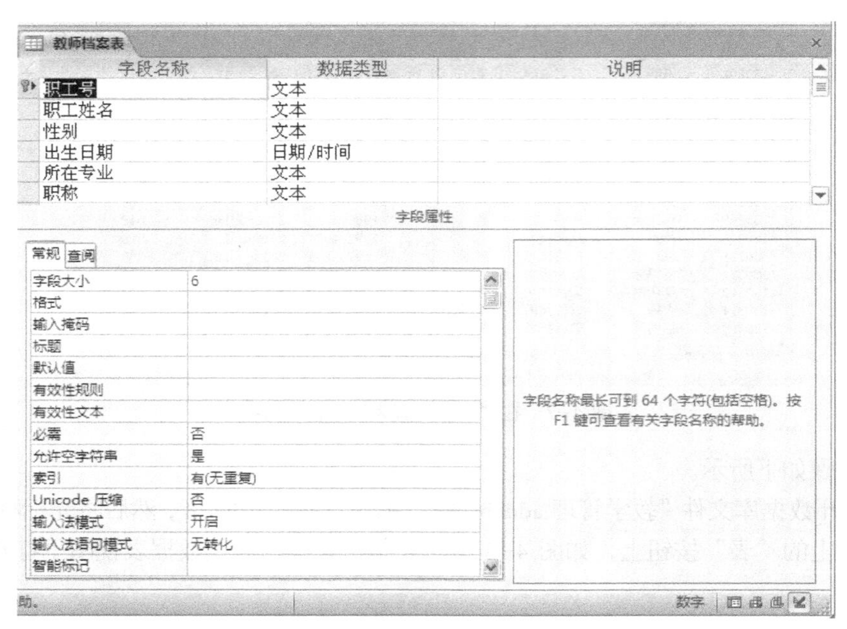

图 4-11　添加新字段、设置数据类型

1．数据类型

Access 中字段的数据类型见表 4-9。数据类型对字段的描述起关键作用，字段的属性也因字段数据类型的不同而不同。

表 4-9　数据类型

数据类型	含　义	大　小
文本	文本（默认值）或文本和数字的组合，以及不需要计算的数字，例如电话号码	最多为 255 个字符，Access 不会为文本字段中未使用的部分保留空间
备注	长文本或文本和数字的组合	最多为 65535 个字符
数字	用于数学计算的数值数据	1、2、4 字节或 8 字节
日期/时间	从 100 年~9999 年的日期与时间值	8 字节
货币	货币值或用于数学计算的数值数据。这里的数学计算对象是带有 1~4 位小数的数据。Access 处理数值的功能非常强，能精确到小数点前 15 位和小数点后 4 位	8 字节
自动编号	当向表中添加一条新记录时，由 Access 指定唯一的顺序号（每次加 1）或随机数，不用输入	4 字节
是/否	这种数据类型可以使用 Yes 和 No 值，以及只包含两者之一的字段（Yes/No、True/False 或 On/Off）	1 位
OLE 对象	表中链接或嵌入的对象（例如 Excel 电子表格、Word 文档、图形、声音或其他二进制数据）	最多为 1GB 字节（受可用磁盘空间限制）

续表

数据类型	含　义	大　小
超链接	文本或文本和数字的组合，以文本形式存储并用作超链接地址。超链接地址最多包含下列部分。 （1）显示的文本：在字段或控件中显示的文本。 （2）地址：进入文件或网络的路径。 （3）子地址：位于文件或网络的地址。 （4）屏幕提示：作为工具提示显示的文本	Hyperlink 数据类型的 3 个部分的每一个部分最多只能包含 2048 个字符
附件	使用附件可以将多个文件存储在单个字段中，甚至还可以将多种类型的文件存储在单个字段之中（Access2007 中新增字段类型）	文件名（包括文件扩展名）不得超过 255 个字符。文件名不得包含以下字符：问号（?）、引号（"）、正斜线或反斜线（/ \）、左括号或右括号（<>）、星号*、竖线（|）、冒号（:）、或段落标记
查阅向导	创建字段，该字段可以使用列表框或组合框从另一个表或值列表中选择一个值。单击此选项将启动"查阅向导"，它用于创建一个"查阅"字段。在向导完成之后，Access 将基于在向导中选择的值来设置数据类型	与用于执行查阅的主键字段大小相同，通常为 4 字节

有些类型数据的输入方法很特殊，下面逐一介绍。

（1）备注类型

备注型数据一般输入的数据量大，而数据表中单元格的输入空间有限，可以使用 Shift+F2 打开"缩放"窗口，在该窗口中编辑数据。这个方法同样适用于文本、数字等类型的数据。

（2）OLE 对象类型

OLE 对象型数据的输入方法是：将光标定位在该类型字段的单元格中，单击鼠标右键，在弹出的菜单中单击"插入对象"，如图 4-13 所示。在随后出现的窗口中根据提示进行设置。

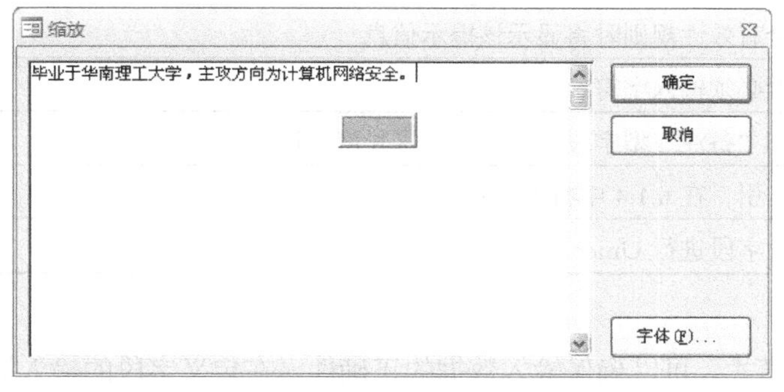

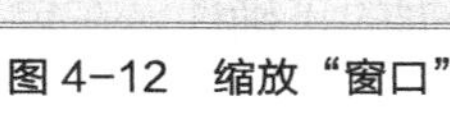
图 4-12　缩放"窗口"

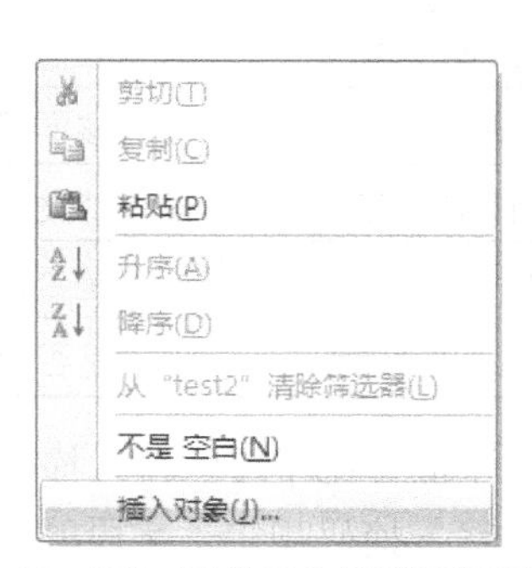

图 4-13　插入 OLE 对象型数据的菜单

（3）附件类型

附件型字段相应的列标题会显示曲别针图标，而不是字段名。附件型数据的输入方法如下。

将光标定位在该类型字段的单元格中，单击鼠标右键，在弹出的菜单中单击"管理附件"，如图 4−14 所示。

随后出现“附件”窗口，在该窗口中单击“添加”按钮即可添加附件，如图 4−15 所示。“删除”和“打开”按钮分别用于删除和打开被选中的附件。附件添加成功后，单元格中会显示附件的数目。

图 4−14　管理附件的菜单

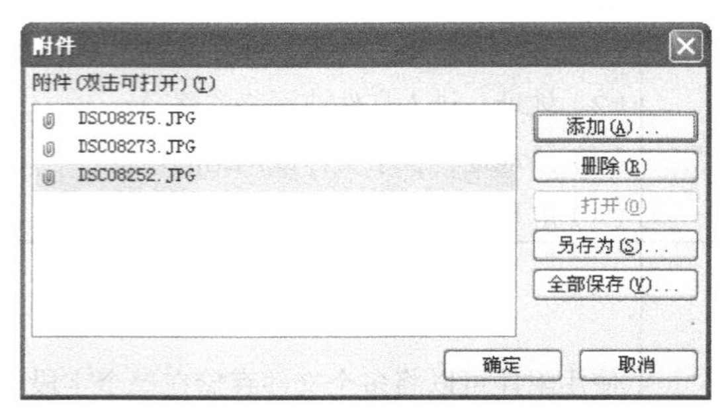

图 4−15　“附件”窗口

2．常规属性

字段常用的常规属性见表 4−10。

表 4-10　常规属性及其作用

属　性	作　用
字段大小	设置文本或数字类型的字段使用的空间大小
格式	设置数据的显示和打印方式
小数位数	设置数字或货币类型数据的小数位数
输入法模式	设置当插入点移动至该字段时，可选择输入法模式。主要有 3 个选项：随意、开启和关闭
输入掩码	设置字段的输入模式，后面将进一步介绍
标题	在数据表视图中用作字段对应的列标题，在窗体中用作字段的标签
默认值	设置数据的默认取值
有效性规则	设置字段所能接受的输入数据应满足的条件，是一个表达式
有效性文本	当输入值不符合有效性规则时将显示该提示信息
必须	设置该字段是否必须输入字符
允许空字符串	设置“文本”和“备注”型字段是否可以取零长度字符串
索引	设置是否建立索引，在 6.1.4 中将进一步介绍
Unicode 压缩	设置是否允许对字段进行 Unicode 压缩

下面介绍字段的输入掩码。

输入掩码规定了字段的输入模式，可以确保输入数据的正确性。在定义字段的输入掩码时，可以使用一些特殊字符，见表 4−11。

表 4-11　输入掩码所使用的特殊字符

字　符	含　义
0	必须输入数字（0~9）
9	可以选择输入数字或空格
#	可以选择输入数字或空格（在“编辑”模式下空格以空白显示，但是在保存数据时将空白删除；允许输入加号和减号）
L	必须输入字母
?	可以选择输入字母
A	必须输入字母或数字
a	可以选择输入字母或数字
&	必须输入任何的字符或一个空格
C	可以选择输入任何的字符或一个空格
. : ; - /	小数点占位符及千位、日期与时间的分隔符（实际的字符将根据“Windows 控制面板”的“区域和语言选项”中的设置而定）
<	将所有字符转换为小写
>	将所有字符转换为大写
!	使输入掩码从右到左显示，而不是从左到右显示。输入掩码中的字符始终都是从左到右输入。可以在输入掩码中的任何地方包括感叹号
\	使接下来的字符以原义字符显示（例如，\A 只显示 A）

输入掩码由 3 部分组成，各部分用分号分隔。第一部分用来定义数据的格式，所用字符见表 4-11。第二部分设置数据的存放方式，0 表示按显示的格式进行存放；缺省时为 1，表示只存放数据。第三部分定义一个用来表明输入位置的符号，缺省时使用下划线。如在“学生档案表”中为了确保用户输入的“学号”都是由 6 位数字字符组成的有效数据，只需要将“学号”字段的输入掩码设为“000000;0;_”。注意：不要输入双引号。

用户除了可以自定义输入掩码外，对于“文本”和“日期”类型的字段还可使用 Access 提供的向导程序来设置输入掩码。

例 4.3　将“学生档案表”中“出生日期”字段的输入掩码设为“短日期”。

操作步骤如下所示。

（1）打开数据库文件“教学管理.addcb”后，在导航窗格中选中“学生档案表”，单击鼠标右键，在弹出的快捷菜单中选择“设计视图”命令，如图 4-16 所示。

图 4-16　打开“学生档案表”的“设计视图”

（2）在设计视图窗口中选中“出生日期”字段，则窗口的下半部分自动显示该字段的属性。将插入点定位到常规选项卡上的“输入掩码”属性框，其右端会出现建立按钮。单击该按钮后，弹出“输入掩码向导”窗口，如图 4−17 所示。

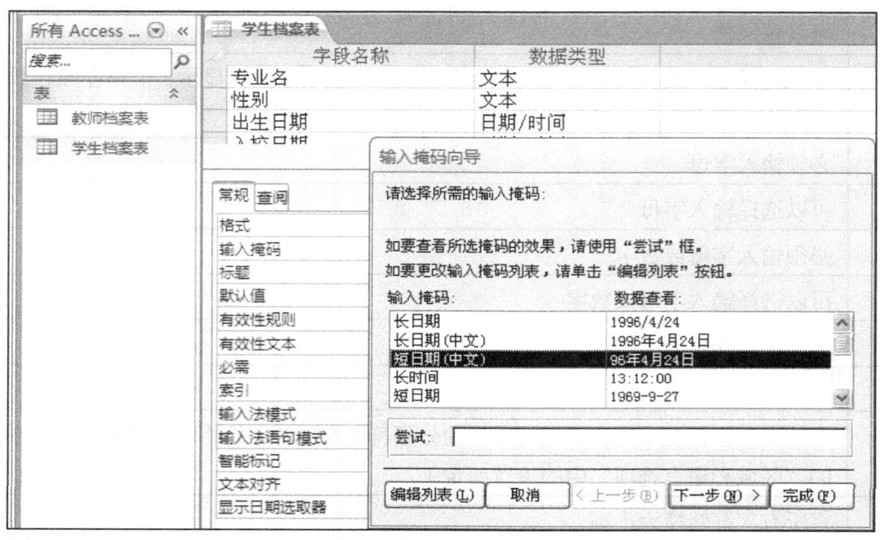

图 4−17　“输入掩码向导”窗口

（3）在窗口的列表框中选中“短日期”，再单击“完成”按钮即可完成设置，如图 4−17 所示。预设的输入掩码将自动添加到“输入掩码”属性框中，如图 4−18 所示。

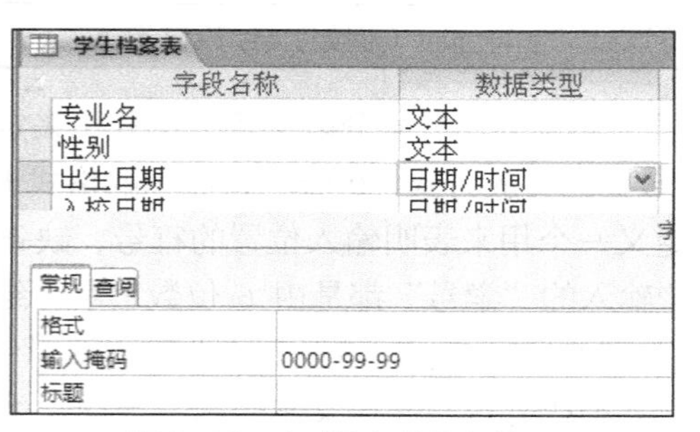

图 6−18　自动添加的输入掩码

在“输入掩码向导”框中还可单击“编辑列表”按钮，进入“自定义‘输入掩码向导’”对话框后，可以添加新的输入掩码或者修改系统已有的输入掩码，如图 4−19 所示。

图 4−19　自定义“输入掩码向导”对话框

此外，在“输入掩码向导”框中选中某一输入掩码后，单击“下一步”按钮，出现如图4-20所示的画面，也可修改已有的输入掩码。

3．查阅属性

在表4-9中列出了“查阅向导”数据类型。查阅向导是系统为用户所提供的一个向导程序，帮助用户轻松地设置字段的查阅属性。利用查阅向导，用户可以方便地把字段定义为一个列表框或组合框，并定义其中的选项，这样既可以保证输入数据的有效性，又可以减少输入数据的工作量。例如，教师的职称一般为“助教”、“讲师”、“副教授”和“教授”，取值固定且数目较少，很适合使用查阅向导来设置查阅属性。将“职称”字段定义成一个组合框，它的四个取值定义成其中的选项，则用户输入时只需要从四个取值中选取就可以了。

“查阅向导”常用于将字段设置为查阅值列表或查阅已有数据，现在分别通过例4.4和例4.5进行介绍。

例4.4 使用查阅向导对“教师档案表”中的“职称”字段进行设置，实现该字段查阅“助教”、“讲师”、“副教授”和“教授”等值。即，输入时可从这四个值中选取。

操作步骤如下所示。

（1）打开数据库文件“教学管理.accdb”后，在“设计视图”下显示“教师档案表”。在“职称”字段的“数据类型”列的下拉列表中选择“查阅向导”选项，如图4-21所示。

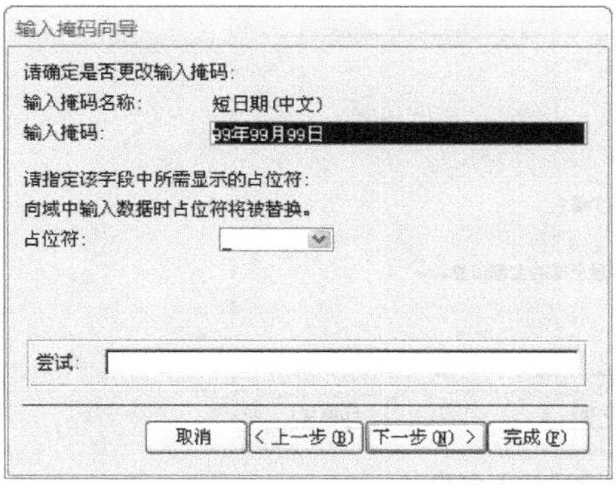

图4-20　修改输入掩码

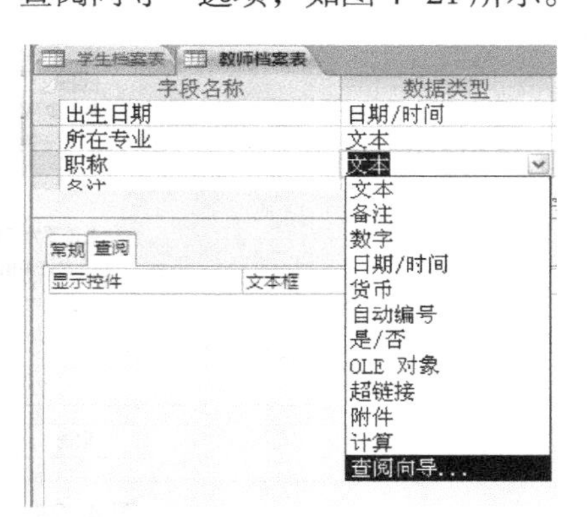

图4-21　选择“查阅向导”选项

（2）这时系统会启动“查阅向导”对话框，选中“自行键入所需的值”选项，单击“下一步”按钮，如图4-22所示。

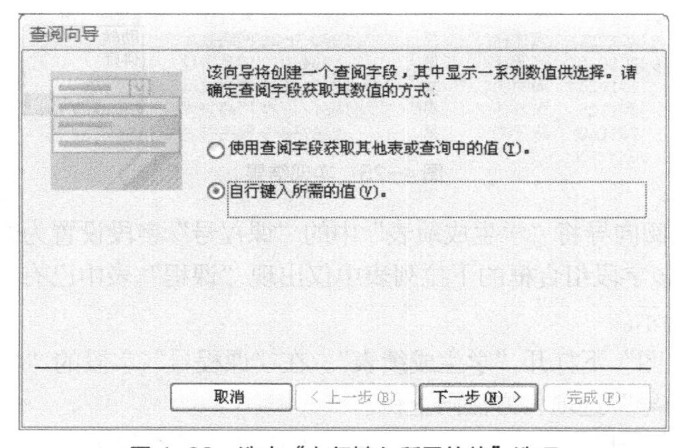

图4-22　选中“自行键入所需的值”选项

（3）在当前界面的字段列表区中输入创建查阅字段的列表内容，输入完毕后单击“下一步”按钮，如图 4-23 所示。

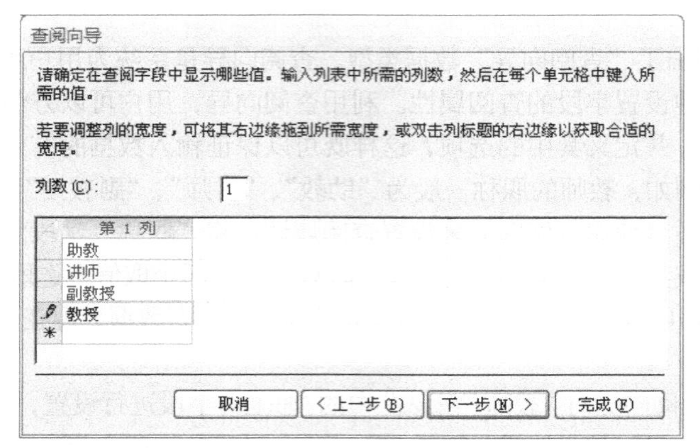

图 4-23　输入列表值

（4）为查阅字段输入名称，单击“完成”按钮结束创建工作，如图 4-24 所示。

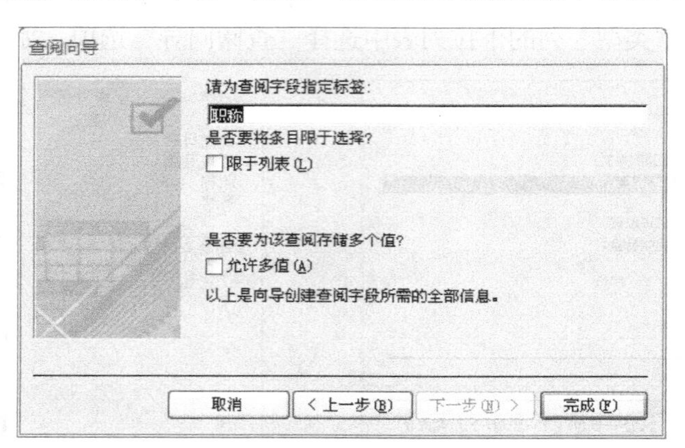

图 4-24　为查阅字段输入名称

（5）切换至数据表视图，查看结果，如图 4-25 所示。

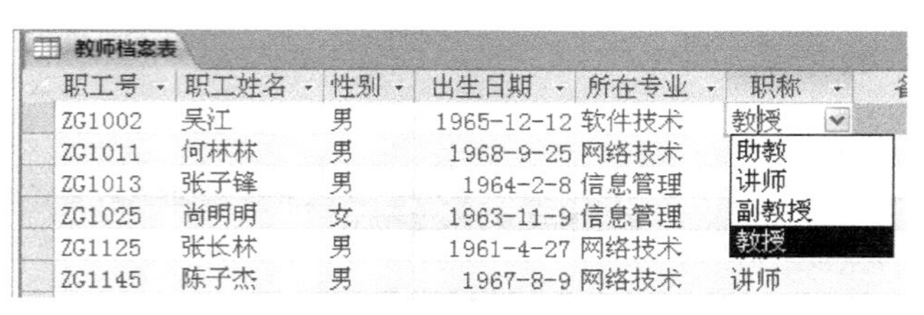

图 4-25　实现结果

例 4.5　使用查阅向导将“学生成绩表”中的“课程号”字段设置为查阅“课程表”中的“课程号”字段。即该字段组合框的下拉列表中仅出现“课程”表中已有的课程信息。

操作步骤如下所示。

（1）在“设计视图”下打开“学生成绩表”。在“课程号”字段的“数据类型”列的下拉列表中选择“查阅向导”选项，方法同上例。

（2）这时系统会启动“查阅向导”对话框，选中“使用查阅字段获取其他表或查询中的值”选项，单击“下一步”按钮，如图 4-26 所示。

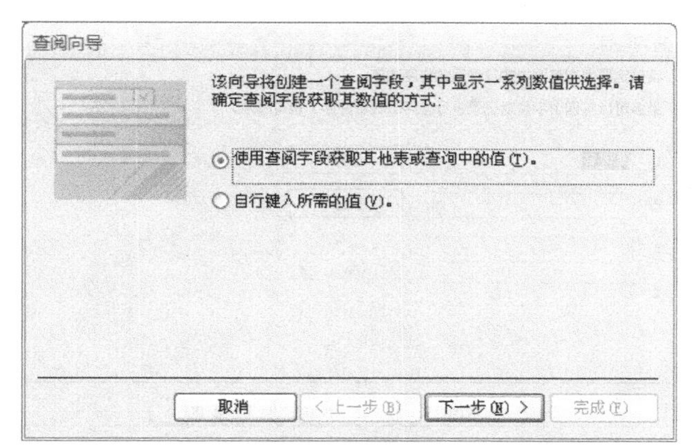

图 4-26　选中“使用查阅列查阅表或查询中的值”选项

（3）在当前界面中列出了可以选择的已有表和查询。选定字段列表内容的来源“课程表”后，单击“下一步”按钮，如图 4-27 所示。

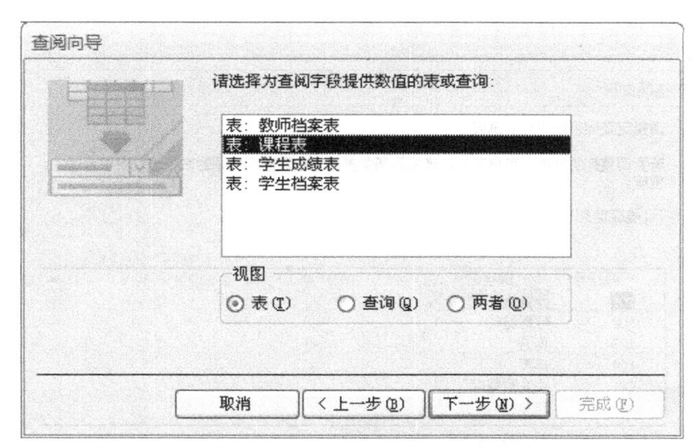

图 4-27　选择“课程表”作为列表内容的来源

（4）在当前界面中列出了“课程表”中所有的字段，通过双击左侧列表中的字段名将“课程号”和“课程名”字段添加至右侧列表中，然后单击“下一步”按钮，如图 4-28 所示。

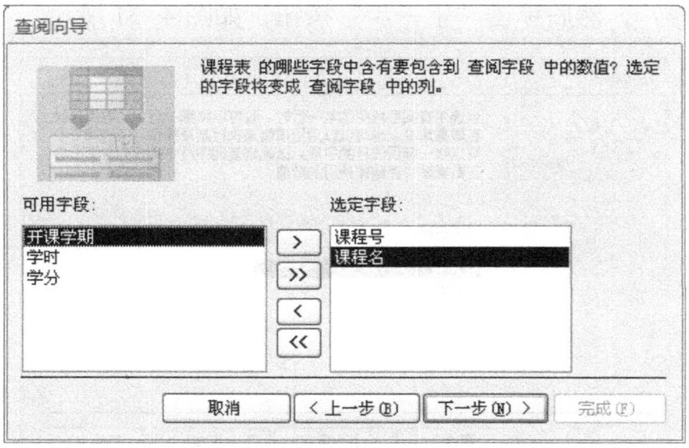

图 4-28　选定列表中的字段

（5）确定列表使用的排序次序，然后单击“下一步”按钮，如图 4-29 所示。

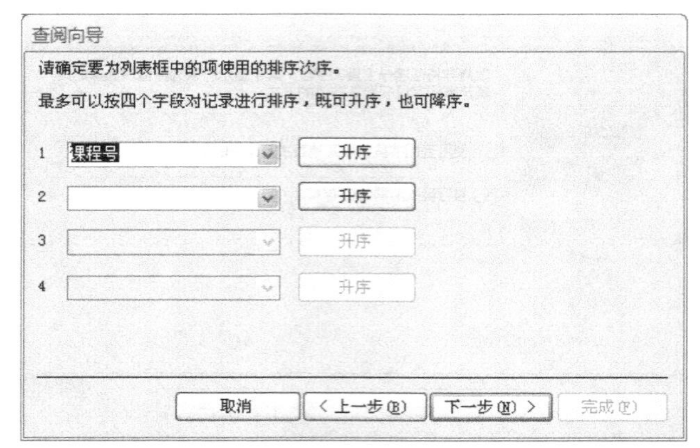

图 4-29 列表使用的排序次序

（6）在当前界面中列出了“课程表”中的所有数据，因为我们要使用“课程号”字段，所以取消隐藏键列。在该界面中还可以调整列的宽度，然后单击“下一步”按钮，如图 4-30 所示。

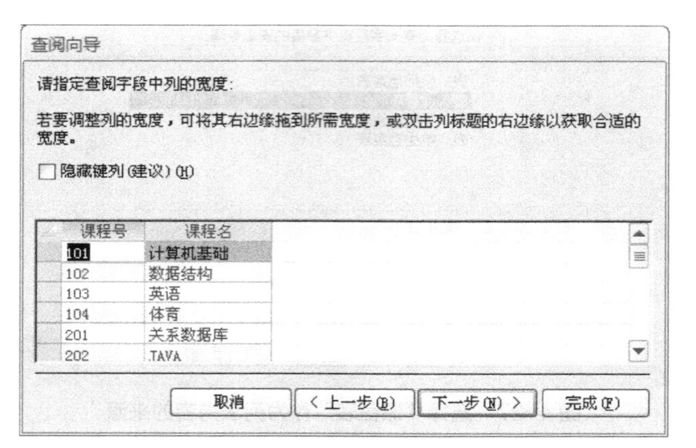

图 4-30 取消隐藏键列

（7）确定“课程表”的哪一列的数值准备在“学生成绩表”的“课程号”字段中使用，按照要求选择“课程号”，然后单击“下一步”按钮，如图 4-31 所示。

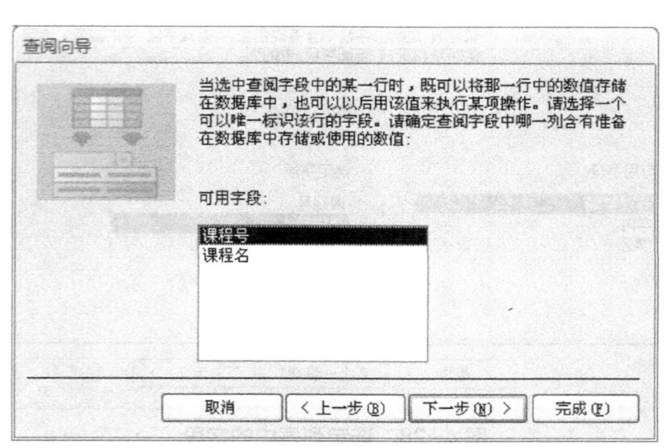

图 4-31 确定准备在数据库中存储的查阅列字段

（8）为查阅字段输入名称，单击“完成”按钮结束创建工作，如图 4-32 所示。

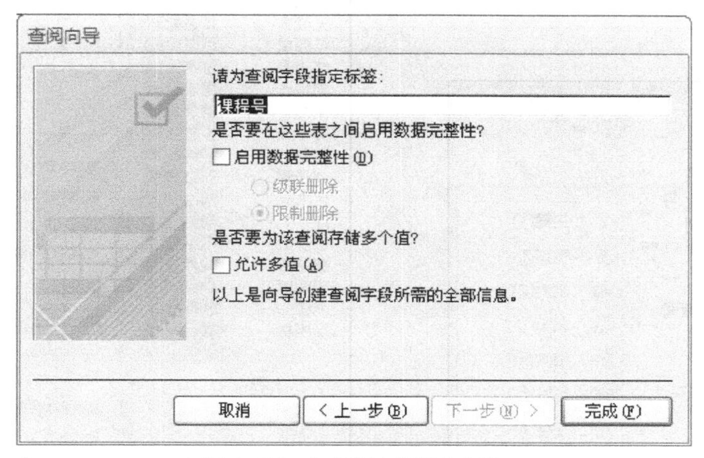

图 4-32 为查阅字段输入名称

（9）切换至数据表视图，查看结果，如图 4-33 所示。

学号	课程号		分数
130101	101		89
130102	101	计算机基础	96
130103	102	数据结构	98
130104	103	英语	74
130105	104	体育	84
130106	201	关系数据库	84
130207	202	JAVA	82
130208	203	网页设计	65
130209	204	用户界面设计	74
130210	205	网站开发	72
130211	301	VB	71
130312	302	J2EE	79
130313	303	UML	98
130314	304	移动应用开发	95
	305	综合项目设计	

图 4-33 实现结果

用户可以从下拉列表中选择有效的课程号，而课程名列可看作对课程号的说明，帮助用户进行选择。

4.1.3 修改表的结构

已创建的表可能因为不符合用户的需求而需要修改，修改表的结构涉及插入字段、删除字段、移动字段和修改字段等操作，下面分别介绍这 4 个操作。

1. 插入字段

字段的插入操作主要有以下两种方法。

（1）方法一

打开表的设计视图，在某一字段上单击鼠标右键，在弹出的快捷菜单中单击“插入行”，则将在当前字段的上面插入一个空行，用户可在空行中编辑新的字段，如图 4-34 所示。

（2）方法二

打开表的数据表视图，在某一列标题上单击鼠标右键，在弹出的快捷菜单中单击“插入字段”，则将在当前列的左侧插入一个空列，如图 4-35 所示。

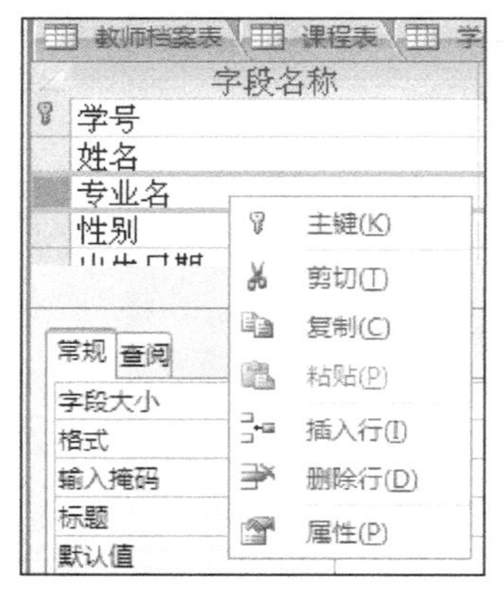

图 4-34 在“设计视图”中插入行

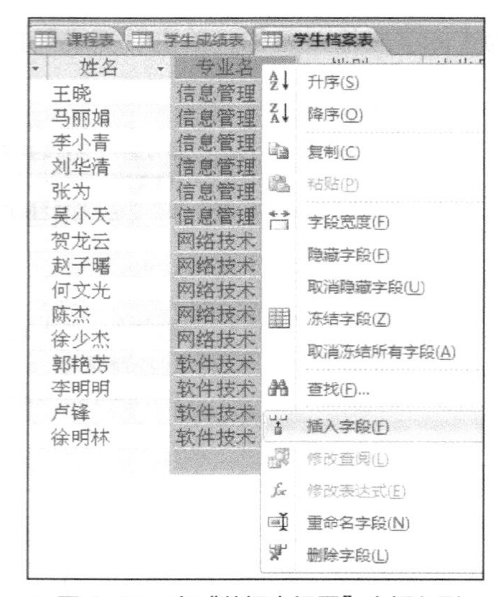

图 4-35 在“数据表视图”中插入列

2．删除字段

字段的删除操作和插入操作很相似，也有两种方法。

（1）方法一

打开表的设计视图，在某一字段上单击鼠标右键，在弹出的快捷菜单中单击“删除行”，则可删除当前字段，如图 4-34 所示。

（2）方法二

打开表的数据表视图，在某一列标题上单击鼠标右键，在弹出的快捷菜单中单击“删除字段”即可，如图 4-35 所示。

3．移动字段

同样可以在设计视图或数据表视图中进行。

（1）方法一

打开表的设计视图，在某一字段上单击以选中该字段，再次单击并按住鼠标左键不放，这时该字段行的上边界会出现较粗的水平线条，拖动鼠标即可将该字段移动到新的位置，如图 4-36 所示。

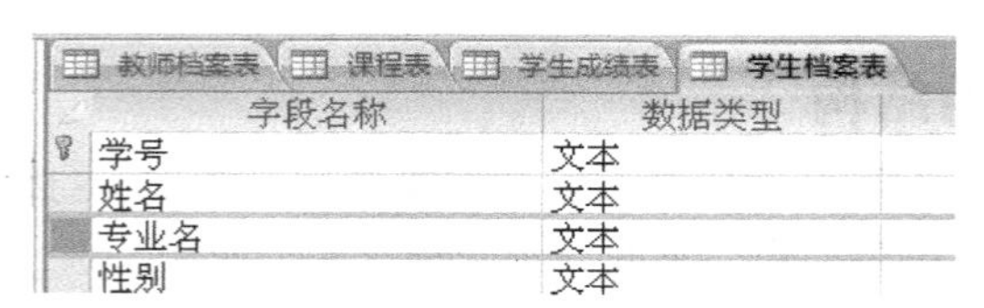

图 4-36 在“设计视图”中移动字段

（2）方法二

打开表的数据表视图，在某一列标题上单击以选中该列，再次单击并按住鼠标左键不放，这时该列的左侧会出现竖直的粗线条，拖动鼠标即可移动该列，如图 4-37 所示。

4．修改字段

修改字段名、数据类型和字段属性的方法与建立表结构的方法相同。

教师档案表 课程表 学生成绩表 学生档案表

学号	姓名	专业名	性别	出生日期
130101	王晓	信息管理	男	1996-2 -3
130102	马丽娟	信息管理	女	1996-10-10
130103	李小青	信息管理	女	1996-4 -1
130104	刘华清	信息管理	男	1996-4 -5
130105	张为	信息管理	男	1995-4 -6
130106	吴小天	信息管理	男	1995-8 -9
130207	贺龙云	网络技术	男	1994-7 -8
130208	赵子曙	网络技术	男	1994-12-20
130209	何文光	网络技术	男	1996-2 -12
130210	陈杰	网络技术	男	1995-4 -30
130211	徐少杰	网络技术	男	1996-1 -1
130312	郭艳芳	软件技术	女	1995-12-8
130313	李明明	软件技术	男	1994-4 -8
130314	卢锋	软件技术	男	1995-7 -6
130315	徐明林	软件技术	男	1995-5 -25

图 4-37　在“数据表视图”中移动列

4.1.4　建立索引

索引是字段的常规属性之一，对字段建立索引可以显著地加快数据库的查询速度，但是系统需要更多的空间来存储信息，而且增加、删除或更新记录的速度会减慢。所以如果数据量比较小，则没必要建立索引。

建立索引的方法是：将插入点定位至索引属性框，单击属性框后的按钮，在弹出的下拉列表中单击需要的选项，如图 4-38 所示。

索引	有(无重复)
Unicode 压缩	无
输入法模式	有(有重复)
输入法语句模式	有(无重复)
智能标记	

图 4-38　索引属性框的下拉列表

索引的选项有三种，分别解释如下。

（1）无：该字段不被建立索引。

（2）有（无重复）：在该字段上建立索引，但该字段里的每个记录值必须惟一。

（3）有（有重复）：在该字段上建立索引，且该字段里的记录值可以有相同。

当字段被设为“主键”时，字段的索引属性被自动设为“有（无重复）”。

若要查看表中所有索引字段的清单，单击表格工具栏上的按钮，即可查看视图情况，如图 4-39 所示。

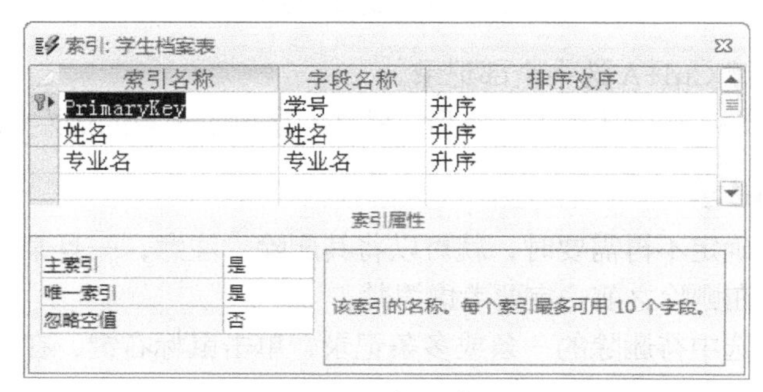

图 4-39　“索引”窗口

4.2 数据表的操作

任务 4.2　操作 Access 2010 数据表。

4.2.1 添加新记录

新记录只能添加在表中所有数据的后面。打开表的数据表视图，在最后一行输入新数据即可。

4.2.2 选择记录

在执行记录的删除、复制和移动操作时，一般都需要先选择记录。

1．选择单个记录

打开表的数据表视图后，将光标移动到待选记录的最左边，当出现箭头光标时单击，即可选中当前记录。被选中的记录会被一个黄色边框包围，如图 4-40 所示。

教师档案表　课程表　学生成绩表　学生档案表

职工号	职工姓名	性别	出生日期	所在专业	职称
ZG1002	吴江	男	1965-12-12	软件技术	教授
ZG1011	何林林	男	1968-9-25	网络技术	副教授
ZG1013	张子锋	男	1964-2-8	信息管理	副教授
ZG1025	尚明明	女	1963-11-9	信息管理	教授
ZG1125	张长林	男	1961-4-27	网络技术	教授

图 4-40　选中一行记录

2．选择多个记录

选中单个记录后，按住鼠标左键不放，拖动即可选中多个相邻的记录。或者选中单个记录后，按下 Shift 键，再选择另一个记录，则两记录间的所有记录都被选中。

3．选择全部记录

打开表的数据表视图，然后单击“开始”功能区“查找”命令选项卡上的按钮，在弹出的菜单中单击“全选”，即可选中当前表中的全部记录，如图 4-41 所示。

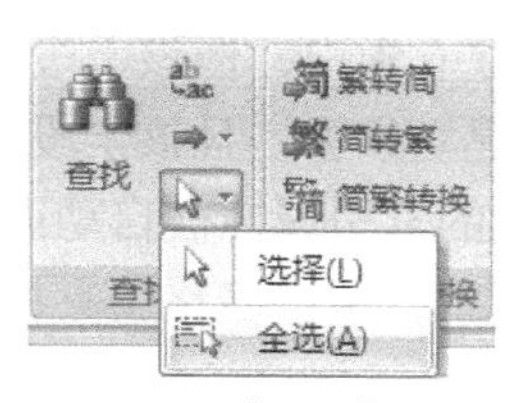

图 4-41　“选择”按钮

还可以使用快捷键 Ctrl+A 选中全部记录。

上述选择记录的方法同样适用于选择列，只是不是单击记录的最左边，而是单击列标题。

4.2.3 删除记录

当表中有些记录确定不再需要时，就可以将其删除。注意，一旦某记录被删除，则该记录将无法恢复。因此在删除之前一定要考虑清楚。

常用的方法是：选中待删除的一条或多条记录，单击鼠标右键，在下拉菜单中选择“删除记录”即可。

4.2.4 复制记录

选中待复制的一条或多条记录，单击右键，在下拉菜单中选择“复制”。然后选中新记录，单击鼠标右键，选择“粘贴”。

注意，如果表中某个字段的索引属性被设为“有（无重复）”，则粘贴后会报错，要求更改该字段的值。上述复制记录的方法也可以将表中的记录复制到另一个表中。

4.2.5 移动记录

所谓移动记录是指将光标从当前记录移动至首记录、上一条记录、下一条记录、尾记录或者表最后的空行。操作方法是：单击“开始”功能区“查找”命令选项卡上的按钮，在弹出的菜单中作相应的选择即可，如图 4-42 所示。

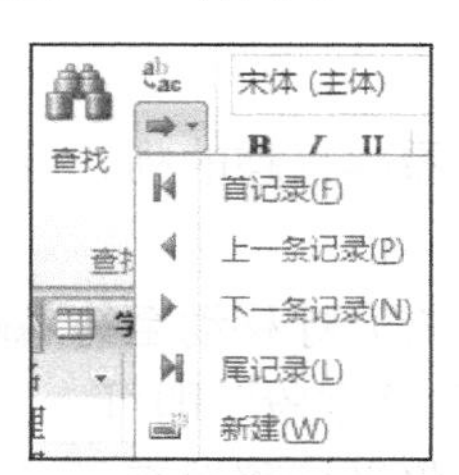

图 4-42 “移动”按钮

4.2.6 改变列宽和行高

设置表的列宽和行高的方法有两种，下面分别进行介绍。

1．设置列宽

打开表的数据表视图，将光标移动至某一列标题处，单击鼠标右键，在弹出的菜单中单击“字段宽度”，如图 4-43 所示。在随后出现的“列宽”窗口中，输入数值，单击“确定”按钮，如图 4-44 所示。设置完成后，只有当前列的列宽会发生改变。

或者将光标移动到任意两列列标题相邻的边界上，当出现十字形光标时，按住鼠标左键拖动，也可使左侧列的列宽发生改变。

图 4-43 单击“字段宽度”

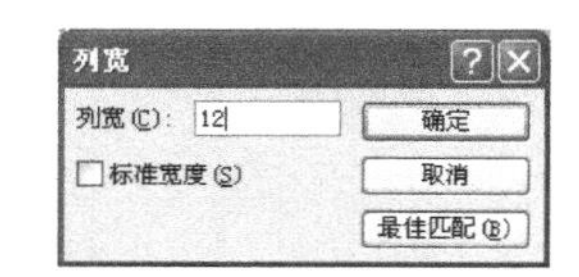

图 4-44 “列宽”窗口

2．设置行高

打开表的数据表视图，将光标移动至某一行最左边，单击鼠标右键，在弹出的菜单中单击“行高”，如图 4-45 所示。在随后出现的“行高”窗口中，输入数值，单击“确定”按钮，如图 4-46 所示。设置完成后，所有行的行高会调整成相同的高度。

或者将光标移动到任意两行最左边相邻的边界上，当出现十字形光标时，按住鼠标左键拖动，也可使所有行的行高发生相同的改变。

图 4-45　单击“列宽”

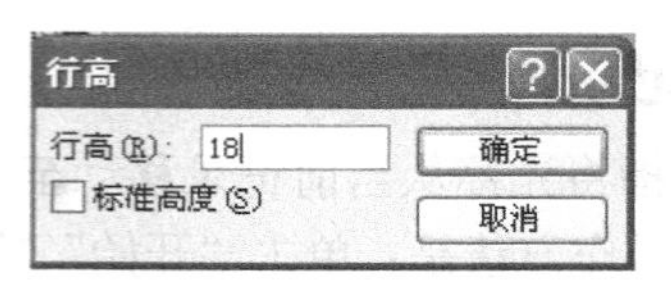

图 4-46　“行高”窗口

4.2.7　隐藏列和显示列

当表中的字段很多时，为方便查看感兴趣的列，可以先将某些列隐藏起来，在需要时再重新显示。

隐藏列：打开表的数据表视图，将光标移动至待隐藏的列的标题处，单击鼠标右键，在如图 4-43 所示的弹出菜单中单击“隐藏字段”即可。

显示列：打开表的数据表视图，将光标移动至任意列的标题处，单击鼠标右键，在如图 4-43 所示的弹出菜单中单击“取消隐藏字段”。在随后出现的“取消隐藏列”的窗口中，可以看到被隐藏的字段前的复选框未被选中，因此相应的列未被显示，如图 4-47 所示。勾选需要显示的字段，然后单击“关闭”按钮，则相应的列就会重新显示出来。

图 4-47　“取消隐藏列”窗口

4.2.8　冻结字段和解冻列

冻结字段是指将被冻结的一个列或多个列自动放置在表中的最左边，使得拖动或是水平滚动查看数据时，这些列总是看得见。

图 4-48　单击“冻结列”

例 4.6 将“教师档案表”中的“职工号”和“职工姓名”列冻结在表的最左边。

操作步骤如下所示。

（1）打开“教师档案表”的“数据表视图”，同时选中“职工号”和“教师姓名”两列，单击鼠标右键，在弹出的菜单中单击“冻结字段”，如图 4-48 所示。

（2）从图 4-49 中可以看到，当水平滚动条向右发生移动时，虽然“性别”列被遮蔽，但是被冻结的“职工号”和“职工姓名”列总是看得见。当表中列数很多时，也可以采用该方法查看感兴趣的数据。

职工号	职工姓名	出生日期	所在专业	职称
ZG1002	吴江	1965-12-12	软件技术	教授
ZG1011	何林林	1968-9-25	网络技术	副教授
ZG1013	张子锋	1964-2-8	信息管理	副教授
ZG1025	尚明明	1963-11-9	信息管理	教授
ZG1125	张长林	1961-4-27	网络技术	教授
ZG1145	陈子杰	1967-8-9	网络技术	讲师
ZG1146	王明	1965-12-3	信息管理	教授
ZG1196	李小力	1963-10-10	软件技术	教授

图 4-49 冻结列后的效果

要想将被冻结的列解冻，只需要在任一列标题上单击鼠标右键，在如图 4-48 所示的弹出菜单中单击“取消冻结所有字段”即可。

4.2.9 改变记录和数据表的显示格式

在 Access 2010 中可以对记录的显示格式进行设置，使得表被修饰得更为美观。相关的操作都由“开始”功能区中的“文本格式”命令组上的按钮来完成。这些按钮按照从上到下、从左到右的排列顺序依次为：字体、字号、字形、对齐方式、字体颜色、填充/背景色、网格线和替补填充/背景色，如图 4-50 所示。

操作方法是，打开表的“数据表视图”后，将光标定位在任意单元格中，然后单击选项卡上的相应按钮或者从相应的下拉列表中进行选择即可。要注意的是，设置“对齐方式”时，仅对光标所在的列生效，而其他的设置对整张表都生效。图 4-51 所示为，对“学生档案表”进行修饰后的效果。

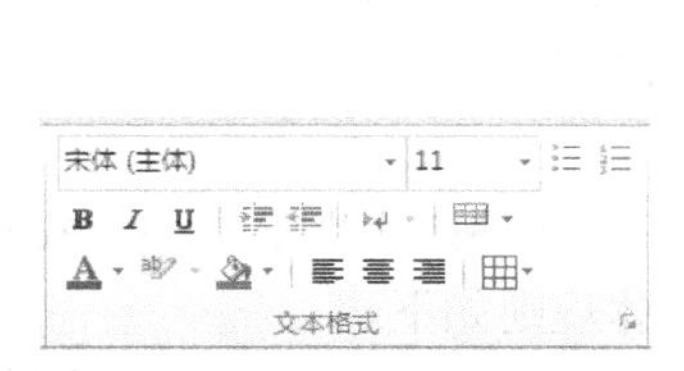

图 4-50 “文本格式”命令组

职工号	职工姓名	出生日期	所在专业	职称
ZG1002	吴江	1965-12-1	软件技术	教授
ZG1011	何林林	1968-9-2	网络技术	副教授
ZG1013	张子锋	1964-2-8	信息管理	副教授
ZG1025	尚明明	1963-11-9	信息管理	教授
ZG1125	张长林	1961-4-2	网络技术	教授
ZG1145	陈子杰	1967-8-9	网络技术	讲师
ZG1146	王明	1965-12-3	信息管理	教授
ZG1196	李小力	1963-10-1	软件技术	教授
ZG1201	刘力力	1972-9-3	网络技术	讲师
ZG1204	胡平右	1972-5-2	网络技术	讲师

图 4-51 修饰后的“教师档案表”

此外，在“字体”选项卡的右下角放置了设置数据表格式按钮，单击该按钮后，弹出“设置数据表格式”对话框，如图 4-52 所示。在该对话框中可以对单元格效果、网格线显示方式等多个方面进行设置。图 4-53 所示为，对“学生档案表”进行数据表格式设置后的结果。

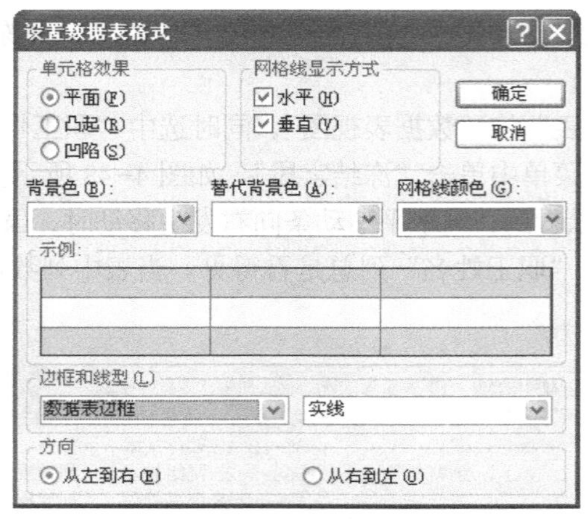

图 4-52 “设置数据表格式”对话框

职工号	职工姓名	性别	出生日期	所在专业	职称
ZG1002	吴江	男	1965-12-1	软件技术	教授
ZG1011	何林林	男	1968-9-2	网络技术	副教授
ZG1013	张子锋	男	1964-2-	信息管理	副教授
ZG1025	尚明明	女	1963-11-	信息管理	教授
ZG1125	张长林	男	1961-4-2	网络技术	教授
ZG1145	陈子杰	男	1967-8-	网络技术	讲师
ZG1146	王明	男	1965-12-	信息管理	教授
ZG1196	李小力	女	1963-10-1	软件技术	教授
ZG1201	刘力力	男	1972-9-	网络技术	讲师
ZG1204	胡平右	男	1972-5-	网络技术	讲师
ZG1215	孔小夫	男	1961-12-	网络技术	副教授
ZG1224	林森杰	男	1963-12-1	软件技术	副教授
ZG1230	周文	男	1969-5-1	信息管理	副教授

图 4-53 设置表格式后的“学生档案表”

4.3 记录的排序和筛选

任务 4.3 对表中数据进行排序和筛选。

4.3.1 排序

在数据库中，当打开一个表时，表中的记录默认按照主键字段升序排列，若表中未定义主键，则记录按照输入时的顺序显示。可以通过操作改变记录的排列顺序，以方便用户查看数据。在介绍排序操作之前首先需要了解一下有关排序的规则。

1．排序规则

排序是基于某个或多个字段进行的，且字段类型不同，排序的方式也不同。在 Access 2010 中文版中，排序记录时所依据的规则是“中文”排序，具体规则如下。

（1）如果该字段是文本类型，则中文按拼音字母的顺序排序；英文按字母顺序排序，且大写视为与小写相同；英文被认为比中文小；文本中出现的其他字符（如，数字字符）按照它们在 ASCII 码表中的排列顺序进行排序。

（2）如果该字段是数字类型、货币类型等，则按照数字大小进行排序。

（3）如果该字段是日期/时间等类型，则按时间的先后进行排序。

2．单个字段排序

下面举例说明单个字段的排序操作。

例 4.7 将“教师档案表”中的记录按照“职工姓名”字段升序排列。

操作步骤：打开“教师档案表”的“数据表视图”，选中“职工姓名”列，单击鼠标右键，在弹出的菜单中单击“升序” 即可，如图 4-54 所示。排序完成后，在“姓名”列的列标题上会出现“↑”符号。如果是降序排列则会出现“↓”符号。

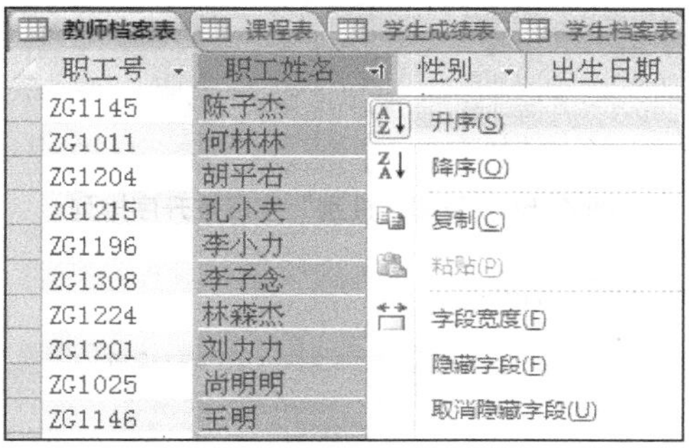

图 4-54 单击“升序”

还可以在选中“职工姓名”列后，单击“开始”功能区中“排序和筛选”选项卡上的按钮，实现升序排列。而按钮则实现降序排列。

3．多个字段排序

按照多个字段排序时，要求首先按照第一个字段进行排序，第一个字段相同则按第二个字段排序……依此类推。但是操作时的顺序恰好相反。

例 4.8 将“学生档案表”中的记录先按“性别”字段升序排列，再按“专业名”字段降序排列。

操作步骤如下所示。

（1）打开“学生档案表”的“数据表视图”，按照上例方法设置“专业名”字段按降序排列，如图 4-55 所示。然后设置“性别”字段按升序排列，如图 4-56 所示。

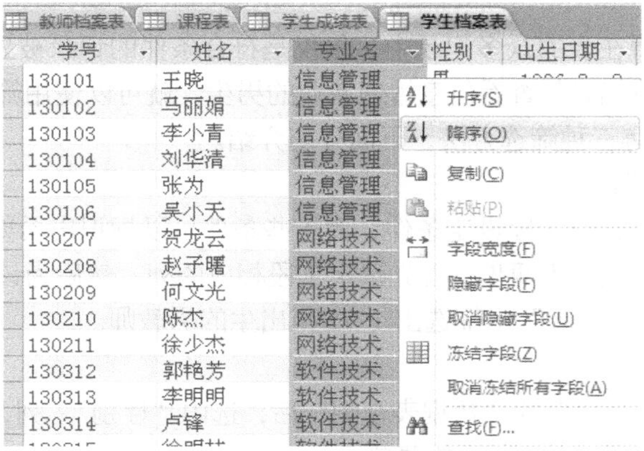

图 4-55 设置“专业名”字段按降序排列

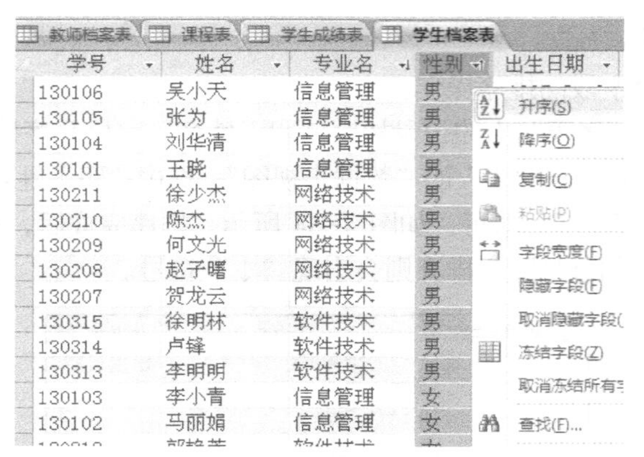

学号	姓名	专业名	性别
130106	吴小天	信息管理	男
130105	张为	信息管理	男
130104	刘华清	信息管理	男
130101	王晓	信息管理	男
130211	徐少杰	网络技术	男
130210	陈杰	网络技术	男
130209	何文光	网络技术	男
130208	赵子曙	网络技术	男
130207	贺龙云	网络技术	男
130315	徐明林	软件技术	男
130314	卢锋	软件技术	男
130313	李明明	软件技术	男
130103	李小青	信息管理	女
130102	马丽娟	信息管理	女

图 4-56　设置“性别”字段按升序排列

（2）排序后的结果如图 4-57 所示。

学号	姓名	专业名	性别	出生日期
130106	吴小天	信息管理	男	1995-8 -9
130105	张为	信息管理	男	1995-4 -6
130104	刘华清	信息管理	男	1996-4 -5
130101	王晓	信息管理	男	1996-2 -3
130211	徐少杰	网络技术	男	1996-1 -1
130210	陈杰	网络技术	男	1995-4 -30
130209	何文光	网络技术	男	1996-2 -12
130208	赵子曙	网络技术	男	1994-12-20
130207	贺龙云	网络技术	男	1994-7 -8
130315	徐明林	软件技术	男	1995-5 -25
130314	卢锋	软件技术	男	1995-7 -6
130313	李明明	软件技术	男	1994-4 -8
130103	李小青	信息管理	女	1996-4 -1
130102	马丽娟	信息管理	女	1996-10-10
130312	郭艳芳	软件技术	女	1995-12-8

图 4-57　排序后的“教师档案表”

单击“排序和筛选”选项卡上的按钮，就可以取消所有的排序效果。

4.3.2　筛选

使用筛选可以使得在表的众多记录中，仅仅是符合条件的记录被显示出来，而其他记录被隐藏。例如，有时我们只想查看信息管理专业的男生，就可以使用筛选来实现。

在 Access 2010 中有三种筛选方法，下面分别介绍。

1．按选定内容筛选

筛选可以被看作是，对字段设定条件，而这些条件可以标识出希望查看的记录。按选定内容筛选的操作简单来说分为两步，首先选定字段相应的列，然后为该字段设定条件。

例 4.9　从“教师档案表”中筛选出 1972 年出生的男教师。

操作步骤如下所示。

（1）打开“教师档案表”的“数据表视图”后，选中“性别” 列，然后单击该列标题最右侧的按钮，弹出如图 4-58 所示的菜单。

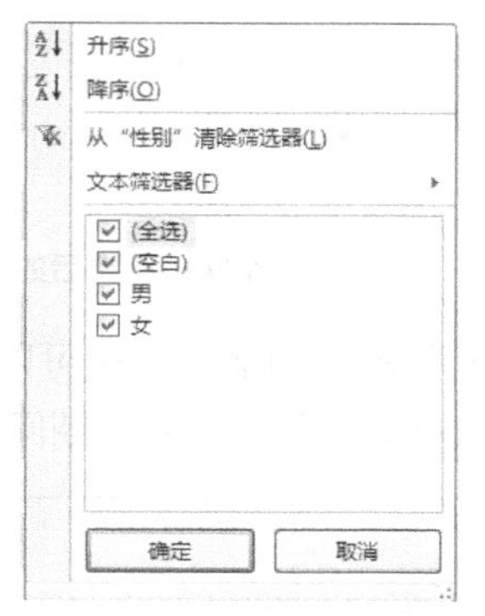

图 4-58　能实现排序和筛选的菜单

（2）仅保留勾选“男”，如图 4-59 所示，然后单击“确定”按钮，则在数据表中仅留下男教师记录，如图 4-60 所示。此时，在“性别”列标题上会出现 图标，表示该列被筛选。

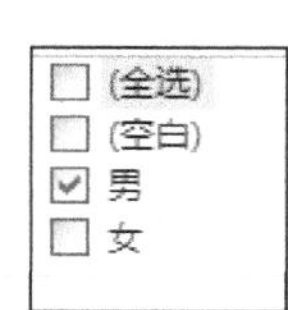

图 4-59　设置“性别”字段的筛选项

教师档案表　课程表　学生成绩表　学生档案表

职工号	职工姓名	性别	出生日期	所在专业	职称
ZG1230	周文	男	1969-5-11	信息管理	副教授
ZG1215	孔小夫	男	1961-12-4	网络技术	副教授
ZG1013	张子锋	男	1964-2-8	信息管理	副教授
ZG1224	林森杰	男	1963-12-12	软件技术	副教授
ZG1011	何林林	男	1968-9-25	网络技术	副教授
ZG1145	陈子杰	男	1967-8-9	网络技术	讲师
ZG1308	李子念	男	1970-1-1	信息管理	讲师
ZG1204	胡平右	男	1972-5-8	网络技术	讲师
ZG1201	刘力力	男	1972-9-9	网络技术	讲师
ZG1146	王明	男	1965-12-3	信息管理	教授
ZG1125	张长林	男	1961-4-27	网络技术	教授
ZG1002	吴江	男	1965-12-12	软件技术	教授

图 4-60　对“性别”进行筛选

（3）继续选中“出生日期”列，用同样的方法对其进行筛选。当出现弹出式菜单时，选中所有 1972 年的日期数据，如图 4-61 所示。单击“确定”按钮后完成本次筛选，结果如图 4-62 所示。

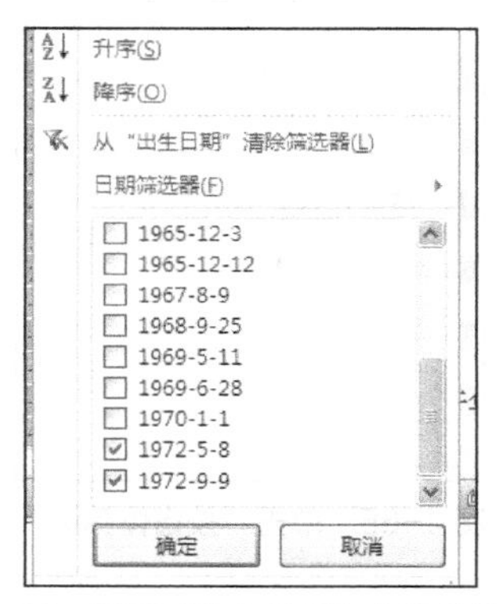

图 4-61　设置“出生日期”字段的筛选项

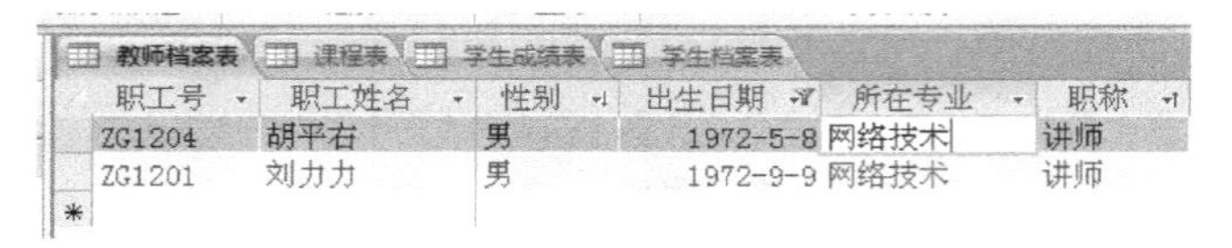

图 4-62　对两个字段筛选后的结果

在第（3）步中根据“出生日期”数据的情况，还可以使用“日期筛选器”中的“之后”或“期间”来实现，图 4-63 和图 4-64 所示是使用“期间”操作的情况。

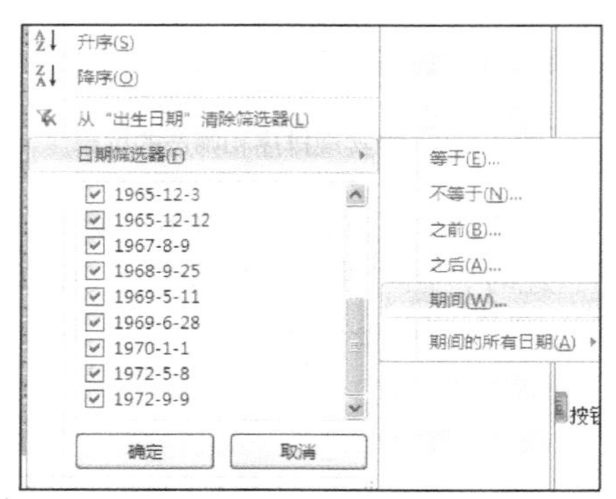

图 4-63　单击“期间”

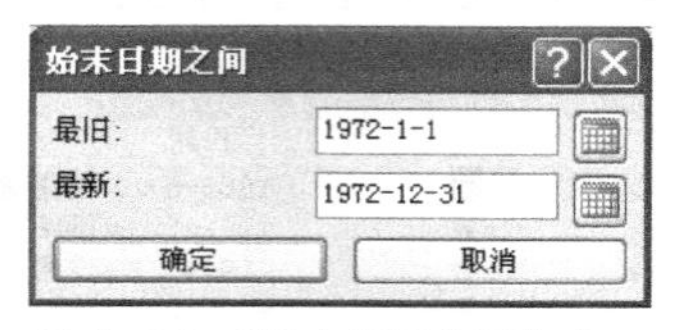

图 4-64　“始末日期之间”窗口

要想取消筛选效果，恢复被隐藏的记录，只需单击“排序和筛选”选项卡上的按钮。

2．按窗体筛选

按窗体筛选可打开一个筛选窗体，用户在窗体中设定字段的条件。

例 4.10　使用“按窗体筛选”的操作，从“教师档案表”中筛选出 1963 年出生的女教师。

操作步骤如下所示。

（1）打开“教师档案表”的“数据表视图”后，单击“开始”功能区“排序和筛选”选项卡上的“高级”按钮，在弹出的菜单中单击“按窗体筛选”，如图 4-65 所示。

图 4-65　单击“按窗体筛选”

（2）此时“数据表视图”更换为“按窗体筛选”窗口，在该窗口中为字段设定条件，如图 4-66 所示。

图 4-66　设置筛选条件

（3）再单击“排序和筛选”选项卡上的切换筛选按钮应用筛选，筛选后的结果如图 4-67 所示。再次单击切换筛选按钮则取消筛选效果。

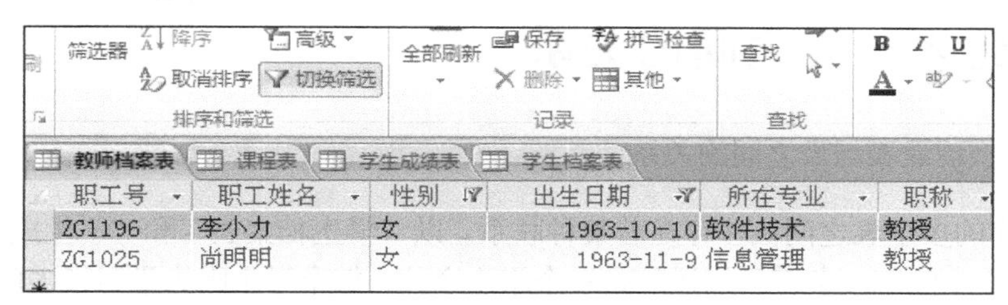

图 4-67　筛选后的结果

3．高级筛选

高级筛选适用于比较复杂的情况，不仅可以设置筛选条件，还可以设定排序方式。

例 4.11　使用“高级筛选”的操作，从“教师档案表”中筛选出非 1972 年出生的男教师记录，要求按照“出生日期”升序排列。

操作步骤如下所示。

（1）打开“教师档案表”的“数据表视图”后，单击“开始”功能区“排序和筛选”选项卡上的“高级”按钮，在弹出的如图 4-65 所示菜单中单击“高级筛选/排序”。

（2）此时出现“教师档案表筛选 1”窗口，在该窗口中为字段设定条件，如图 4-68 所示。

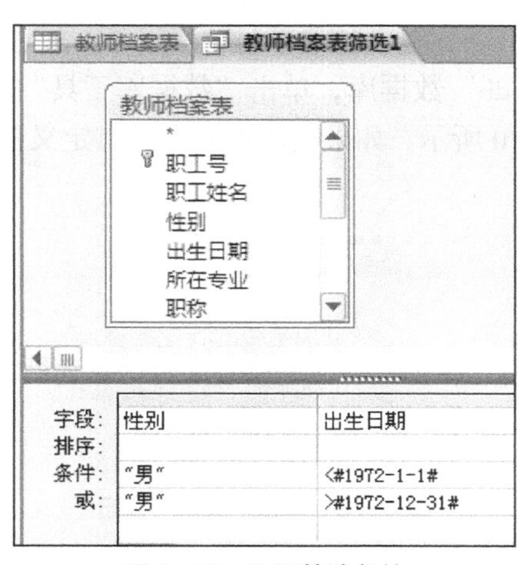

图 4-68　设置筛选条件

（3）再单击“排序和筛选”选项卡上的切换筛选按钮应用筛选，筛选后的结果如图 4-69 所示。再次单击切换筛选按钮则取消筛选效果。

也可以把高级筛选存为查询对象，操作方法与上例相同。

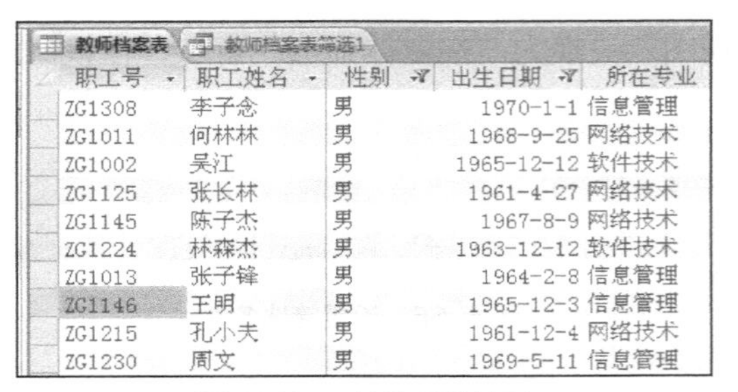

职工号	职工姓名	性别	出生日期	所在专业
ZG1308	李子念	男	1970-1-1	信息管理
ZG1011	何林林	男	1968-9-25	网络技术
ZG1002	吴江	男	1965-12-12	软件技术
ZG1125	张长林	男	1961-4-27	网络技术
ZG1145	陈子杰	男	1967-8-9	网络技术
ZG1224	林森杰	男	1963-12-12	软件技术
ZG1013	张子锋	男	1964-2-8	信息管理
ZG1146	王明	男	1965-12-3	信息管理
ZG1215	孔小夫	男	1961-12-4	网络技术
ZG1230	周文	男	1969-5-11	信息管理

图 4-69　筛选后的结果

4.4　创建表与表之间的关系

任务 4.4　创建表与表之间的关系。

在数据库的多个表之间往往存在着某种联系。以“学生档案表”和“学生成绩表”为例，“学生档案表”中的每一条记录描述的是一个学生个体，每个学生因为学习了多门课程而得到多个学生成绩，这些成绩由“学生成绩表”中的记录进行描述。由表 4-1 和表 4-4 可以看出，名为“王晓”的学生一共得到 3 门课程的成绩，分别是 89、75 和 88。由此可见，“学生档案表”和“学生成绩表”之间存在一对多的联系。在 Access 中可以通过创建表间关系的操作来表达这个联系。创建表关系后，可以增强数据库表的功能，并可使用查询、窗体、报表等对象来显示来源于多个表的数据。

4.4.1　创建表关系的方法

创建表关系之前，应把要定义关系的所有表关闭。下面通过一个例子来介绍创建表关系的方法。

例 4.12　创建“学生档案表”和“学生成绩表”之间的关系。

操作步骤如下所示。

（1）打开“教学管理.accdb”数据库，单击“数据库工具”功能区“显示/隐藏”选项卡上的“关系”按钮，如图 4-70 所示。如果在数据库中没有定义任何关系，将会显示一个空白的“关系”窗口。

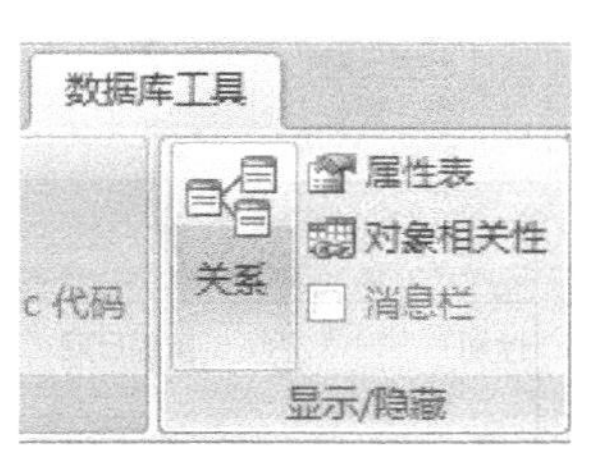

图 4-70　单击“关系”按钮

（2）单击“关系”选项卡上的“显示表”按钮，打开“显示表”对话框，如图 4-71 所示。

（3）在该窗口中双击“学生档案表”和“学生成绩表”，然后关闭对话框，会发现在“关系”窗口中添加了这两张表，如图 4-72 所示。

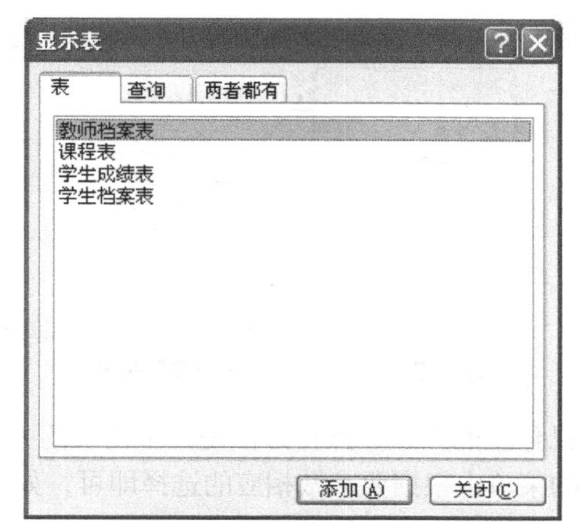

图 4-71 “显示表”对话框

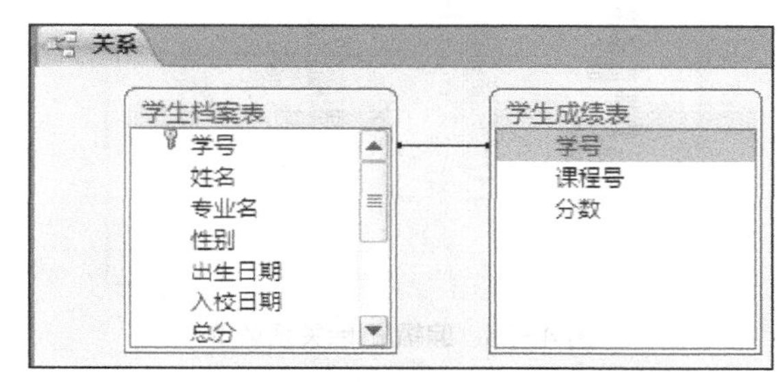

图 4-72 添加表后的“关系”窗口

（4）根据所学知识可以判断出，“学号”字段在“学生档案表”中是主键，而在“学生成绩表”中是外键，两个表的联系就是通过这个字段来实现的。单击选中“学生档案表”中的“学号”字段，然后按住鼠标左键，拖动至“学生成绩表”中的“学号”字段上，松开鼠标，这时会弹出“编辑关系”对话框，如图 4-73 所示。在“编辑关系”对话框中可以检查显示在两个表字段列中的字段名称以确保正确性，必要情况下可以进行更改。要注意的是，用于建立关系的两个“学号”字段必须具有相同的数据类型。

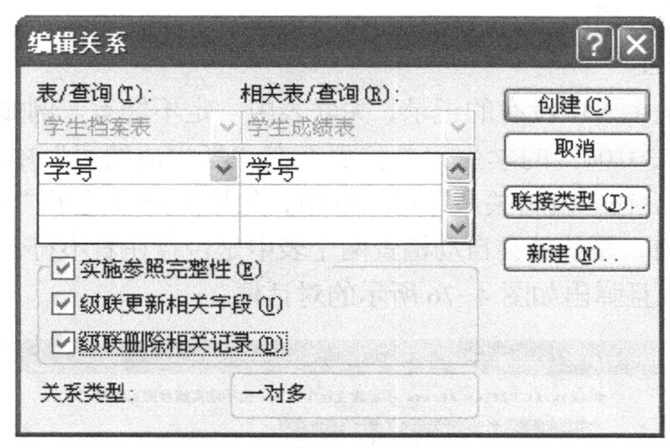

图 4-73 “编辑关系”对话框

（5）一般情况下，如图 4-73 所示勾选“实施参照完整性”及其他两个选项，系统将自动识别关系类型。然后单击“创建”按钮，就完成了关系的建立，结果如图 4-74 所示。用同样的方法可以建立其他表之间的关系。

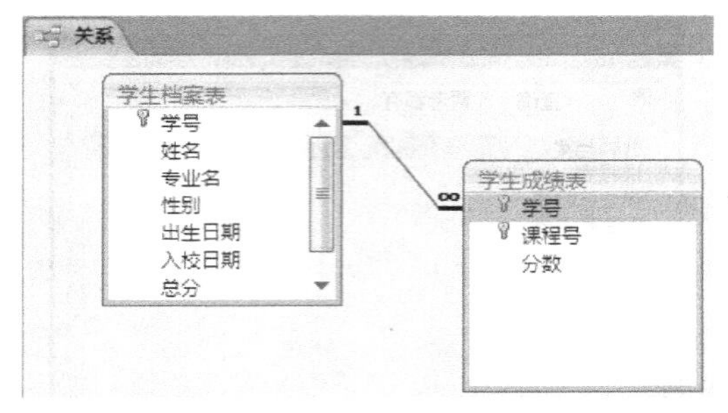

图 4-74　已建立的“一对多”关系

如果要修改或者删除已建立的关系，操作方法是：单击表的关系线，加粗则为选中，然后单击鼠标右键，在弹出的菜单中根据要求做相应的选择即可，如图 4-75 所示。

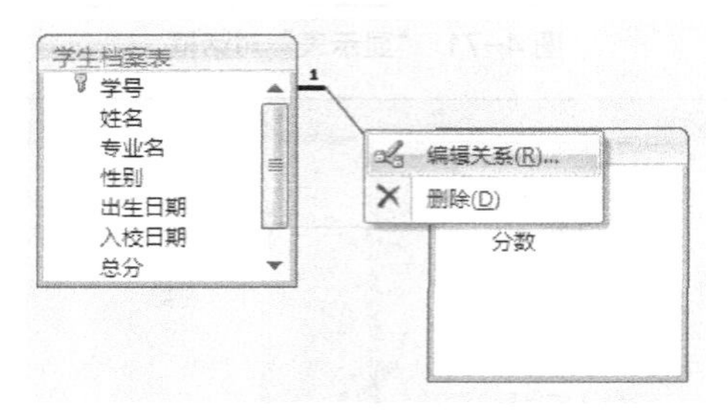

图 4-75　编辑/删除关系菜单

4.4.2　设置主表和关联表之间的关系

在“编辑关系”对话框中指明了关系的主表和关联表，而且可以设置关系是否执行参照完整性，还可以定义关系的联接类型。下面分别进行介绍。

1．主表和关联表

如果两个表通过某字段建立了关系，则该字段作为主键的那张表被称为主表，另一张表被称为关联表或者相关表。上例中的“学生档案表”是主表，“学生成绩表”是关联表。在如图 4-73 所示的“编辑关系”对话框中，主表列在左侧，而关联表列在右侧。下面介绍“实施参照完整性”及其两个选项。

2．设置参照完整性

参照完整性，就是主表中没有的记录，关联表中一定不能有。例如，如果在“学生档案表”中没有学号为“130106”的学生记录，那么在“学生成绩表”中就不应该出现学号为“130106”的成绩记录。在“编辑关系”对话框中，如果用户勾选了“实施参照完整性”，那么在建立表间关系之前，系统就会自动检查两个表中是否存在着不符合参照完整性的记录，有则无法建立关系，而且弹出如图 4-76 所示的对话框。

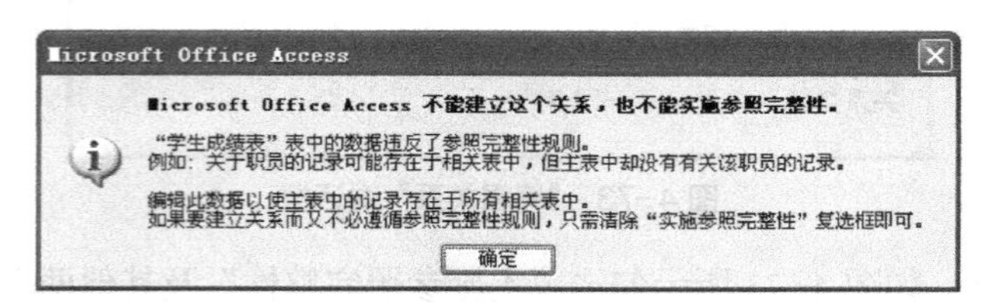

图 4-76　报错提示

建立关系后，如果用户在输入数据时违反了参照完整性，则系统也会报错，如图 4-77 所示。

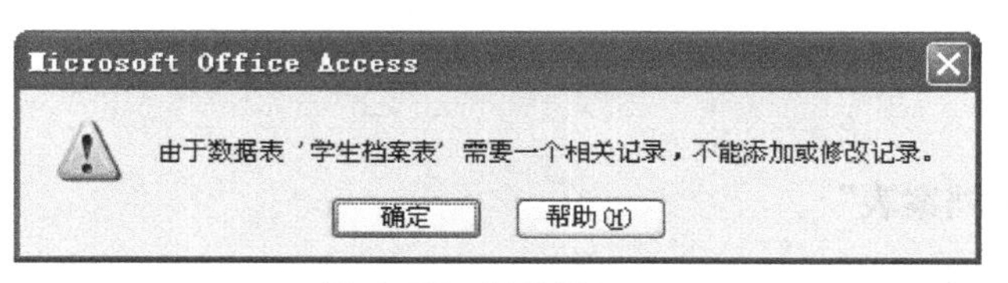

图 4-77　报错提示

勾选“实施参照完整性” 复选框后，会激活另外两个复选框 “级联更新相关字段”和“级联删除相关记录”。

（1）级联更新相关字段：相关字段指用于建立关系的字段，如上例中的“学号”。如果该选项被选中，则主表中该字段的值被修改时，关联表中该字段的值将自动被系统修改。例如：如果“学生档案表”中的王晓的学号“130101”被改为“130120”，则“学生成绩表”中原学号为“130101”的三条记录的学号值将自动被修改，保证它们仍然是王晓的成绩。

（2）级联删除相关记录：如果该选项被选中，则主表中某记录被删除时，相关表中与该记录相关的记录将自动被系统删除。例如：如果“学生档案表”中学号“130101”的王晓的记录被删除，则“学生成绩表”中学号为“130101”的三条王晓的成绩记录将自动被删除，以保证两个表仍然符合参照完整性。

3. 联接类型

在“编辑关系”对话框中单击“联接类型”按钮，在弹出的“联接属性”对话框中可以设置关系的联接属性，如图 4-78 所示。

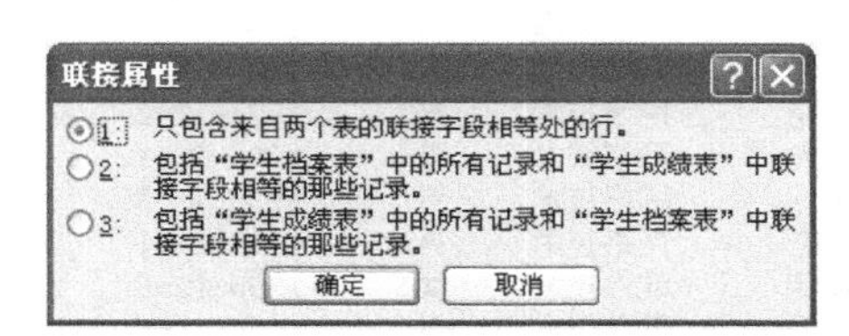

图 4-78 “联接属性”对话框

默认选择第一项，其实就是对两个建立关系的表进行自然连接运算。而第二项和第三项分别是进行左外联接和右外联接运算。联接类型的设置会影响到基于这两个相关表所建立的查询对象。

此外，建立表关系后，主表中的每一行最左侧会出现“+”，单击“+”按钮，可以查看和当前行相关的相关表中的行，如图 4-79 所示。

学生档案表

学号	姓名	专业名	性别	出生日期	入校日期
130101	王晓	信息管理	男	1996-2 -3	2013-
130102	马丽娟	信息管理	女	1996-10-10	2013-

课程号	分数
101	89
101	96
202	85
103	97

学号	姓名	专业名	性别	出生日期	入校日期
130103	李小青	信息管理	女	1996-4 -1	2013-
130104	刘华清	信息管理	男	1996-4 -5	2013-
130105	张为	信息管理	男	1995-4 -6	2013-
130106	吴小天	信息管理	男	1995-8 -9	2013-
130207	贺龙云	网络技术	男	1994-7 -8	2013-

记录: 第 2 项(共 15 项)　无筛选器　搜索　数字

图 4-79　在主表中查看相关表的数据

4.5 实验

1．创建“学生档案表”。

操作步骤如下所示。

（1）在“教学管理”数据库中创建“学生档案表”，表的结构如表 4-5 所示。

（2）单击“学号”字段所在行，设置其输入掩码为“000000;0;_”。

（3）单击“性别”字段所在行，在“常规”选项卡中设置默认值为“男”；使用查阅向导，设置该字段查阅值列表为“男”、“女”。

（4）单击“专业名”字段所在行，设置默认值为“信息管理”；使用查阅向导，设置该字段查阅值列表为“信息管理”、“网络技术”、“软件技术”。

（5）设置“出生日期”和“入校日期”字段的输入掩码为“短日期”。

（6）保存所做的修改，并切换到“数据表视图”。

（7）输入如图 4-80 所示的数据后，关闭。

教师档案表 课程表 学生成绩表 学生档案表

学号	姓名	专业名	性别	出生日期	入校日期	总分
130101	王晓	信息管理	男	1996-2 -3	2013-9-15	512
130102	马丽娟	信息管理	女	1996-10-10	2013-9-15	513
130103	李小青	信息管理	女	1996-4 -1	2013-9-15	523
130104	刘华清	信息管理	男	1996-4 -5	2013-9-15	541
130105	张为	信息管理	男	1995-4 -6	2013-9-15	521
130106	吴小天	信息管理	男	1995-8 -9	2013-9-15	542
130207	贺龙云	网络技术	男	1994-7 -8	2013-9-15	501
130208	赵子曙	网络技术	男	1994-12-20	2013-9-16	506
130209	何文光	网络技术	男	1996-2 -12	2013-9-15	542
130210	陈杰	网络技术	男	1995-4 -30	2013-9-17	516
130211	徐少杰	网络技术	男	1996-1 -1	2013-9-16	508
130312	郭艳芳	软件技术	女	1995-12-8	2013-9-18	507
130313	李明明	软件技术	男	1994-4 -8	2013-9-15	514
130314	卢锋	软件技术	男	1995-7 -6	2013-9-16	527

图 4-80 学生档案表

2．创建“教师档案表”。

操作步骤如下所示。

（1）在“教学管理”数据库中创建“教师档案表”，表的结构见表 4-6。

（2）单击“性别”字段所在行，设置默认值为“男”；使用查阅向导，设置该字段查阅值列表为“男”、“女”。

（3）单击“所在专业”字段所在行，设置默认值为“信息管理”；使用查阅向导，设置该字段查阅值列表为“信息管理”、“网络技术”、“软件技术”。

（4）单击“职称”字段所在行，设置默认值为“讲师”；使用查阅向导，设置该字段查阅值列表为“助教”、“讲师”、“副教授”、“教授”。

（5）设置“出生日期”字段的输入掩码为“短日期”。

（6）保存所做的修改，并切换到“数据表视图”。

（7）输入如图 4-81 所示的数据后，关闭。

职工号	职工姓名	性别	出生日期	所在专业	职称
ZG1002	吴江	男	1965-12-12	软件技术	教授
ZG1011	何林林	男	1968-9-25	网络技术	副教授
ZG1013	张子锋	男	1964-2-6	信息管理	副教授
ZG1025	尚明明	女	1963-11-9	信息管理	教授
ZG1125	张长林	男	1961-4-27	网络技术	教授
ZG1145	陈子杰	男	1967-8-9	网络技术	讲师
ZG1146	王明	男	1965-12-5	信息管理	教授
ZG1196	李小力	女	1963-10-10	软件技术	教授
ZG1201	刘力力	男	1972-9-9	网络技术	讲师
ZG1204	胡平右	男	1972-5-6	网络技术	讲师
ZG1215	孔小夫	男	1961-12-4	网络技术	副教授
ZG1224	林森杰	男	1963-12-12	软件技术	副教授
ZG1230	周文	男	1969-5-11	信息管理	副教授
ZG1306	曾利君	女	1969-6-26	软件技术	副教授
ZG1308	李子念	男	1970-1-1	信息管理	讲师

图 4-81　教师档案表

3．创建“课程表”。

操作步骤如下所示。

（1）在“教学管理”数据库中创建“课程表”，表的结构见表 4-7。

（2）单击“课程号”字段所在行，设置其输入掩码为“000;0;_”。

（3）对“开课学期”字段设置默认值为 1，有效性规则为：>=1 AND <=6，有效性文本为“请输入 1~6 的整数”。

（4）对“学分”字段设置默认值为 3，有效性规则为：>=1 AND <=9，有效性文本为“请输入 1~9 的整数”。

（5）保存所做的修改，并切换到“数据表视图”。

（6）输入如图 4-82 所示的数据后，关闭。

4．创建“学生成绩表”。

操作步骤如下所示。

（1） 在“教学管理”数据库中创建“学生成绩表”，表的结构见表 4-8。

（2）单击“学号”字段所在行，设置其输入掩码为“000000;0;_”。

（3）单击“课程号”字段所在行，设置其输入掩码为“000;0;_”。

（4）对“分数”字段设置默认值为 0，有效性规则为：>=0 AND <=100，有效性文本为“请输入 0~100 的数”。

（5）保存所做的修改，并切换到“数据表视图”。

（6）输入如图 4-83 所示的数据后，关闭。

课程号	课程名	开课学期	学时	学分
101	计算机基础	1	72	7
102	数据结构	1	72	7
103	英语	1	64	6
104	体育	1	36	3
201	关系数据库	2	64	6
202	JAVA	2	64	6
203	网页设计	2	54	5
204	用户界面设计	2	56	5
205	网站开发	2	56	5
301	VB	3	72	7
302	J2EE	3	72	7
303	UML	3	64	6
304	移动应用开发	3	82	8

图 4-82　课程表

学号	课程号	分数
130101	101	89
130102	101	96
130103	101	98
130104	101	74
130105	101	84
130106	101	84
130207	101	82
130208	101	65
130209	101	74
130210	304	72
130211	304	71
130312	302	79
130313	304	98
130314	303	95

图 4-83　学生成绩表

5．为“教学管理”数据库建立关系，如图 4-84 所示。

操作步骤参考例 6.12。

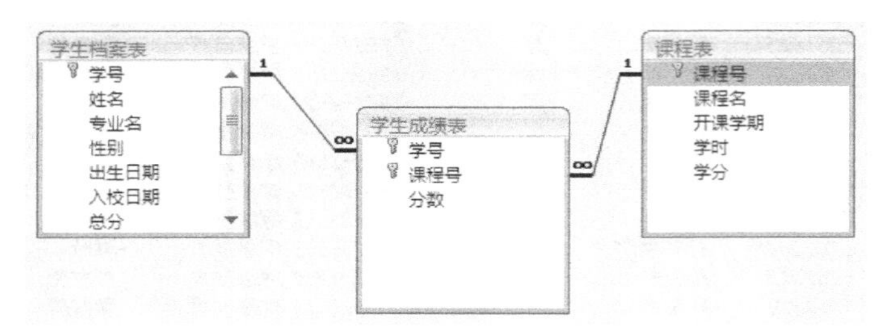

图 4-84　关系图

6．对“学生档案表”进行排序。

操作步骤如下所示。

（1）打开“学生档案表”，按照“专业名”字段升序排序。

（2）打开“学生档案表”，首先按照“专业名”字段升序排序，再按照“总分”字段降序排序。

7．对“教师档案表”进行筛选。

操作步骤如下所示。

（1）使用“按选定内容筛选”方法筛选出所有女教授。

（2）使用“按窗体筛选”方法筛选出信管专业所有教师。

（3）使用“高级筛选”方法筛选出软件技术专业所有男教师。

（4）使用“高级筛选”方法筛选出所有 70 后的男教师。

8．对“学生档案表”进行外观设置。

操作步骤如下所示。

（1）字体为“华文新魏”，字体颜色为“深红”，字号为“14”，背景色为“水蓝 1”，替补背景色为“绿色 1”。

（2）数据表单元格效果为“凸起”，边框为“列标题下划线”，线型为“虚线”。

（3）行高为“20”，列宽为“最佳匹配”。

（4）隐藏“性别”列，冻结“学号”和“出生日期”列。

（5）查看效果后，取消隐藏列和冻结列。

练习与思考

一、选择题

1. Access 2010 中数据表中字段的数据类型不包括（　　）。

   A. 数字　　B. 自动编号　　C. 字节　　D. 货币

2. 有关字段属性，以下叙述错误的是（　　）。

   A. 字段大小可用于设置文本、数字或自动编号等类型字段的最大容量

   B. 不同的字段类型，字段属性不相同

   C. 输入掩码属性是用于限制此字段输入格式的数据类型

D. 不同的字段类型，字段属性值可以相同

3. 输入掩码通过（　　）操作来确保所有数据被正确地输入。

A. 用指定的数据填充字段　　B. 仅允许在字段中输入某种类型的数据

C. 为数据输入提供一个模板　　D. 为字段创建一个可能的值的列表

4. 索引字段（　　）。

A. 使用该字段加速搜索和排序　　B. 使用该字段减缓数据输入

C. 使 Access 维护一个字段值的列表　　D. 以上全部

5. 数据类型是（　　）。

A. 字段的另一种说法

B. 决定字段能包含哪一类数据的设置

C. 一类数据库应用程序

D. 一类术语，用于描述 Access 表向导允许你从中选择的字段名称。

6. 对于一对多关系的表，打开级联删除意味着 Access 将（　　）

A. 删除“一”端的表中的记录，如果“多”端表中的相关记录被删除的话

B. 删除“一”端的表中的记录，并把“多”端表中的相关记录写入一个新的表中

C. 删除“多”端的表中的记录，如果“一”端表中的相关记录被删除的话

D. 删除“多”端的表中的记录，并把“一”端表中的相关记录写入一个新的表中

7. 要创建关系，相关的表必须：（　　）。

A. 共享一个主关键字字段，该字段至少用于其中一张表

B. 共享一个主关键字字段，该字段至少用于其中两张表

C. 共享参照完整性

D. 没有重复的值

8. 默认值通过（　　）操作简化数据输入。

A. 清除用户输入数据的所有字段　　B. 用指定的值填充字段

C. 消除了重复输入数据的必要　　D. 用于前一个字段相同的值填充字段

9. 用户通常都是在输入数据之前建立表间的关系，这样做的好处是（　　）。

A. 表自动链接　　B. 自动生成索引

C. 可以相互参照完整性　　D. 以上全部

10. “按选定内容筛选”允许用户（　　）。

A. 查找所选的值

B. 输入作为筛选条件的值

C. 根据当前选中字段的内容，在数据表视图窗口中查看筛选结果

D. 以字母或数字顺序组织数据

二、简答题

1. 简要列举创建表的方法。
2. 简述建立表间的关系的方法和原则。
3. 什么是筛选？Access 提供了几种筛选方式？各种方式有何区别？

PART 5

第5章 设计和创建查询

任务与目标

1．任务描述

本章主要学习利用 Access 2010 关系数据库系统创建表、操作表、对表中的记录进行排序、查找指定记录以及建立表间关系。

2．任务分解

任务 5.1　了解查询含义和基本类型。

任务 5.2　利用 Access 2010 向导创建数据表查询。

任务 5.3　利用 Access 2010 设计视图创建数据表查询。

任务 5.4　确定查询结果的处理方式。

3．学习目标

目标 1：掌握查询的内含和各种不同类型查询的特点。

目标 2：熟练掌握使用 Access 2010 查询向导创建查询的方法。

目标 3：熟练掌握使用 Access 2010 查询设计视图创建查询的方法。

目标 4：熟练掌握使用查询结果的方法。

5.1　认识查询

任务 5.1 了解查询含义和基本类型。

用户要在存放了大量数据的数据库中获取有价值的信息，借助查询来实现是最理想的方法。利用查询可以从一个或多个表中检索出符合条件的数据，能对数据进行修改、删除和添加，并且能对数据进行计算。本章以“教学管理”数据库为例，介绍如何在 Access 2010 中创建选择查询、交叉表查询、参数查询和操作查询。

5.1.1　查询的定义

查询就是根据给定的条件，从数据库的一个或多个表中筛选出符合条件的记录，构成一个数据集合。查询与筛选不同，筛选仅能从一个表中查找记录，而查询可以从一个或者多个表中查找记录。查询可以作为一个对象存储。当创建了查询对象后，可以将它看成一个简化的数据表，由它可构成窗体、报表或者其他查询的数据来源。

当用户执行查询对象时，系统将根据数据来源中当前的数据来产生查询结果，所以查询结果是一个动态集，随着数据源的变化而变化。

5.1.2　查询的类型

在 Access 2010 中查询可以分为 5 种类型。

1．选择查询

选择查询是最常见的查询类型，它从一个或者多个表中检索数据，并且在可以更新记录的数据表中显示结果。也可以使用选择查询对记录进行分组，并进行总计、计数、平均和其他类型的计算。

2．交叉表查询

使用交叉表查询可以显示表中某个字段的总结值，比如该字段的合计、平均值、最小值或最大值等。并将它们分组，一组列在交叉数据表的左侧；另一组列在数据表的上部，在数据表的交叉位置上显示字段的分组总结值。

3．参数查询

参数即其值可以发生变化的数据，相当于程序设计中的变量。参数的值作为查询的条件由用户从键盘输入。执行参数查询时，将首先显示要求用户输入参数值的对话框，然后系统会根据输入的值来显示查询结果。

4．操作查询

操作查询是对查询的结果设置怎样使用。操作查询有四种类型：更新查询、生成表查询、追加查询和删除查询。如更新查询是指利用查询的结果集更新指定表中的数据，生成表查询是将查询结果生成一个新的数据表。

5．SQL 查询

SQL 查询就是用户使用 SQL 语句来创建的一种查询。在很多数据库管理系统中，SQL 查询都是重要的核心功能组成部分，很多高级程序设计语言也提供了与 SQL 的接口。

创建查询的方法有两种：使用查询向导创建查询和使用设计视图创建查询。

5.2　使用向导创建查询

任务 5.2 利用 Access 2010 向导创建数据表查询。

Access 提供了 4 个向导程序来创建查询：简单查询向导、交叉表查询向导、查找重复项查询向导和查找不匹配项查询向导。其中，交叉表查询向导用于创建交叉表查询，而其他向导创建的都是选择查询。

5.2.1　简单查询向导

简单查询向导可以从一个或者多个表中检索数据，并可对记录进行计算。

例 5.1　创建名为“教师综合信息查询”的查询，要求显示职工号、职工姓名、任教课程名和职称等字段。

任务分析：创建查询时，首要的工作是确定数据来源，即确定创建查询所需要的字段由哪些表或查询提供。本查询所要求的职工号、职工姓名和职称字段来源于“教师档案表”，任教课程名字段来源于“课程表”。因此，该查询的数据来源是2个表对象。

操作步骤如下所示。

（1）打开数据库文件“教学管理.accdb”后，单击“创建”功能区，将光标移动到“查询”选项卡上的“查询向导”按钮上，如图5-1所示。

图5-1 “查询向导”按钮

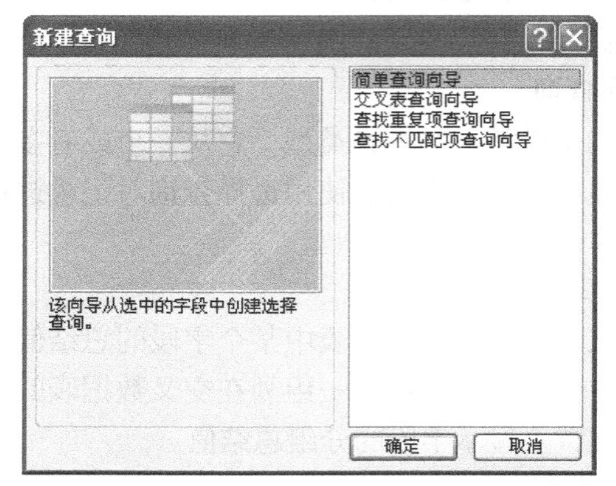

图5-2 “新建查询”对话框

（2）单击该按钮后，出现“新建查询”对话框，如图5-2所示。

（3）选中“简单查询向导”选项后单击“确定”按钮，或者双击“简单查询向导”选项，将弹出“简单查询向导”对话框。

从“表/查询”下拉列表中选择一个“教师档案表”，在“可用字段”列表框中双击要使用的字段，如“职工号”、“职工姓名”、“工资”、“任教课程”、“职称”，将它添加到“选定字段”列表框中。如图5-3所示。从“表/查询”下拉列表中选择一个“课程表”，在“可用字段”列表框中双击 “课程名”，将它添加到“选定字段”列表框中。如图5-4所示。

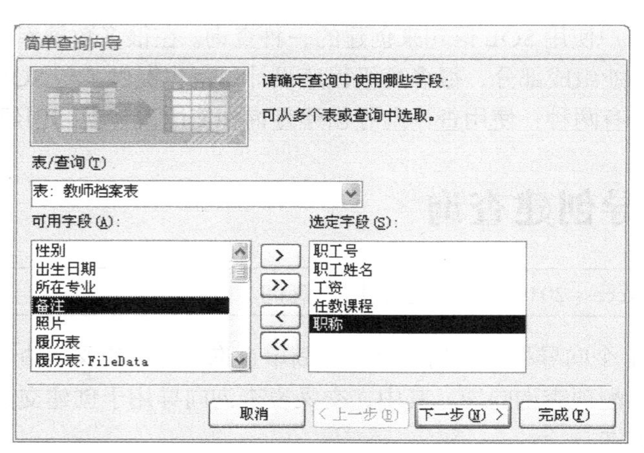

图5-3 选择“教师档案表”中的字段

（4）单击“下一步”按钮后，出现如图5-5所示的对话框，用户可以选择是明细查询还是汇总查询。本例不需要计算只是查看明细，所以直接单击“下一步”按钮。

（5）在文本框中输入查询名，然后单击“完成”按钮，如图5-6所示。

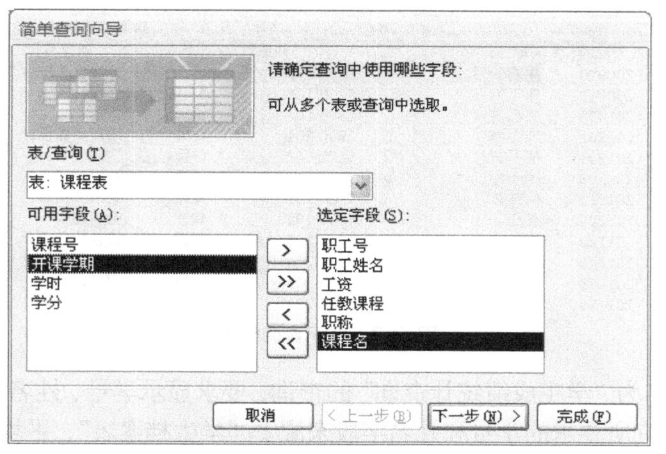

图 5-4 选择“课程表”中的字段

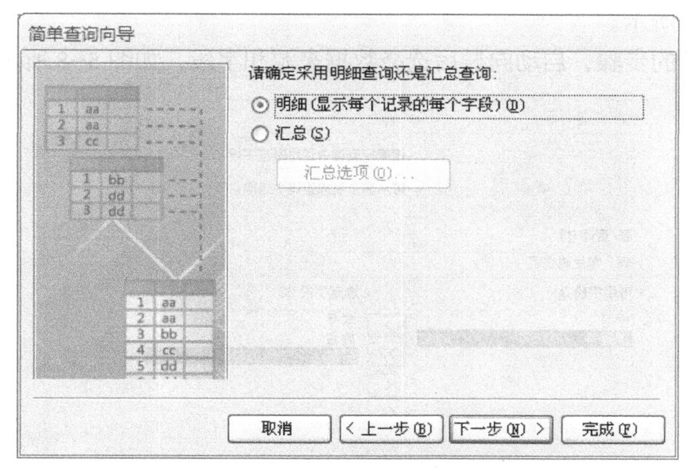

图 5-5 选择明细查询还是汇总查询

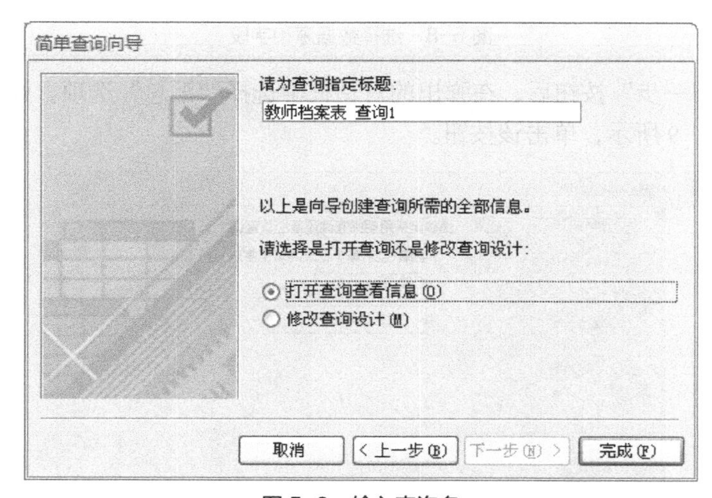

图 5-6 输入查询名

（6）查询结果如图 5-7 所示。系统将自动存储查询对象，从导航窗格中可以看到新创建的查询，使用时双击查询名就可以显示查询结果。

职工号	职工姓名	工资	任教课程	职称	课程名
ZG0920	牛莉	3600	101	讲师	计算机基础
ZG0812	唐小芳	5200	101	副教授	计算机基础
ZG1008	文汉林	2800	104	讲师	体育
ZG1201	刘力力	2900	204	讲师	用户界面设计
ZG1204	胡平右	5322	302	讲师	J2EE
ZG1308	李子念	2846	102	讲师	数据结构
ZG1011	何林林	7120	201	副教授	关系数据库
ZG1002	吴江	4500	102	教授	数据结构
ZG1125	张长林	4600	305	教授	综合项目设计
ZG1145	陈子杰	4500	304	讲师	移动应用开发
ZG1025	尚明明	5200	205	教授	网站开发
ZG1196	李小力	5600	201	教授	关系数据库

图 5-7 显示查询结果

例 5.2 创建名为“学生成绩统计查询”的查询，要求显示学号、姓名、平均分和最高分。

任务分析：查询所要求的学号和姓名字段来源于“学生档案表”，平均分和最高分由分数字段计算得出，而分数字段来自“学生成绩表”。因此，该查询的数据来源是 2 个表对象。

操作步骤如下所示。

（1）参考上例的步骤，启动向导后选择数据来源和字段，如图 5-8 所示。

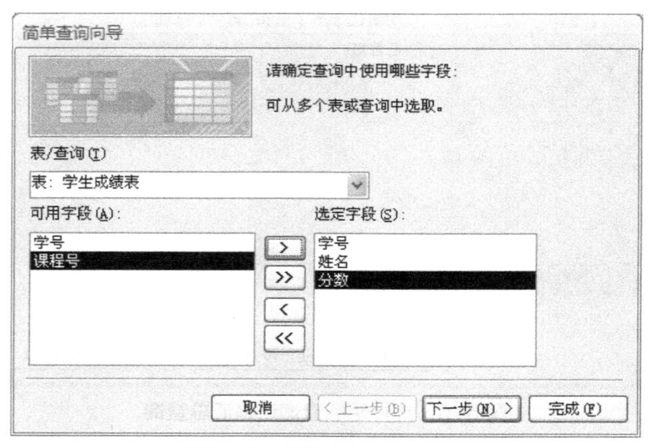

图 5-8 选择数据源和字段

（2）单击“下一步”按钮后，在弹出的对话框中选择“汇总”选项，则“汇总选项”按钮被激活，如图 5-9 所示，单击该按钮。

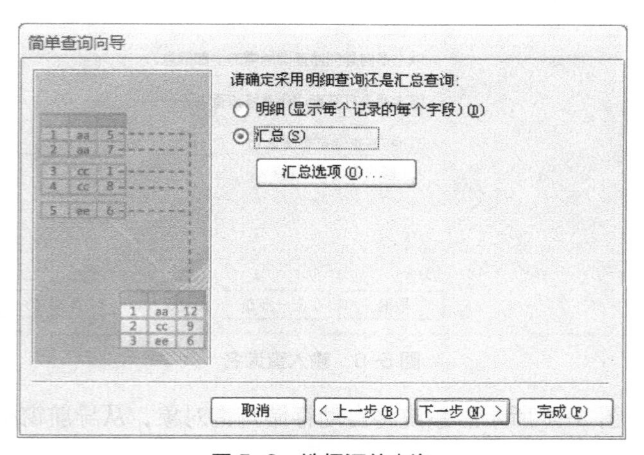

图 5-9 选择汇总查询

（3）在“汇总选项”对话框中，根据题目要求勾选“平均”和“最大”选项，然后单击“确定”按钮，如图 5-10 所示。

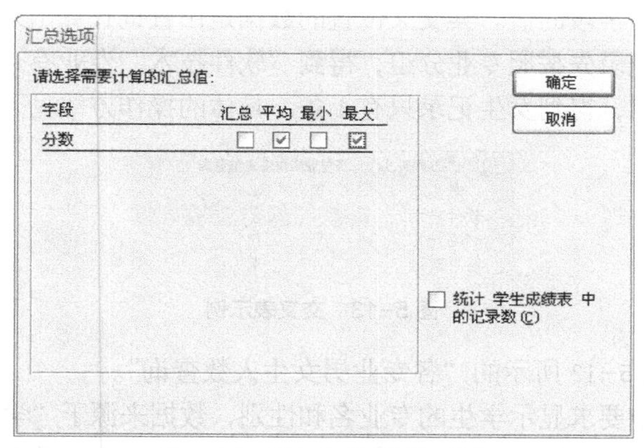

图 5-10 选择要计算的汇总值

（4）返回如图 5-9 所示的对话框，单击“下一步”按钮，在弹出的对话框中输入查询名，再单击“完成”按钮即可，如图 5-11 所示。

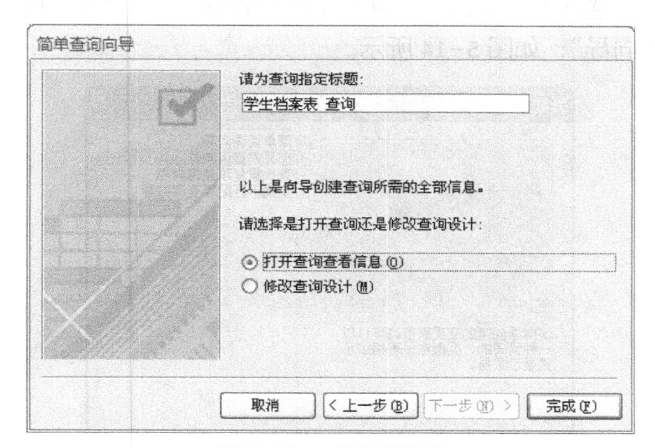

图 5-11 输入查询名

（5）随后显示查询结果，如图 5-12 所示。

学号	姓名	分数 之 平	分数 之 最
130101	王晓	81.5	88
130102	马丽娟	91.75	97
130103	李小青	92	98
130104	刘华清	77.5	81
130105	张为	84	84
130106	吴小天	84	84
130207	贺龙云	82	82

图 5-12 显示查询结果

5.2.2 交叉表查询向导

交叉表查询是 Access 的一个查询类型，它可以将来源于某个表中的数据进行分组，一组放在交叉表最左端的行标题处，其某一字段的相关数据放入指定的行中，另一组放在交叉表最上面的列标题处，将某一字段的相关数据放入指定的列中，并在交叉表中的行与列的交叉处显示相关的某个计算值。

使用交叉表查询向导，可以创建交叉表查询。交叉表查询的数据来源只能有一个。图 5-13 所示是一个交叉表查询的结果，其数据组织方式与数据表有明显的区别。列标题是性别字段的值，行标题是专业名字段的值。其交叉位置的数据是由查询计算出来的。以表中数据“1”为例，它表示对学生记录先按照专业分组，得到“软件技术”专业有 4 条记录。然后对这些记录按照“性别”分组，得到女生记录只有 1 条。具体的操作方法见下例。

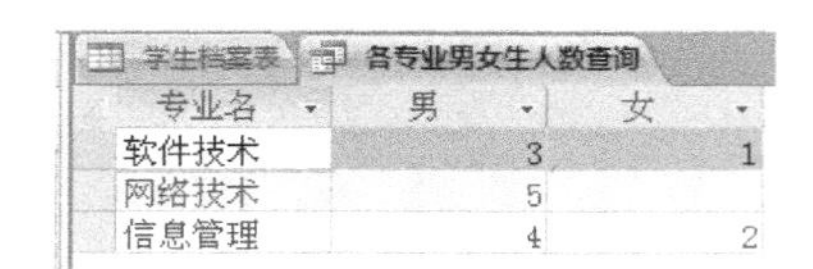

图 5-13　交叉表示例

例 5.3　创建如图 5-13 所示的“各专业男女生人数查询”。

任务分析：查询中要求显示学生的专业名和性别，数据来源于“学生档案表”。“专业名”字段的取值为行标题，“性别”字段的取值作为列标题。交叉点采用“计数”运算。“计数”运算是计算字段取值非空的记录个数，因此可选取不允许为空的“学号”字段进行计算。

操作步骤：

（1）选择“创建”选项卡，单击“查询”组的“查询向导”，当出现“新建查询”对话框时双击“交叉表查询向导”，如图 5-14 所示。

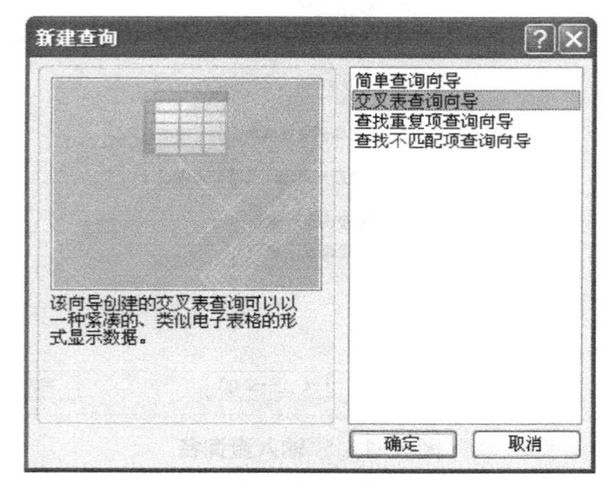

图 5-14　选中“交叉表查询向导”

（2）选择“学生档案表”为数据来源，如图 5-15 所示。然后单击“下一步”按钮。

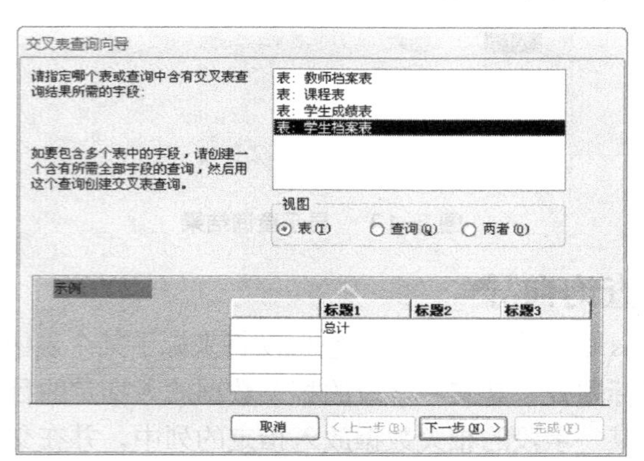

图 5-15　选择数据来源

（3）现在选择行标题字段，本例只需要 1 个行标题字段，双击“专业名”将它添加到“选定字段”列表框中，如图 5-16 所示。然后单击“下一步”按钮。

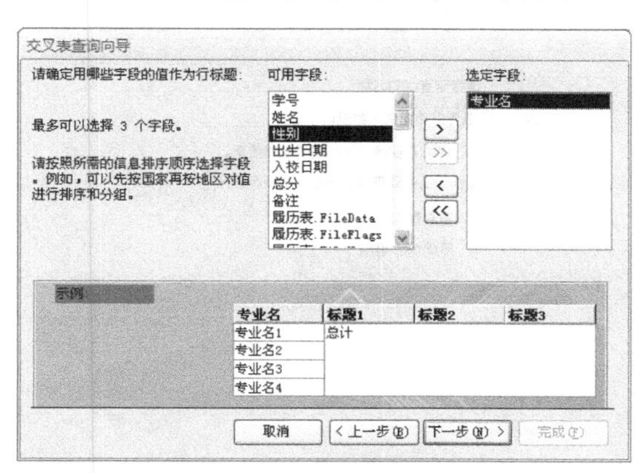

图 5-16　选择行标题字段

（4）接下来选择列标题字段，单击选中“性别”，如图 5-17 所示。然后单击“下一步”按钮。

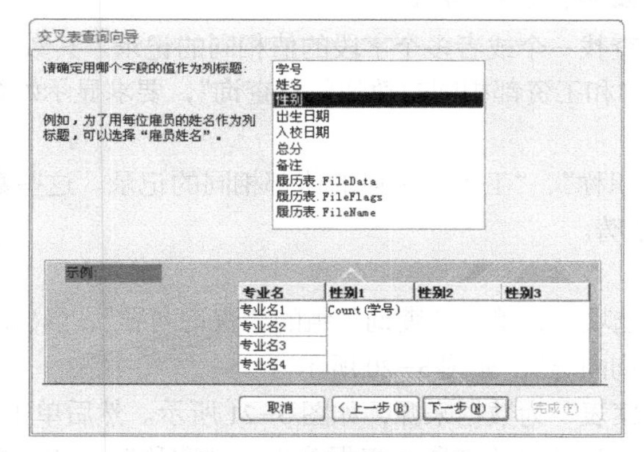

图 5-17　选择列标题字段

（5）最后确定用于计算的字段和计算函数，在“字段”列表框中单击“学号”，在“函数”列表框中单击“Count”。另外，按照图 5-13 的要求取消包含小计的选择，如图 5-18 所示。可以看到，示例图 5-13 和图 5-18 是一致的。

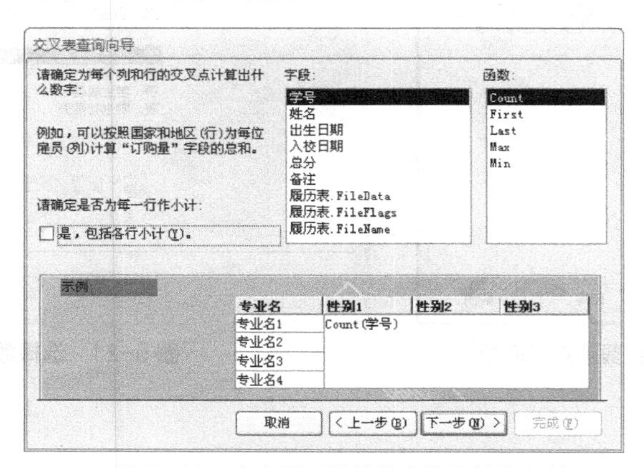

图 5-18　确定用于计算的字段和计算函数

（6）单击“下一步”按钮后，在出现的对话框中输入查询的名称，如图5-19所示，再单击“完成”按钮，即可看到图5-13所示的结果。

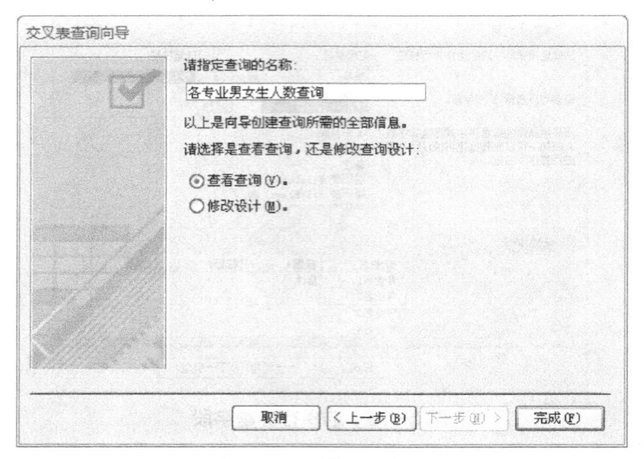

图5-19　输入查询名

5.2.3　查找重复项查询向导

查找重复项，是指查找一个或者多个字段的值相同的记录。其数据来源只能有一个。

例 5.4　创建“职称和工资都相同的教师信息查询”，要求显示姓名、职称、工资和任教课程。

任务分析：查找“职称”、“工资”字段的值都相同的记录。这些数据均来自于“教师档案表”，属于单表查询范畴。

操作步骤如下所示。

（1）选择“创建”选项卡，单击“查询”组的“查询向导”，当出现“新建查询”对话框时双击“查找重复项查询向导”，如图5-20所示。

（2）选择“教师档案表”为数据来源，如图5-21所示。然后单击“下一步”按钮。

（3）确定可能包含重复信息的字段。根据分析将“职称”和“工资”添加到“重复值字段”列表框中，如图5-22所示。然后单击“下一步”按钮。

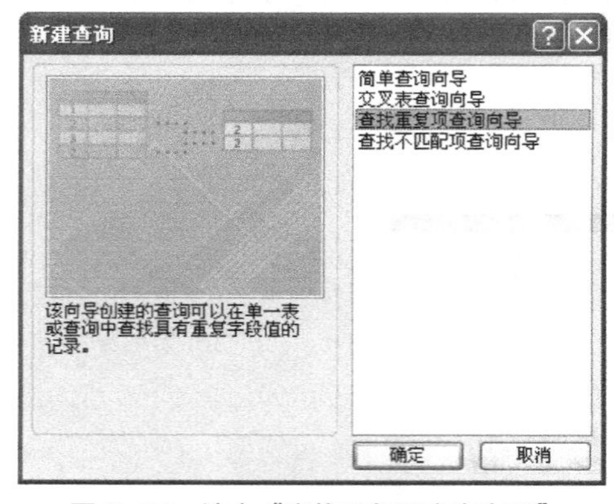

图5-20　选中“查找重复项查询向导”

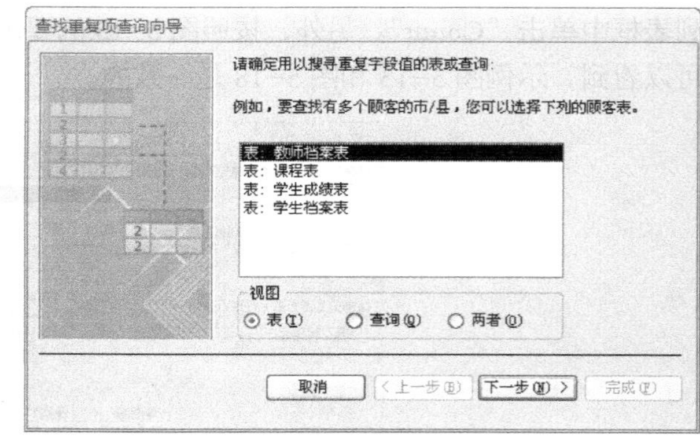

图5-21　选择数据来源

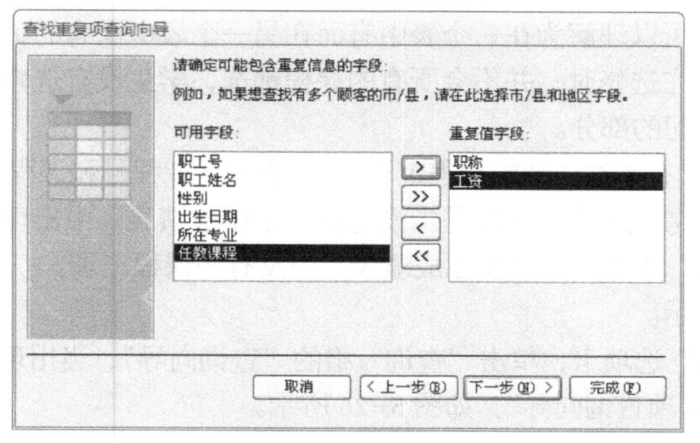

图 5-22　确定重复值字段

（4）确定查询是否显示除带有重复值的字段之外的其他字段。按任务要求将“职工姓名”和“任教课程”添加到“另外的查询字段”列表框中，如图 5-23 所示。然后单击“下一步”按钮。

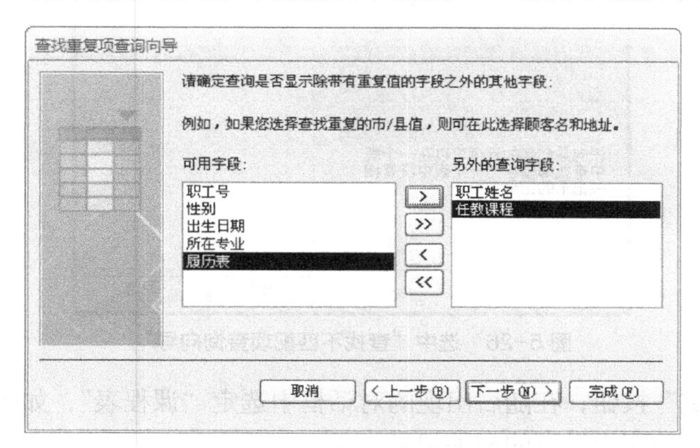

图 5-23　确定另外的查询字段

（5）在“指定查询名称”的对话框中输入查询的名称，如图 5-24 所示，再单击“完成”按钮，即可看到如图 5-25 所示的结果。

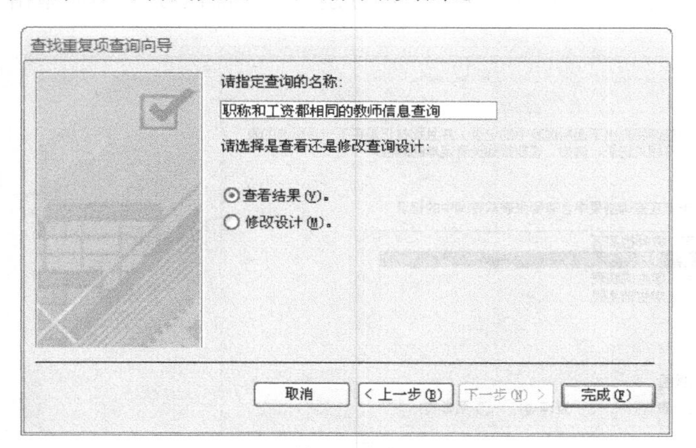

图 5-24　输入查询名

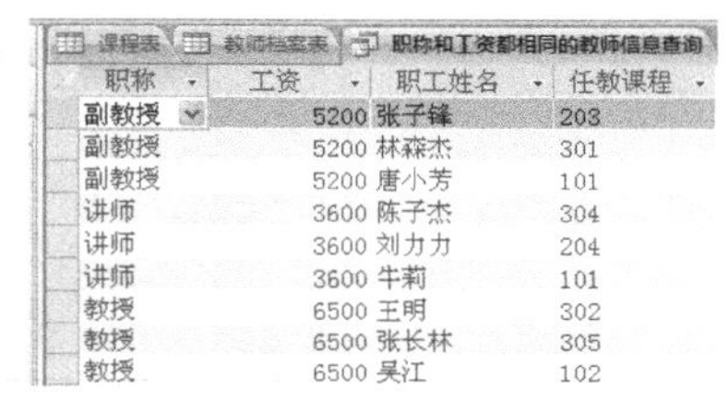

职称	工资	职工姓名	任教课程
副教授	5200	张子锋	203
副教授	5200	林森杰	301
副教授	5200	唐小芳	101
讲师	3600	陈子杰	304
讲师	3600	刘力力	204
讲师	3600	牛莉	101
教授	6500	王明	302
教授	6500	张长林	305
教授	6500	吴江	102

图 5-25　查询结果

5.2.4　查找不匹配项查询向导

查找一个表和另一个表不匹配的记录，称为查找不匹配项，其数据来源必须是两个。两个表不匹配的记录，可以理解为在一个表中有而在另一个表中没有的记录。如课程表中有很多的课程，但是学生在选修时，并不会所有的课程都选，学生没有选修的课，就是课程表和学生选修课程的不匹配的部分。

例 5.5 创建“没有考试成绩的课程查询”，要求显示课程号和课程名。

任务分析：没有考试成绩的课程是指没有在“学生成绩表”中出现的课程，因此，本例是要查找在“课程表”中有而在“学生成绩表”中没有的课程记录。

操作步骤如下所示。

（1）选择“创建”选项卡，单击“查询”组的“查询向导”，当出现“新建查询”对话框时双击 “查找不匹配项查询向导”，如图 5-26 所示。

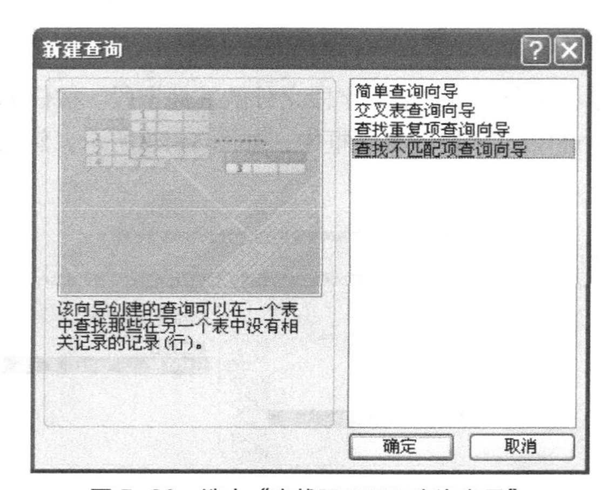

图 5-26 选中“查找不匹配项查询向导”

（2）单击“确定”按钮，在随后出现的对话框中选定“课程表”，如图 5-27 所示。此表中包含在下一步所选的表中没有的相关记录。

（3）单击“下一步”按钮，在图 5-28 所示的对话框中选择“学生成绩表”。然后单击“下一步”按钮。

（4）接下来确定在两张表中都有的信息，在两个列表框中分别单击“课程号”，然后单击“<=>”按钮，如图 5-29 所示。

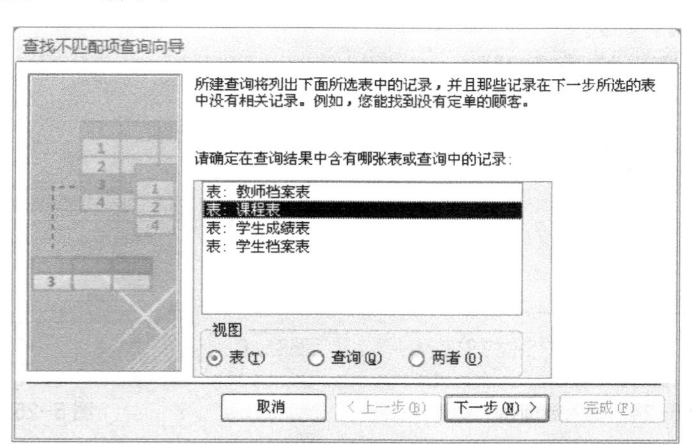

图 5-27 确定包含查询结果的数据来源

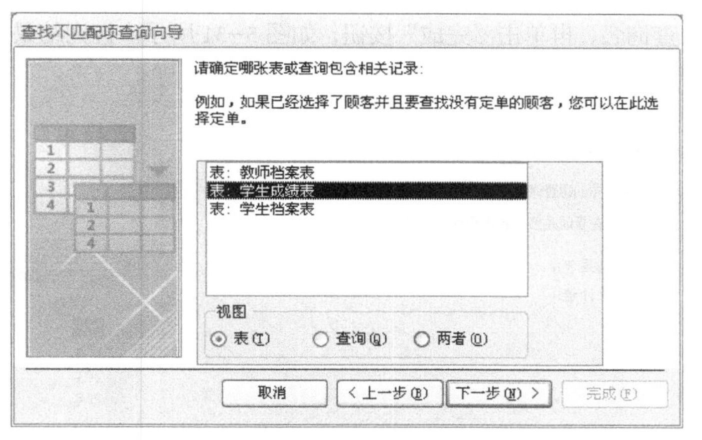

图 5-28　选择另一个数据来源

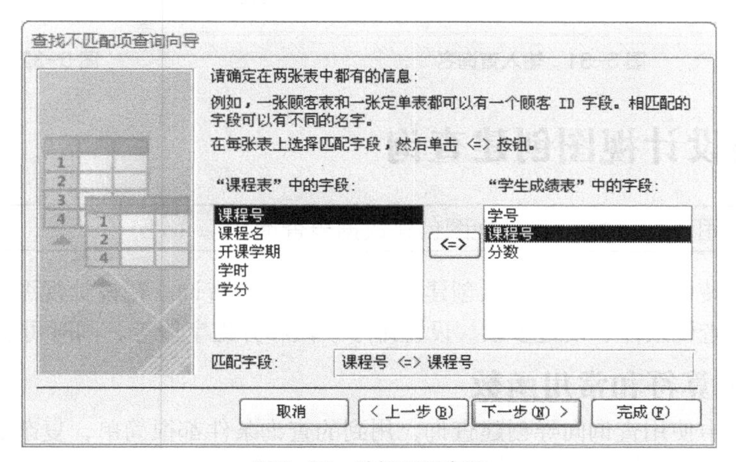

图 5-29　选择匹配字段

（5）单击“下一步”按钮后，确定在查询结果中要显示的字段，它们只能来源于“课程表”。按照要求，选择“课程号”和“课程名”，如图 5-30 所示。

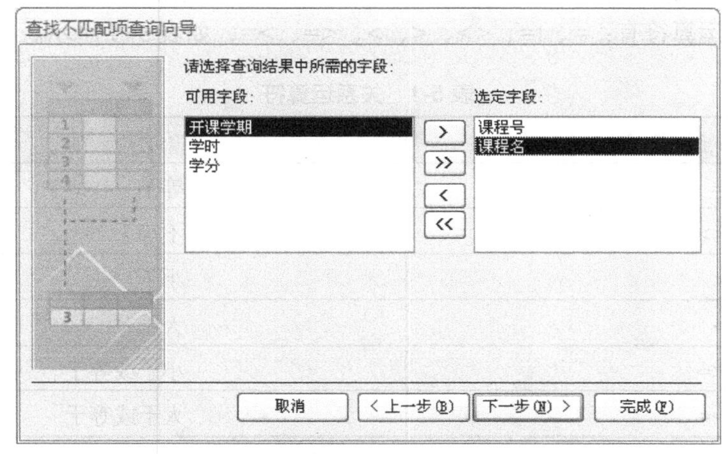

图 5-30　选择查询结果要显示的字段

（5）最后输入查询名，再单击“完成”按钮，如图 5-31 所示。查询结果，如图 5-32 所示。

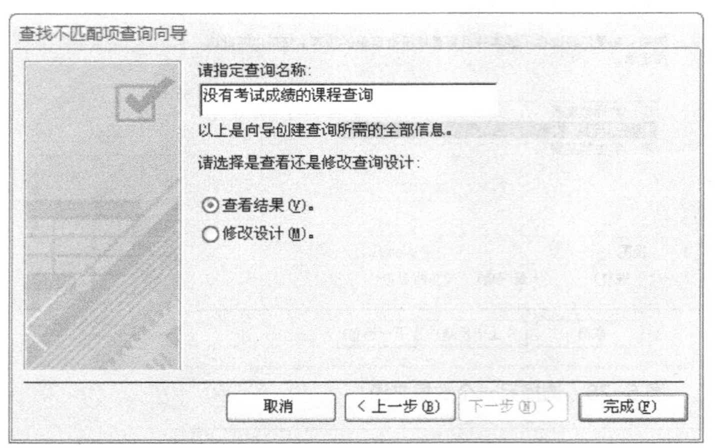

图 5-31　输入查询名

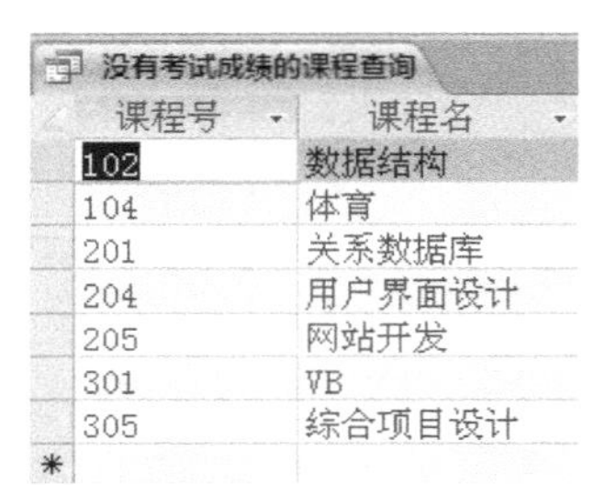

没有考试成绩的课程查询

课程号	课程名
102	数据结构
104	体育
201	关系数据库
204	用户界面设计
205	网站开发
301	VB
305	综合项目设计
*	

图 5-32　查询结果

5.3　使用设计视图创建查询

任务 5.3 利用 Access 2010 设计视图创建数据表查询。

创建查询时使用设计视图，可以创建相对更为复杂的查询。在设计视图中可以选择表、选择字段、设置查询条件、设置参数、设置排序字段和分组字段等，同时可以进行计算。

5.3.1　运算符和常用函数

在上述实例中使用查询向导创建查询，用到的查询条件都很简单，复杂的查询会比较多地使用关系运算符、逻辑运算符、特殊运算符和函数来设置条件。

1．关系运算符

关系运算符用于将一个表达式和另外一个表达式进行比较。其结果总是 TRUE、FALSE 和 NULL 三种。比较运算符经常使用在条件控制语句和 SQL 数据处理语句的 WHERE 子句中。

常用的关系运算符有：=、!=、<>、<、>、<=、>=，如表 5-1 所示。

表 5-1　关系运算符

运 算 符	功　　能
=	等于
<>　!=	不等于
<	小于
>	大于
<=	小于或等于
>=	大于或等于

表 5-2 举例说明部分关系运算符的使用方法。表中的“条件”指的是在设计视图窗口中“示例字段”对应列的“条件”行需要填入的内容。

表 5-2　关系运算符示例

示例字段	字段类型	条　　件	功　　能
基本工资	货币	1500	查询基本工资等于 1500 元的记录
出生日期	日期	>#1970-1-1#	查询出生日期为 1970 年 1 月 1 日以后的记录
性　　别	文本	<>"女"	查询性别为男的记录

注意：条件中出现的日期型常量要用英文的"#"括起，文本型常量要用英文的双引号括起。

2．逻辑运算符

进行逻辑运算时，常用到下列逻辑运算符，其功能见表 5-3。

表 5-3　逻辑运算符

运 算 符	功　　能
NOT	当 NOT 连接的表达式为真时，整个表达式为假
AND	当 AND 连接的表达式都为真时，整个表达式为真，否则为假
OR	当 OR 连接的表达式有一个为真时，整个表达式为真，否则为假

表 5-4 举例说明了逻辑运算符的使用方法。

表 5-4　逻辑运算符示例

示例字段	字段类型	条　　件	功　　能
基本工资	货币	NOT <1500	查询基本工资不小于 1500 元的记录
性　　别	文本	NOT "女"	查询性别为男的记录
邮政编码	文本	NOT Null	查询邮政编码不为空的所有记录
价　　格	货币	>=30 AND <=50	查询价格在 30～50 的记录
价　　格	货币	<30　OR　>50	查询价格小于 30 或者大于 50 的记录

3．特殊运算符

特殊运算符有：In、Is、&、Between…And、Like，它们的含义见表 5-5。在使用 Like 进行运算时，有时会用到模式匹配，其文本模式匹配符及其含义见表 5-6。

表 5-5　常用函数

运 算 符	功　　能
IN	等于给定值中的任一值
NOT IN	不等于给定值中的任一值
Is	等于给定字段的记录值。"Is Null"表示查找该字段没有数据的记录，"Is Not Null"表示查找该字段有数据的记录
&	连接字符串，如果是数字，则先转换为文本字符再连接
BETWEEN a AND b	用于指定一个字段值的范围。指定的范围之间用"And"连接

续表

运 算 符	功 能
NOT BETWEEN a AND b	不在指定范围 a 和 b 之间，也不包括 a 和 b
LIKE '[_%]string[_%]'	用于对文本进行模式匹配。包括在指定子串内，百分号字符（%）将匹配零个或多个任意字符，下划线（_）将匹配一个任意字符

表 5-6 文本模式匹配符及其含义

匹 配 符	含 义
*	匹配 0 或多个字符
?	匹配单个字符
[]	描述可匹配的字符范围
!	匹配任何不是方括号内的字符
–	与某一范围内的一个字符匹配，必须以升序指定范围
#	匹配一个数字

"1#3" 可以匹配"123"、"143"等；"a[!bc]d" 可以匹配"aed"、"afd"等；"a[b–c]d" 可以匹配"abd"、"acd"等。

例如：Like 'str%'，表示一个字符串的前 3 个为 str，后面为零个或多个任意字符；Like 'str_er'表示一个字符串的前 3 个为 str，第 5、6 个字符为 er，第 4 个为任意字符；BETWEEN 70 AND 90，表示数值在 70 到 90 之间。

表 5–7 举例说明了部分特殊运算符的使用方法。

表 5-7 特殊运算符示例

示例字段	字段类型	条 件	功 能
订购日期	日期	Between #2003–11–01# And #2003–11–30#	查询订购时间在 2003 年 11 月的记录
价 格	货币	Between 10 And 50	查询价格在 10 元到 50 元之间的记录，包括 10 元和 50 元
商品编号	文本	Like "x*"	查询商品编号是'x'打头的记录
姓 名	文本	Like "陈?平"	查询所有姓名为三个字的姓陈，且最后一个字是 "平" 的学生的所有信息
账 户	文本	Like t[iou]p	查询账户为 tip 或 top 或 tup 的记录
介 质	文本	in（"DVD","VCD","磁带"）	查询介质是 DVD 或 VCD 或磁带的记录

4．常用函数

在描述条件时经常会用到一些函数，如 Year()、Month()、Data()、Len()、Mid()等，其功能见表 5–8。使用示例见表 5–9。

表 5-8 常用函数

函 数 名	功 能
Year()	取日期型数据中的年份值
Month()	取日期型数据中的月份值
Data()	取系统当前日期
Len()	测试字符串的长度
Mid()	在字符串中从指定位置截取指定个数的字符

表 5-9 函数示例

示例字段	字段类型	条 件	功 能
订购日期	日期	Year（[订购日期]）=2003	查询订购时间在 2003 年的记录
出生日期	日期	Month（[出生日期]）=12	查询 12 月份出生的人的记录
订购日期	日期	Date()	订购日期值为当前系统日期
姓 名	文本	Len（[姓名]） > 3	查询姓名为 3 个字以上的人的记录
学生编号	文本	Mid（[学生编号],3,2）=“01”	查询学生编号第 3,4 个字符为“01”的记录

注意：条件中出现的字段名要用英文的方括号“[ ]”括起。

设置查询条件时，经常是综合运算各种运算符而形成表达式，综合运用实例见表 5-10。

表 5-10 综合运用示例

示例字段	字段类型	条 件	功 能
订购日期	日期	> Date()−30	查询订购时间在 30 天内的记录
订购日期	日期	Between Date()−30 and Date()	查询订购时间在 30 天内的记录
商品编号	日期	Like "x*" or Like "y*"	查询商品编号是 x 和 y 开头的所有记录

5.3.2 为选择查询设置条件

在设计视图中可以对一个或者多个字段设置条件，而在查询向导中是不能设置条件的。以实例介绍在设计视图中如何设置查询条件，以及查询条件的描述方法。

例 5.6 创建名为“马丽娟成绩查询”的查询，要求显示学号、姓名、课程名和分数等字段。

任务分析：学号和姓名来自“学生档案表”，课程名来自“课程表”，而分数来自“学生成绩表”。查询要满足的条件是，姓名字段的值等于“许红梅”。

操作步骤如下所示。

（1）打开“教学管理.accdb”数据库，单击“创建”选项卡，在“查询”命令组中单击“查询设计”按钮，出现“查询 1”的设计视图窗口和“显示表”窗口，如图 5-33 所示。

图 5-33 查询设计视图窗口

（2）在“显示表”窗口的“表”选项卡中逐一双击“学生档案表”、“学生成绩表”和“课程表”，将它们添加到设计视图窗口中，然后关闭“显示表”窗口。

（3）依次双击“学生档案表”中的“学号”和“姓名”字段、“课程表”中的“课程名”字段和“学生成绩表”中的“分数”字段，使这些字段显示在设计表格的“字段”行上。

（4）根据分析在“姓名”字段的“条件”行输入条件“马丽娟”，如图 5-34 所示。

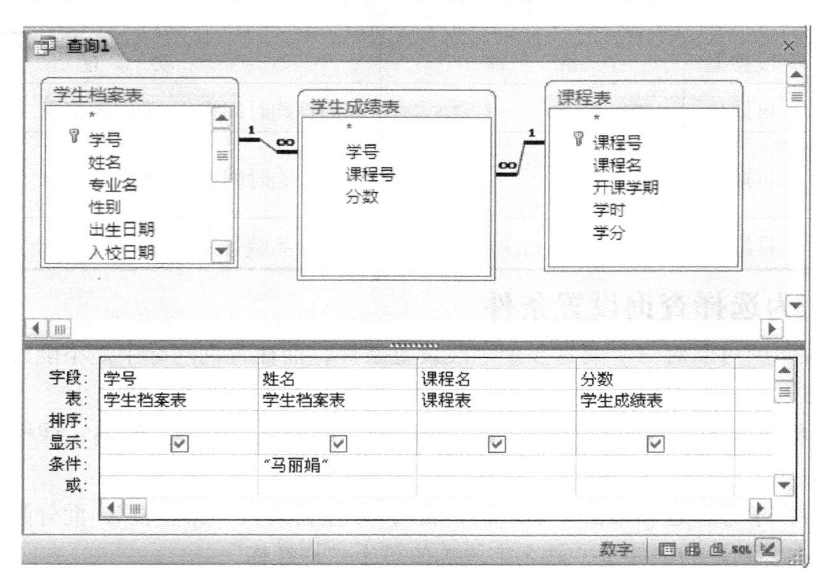

图 5-34 选择表、选择字段和设置查询条件

（5）单击工具栏上的“保存”按钮，在弹出的“另存为”对话框中输入指定的查询名“马丽娟成绩查询”，再单击“确定”按钮完成查询的创建和保存。

（6）单击选项卡左边的!（运行）按钮，或者切换到查询的“数据表视图”，都可以看到查询结果，如图 5-35 所示。

马丽娟成绩查询

学号	姓名	课程名	分数
130102	马丽娟	计算机基础	89
130102	马丽娟	计算机基础	96
130102	马丽娟	JAVA	85
130102	马丽娟	英语	97

图 5-35　查询结果

例 5.7　创建名为“1996 年出生的女生查询”的查询，要求显示学号、姓名、出生日期等字段。

任务分析：查找条件是从“出生日期”字段中查找“1996 年”出生的，从“性别”字段中查找其值为“女”的记录。需要设置条件的两个字段和需要显示数据的字段都来自“学生档案表”。

操作步骤如下所示。

（1）打开设计视图，添加数据来源、字段并设置条件，如图 5-36 所示。因为“性别”字段不要求在结果中显示，所以不能勾选该字段的“显示”行。

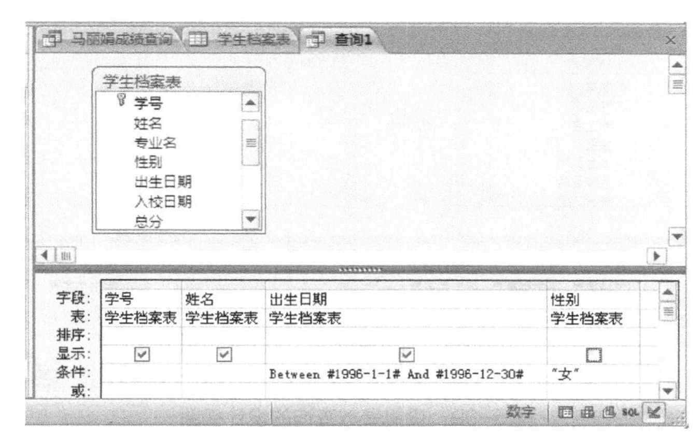

图 5-36　设置查询条件的设计视图

（2）单击“结果”命令组中的“运行”按钮，运行后的结果如图 5-37 所示。

1996年出生的女生查询

学号	姓名	出生日期
130102	马丽娟	1996-10-10
130103	李小青	1996-4 -1

记录: 第 3 项(共 3 项)　无筛选器　搜索　数字

图 5-37　查询结果

对本例中“出生日期”字段的条件还有多种设置方法，如图 5-38 所示。

字段:	出生日期	出生日期	出生日期
表:	学生档案表	学生档案表	学生档案表
排序:			
显示:	☑	☑	☑
条件:	>=#1996-1-1# And <=#1996-12-30#	Like "1996-*"	Year([出生日期])=1996
或:			

图 5-38　其他设置日期条件的方法

5.3.3 创建参数查询

参数查询和选择查询很相似，操作方法也大致相同。其不同之处在于，参数查询的条件是允许变化的，而选择查询的查询条件是固定的。比如，用户希望输入两个日期后，查找出在这期间出生的女生记录。究竟是哪两个日期是不确定的，由用户临时决定。这类问题只能用参数查询来实现。

例 5.8 创建名为“指定期间出生的男生查询”的查询，要求显示学号、姓名、出生日期等字段。

任务分析：本题需要两个参数，起始日期和终止日期。

操作步骤如下所示。

（1）启动查询设计视图，在图 5-39 所示的设计视图中，在“条件”行中出现的每一个用方括号“[ ]”括起的部分对应一个参数，方括号中的内容用于提示用户输入什么数据。在运行查询时，系统将提示用户按照从左至右的顺序逐个输入参数。此外，为了方便查看结果，还设置按照“出生日期”字段升序排列记录。

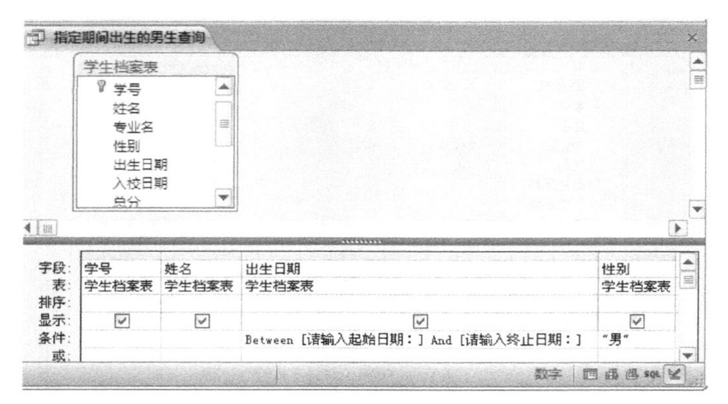

图 5-39 设置参数查询的设计视图

（2）运行查询时，先提示输入起始日期，用户输入后单击“确定”按钮，在下一个对话框中输入终止日期，如图 5-40 所示。运行结果如图 5-41 所示。

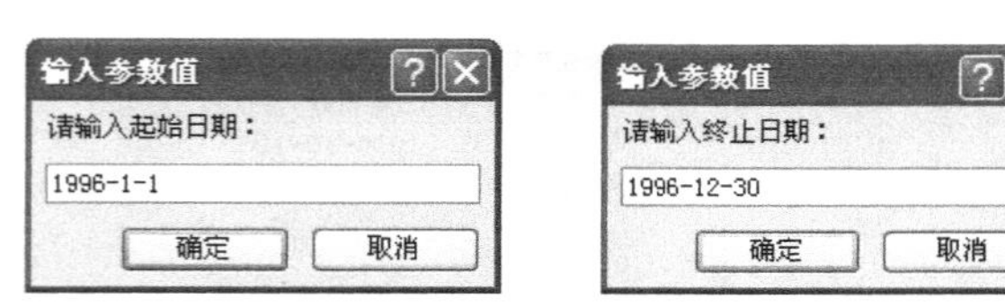

图 5-40 “输入参数值”对话框

指定期间出生的男生查询

学号	姓名	出生日期	性别
130101	王晓	1996-2 -3	男
130104	刘华清	1996-4 -5	男
130209	何文光	1996-2 -12	男
130211	徐少杰	1996-1 -1	男

图 5-41 查询结果

参数的使用很灵活，它作为一个变量可以出现在简单或者复杂的条件中。

借助图 5-42 至图 5-44 显示的“教师姓名模糊查询”的设计和运行实例，读者可以再次体会参数查询和选择查询的异同。

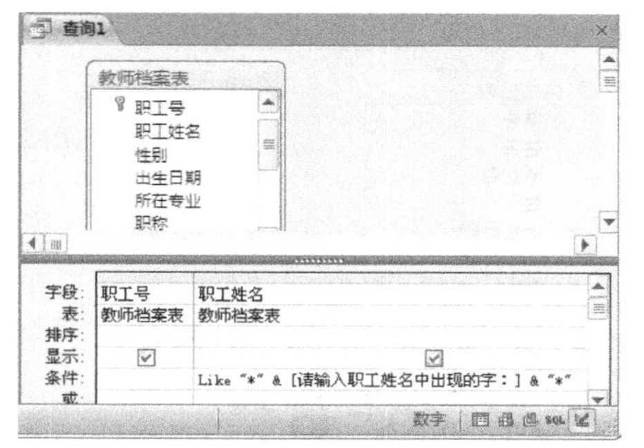

图 5-42　设计视图

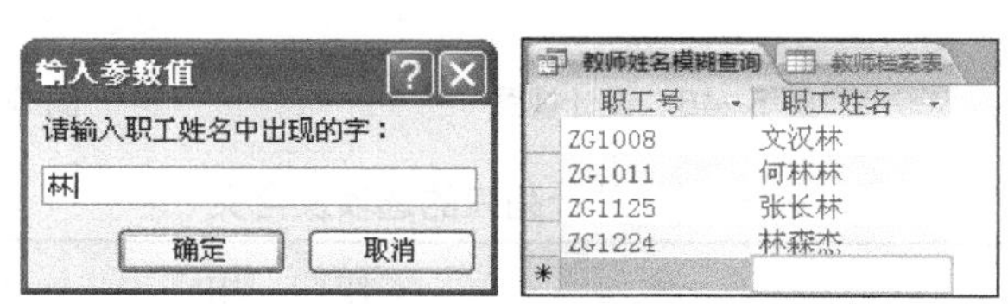

图 5-43　运行示例 1

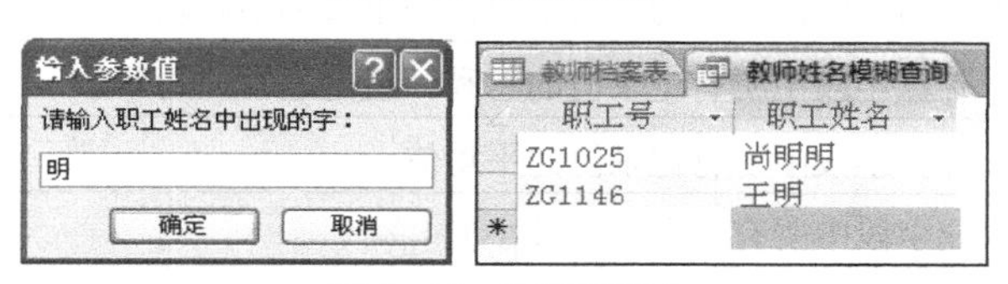

图 5-44　运行示例 2

5.3.4　在查询中计算

在实际应用中，经常会希望获得某些通过计算后获取的数据。如超市需要对各种商品的销售额进行统计，工厂需要对产品成本进行统计等。这就需要对查询检索出的记录再进行总计。总计要求先分组再计算。如先按照品种将所有的销售记录分组，如今天产生的销售记录同属一组，将这组中的每条记录的金额累加得到一个总计值，这个值就是各品种的销售额。在查询中计算时，除了要确定数据来源，还要确定按照哪个或哪些字段分组，以及对哪个字段进行何种计算。它和交叉表查询有些相似，但功能比交叉表查询更强大，使用起来也更为灵活。

例 5.9　创建名为“各专业男女生人数统计”的查询，要求显示专业名、性别和人数等字段。

任务分析：本例的数据来源是“学生档案表”，分组字段是“专业名”和“性别”，要实施的计算是“计数”，选取非空字段“学号”作为计算对象。

操作步骤如下所示。

（1）在设计视图中添加“学生档案表”，然后添加分组字段“专业名”和“性别”，再添加计算字段“学号”。然后单击“显示或隐藏”选项卡上的 Σ（汇总）按钮，则设计视图的设计网格部分将增加“总计”行。单击“学号”字段的“总计”单元格的下拉列表，从中单击选取“计算”（也就是“计数”）操作，如图 5-45 所示。然后的设计视图如图 5-46 所示。

（2）保存并运行该查询的结果如图 5-47 所示。将本例的查询结果和例 5.3 的结果相比较，可以看出它们只是数据的组织方式不同。

由图 5-45 可以看出，总计列表中有多个选项，它们的作用见表 5-11。

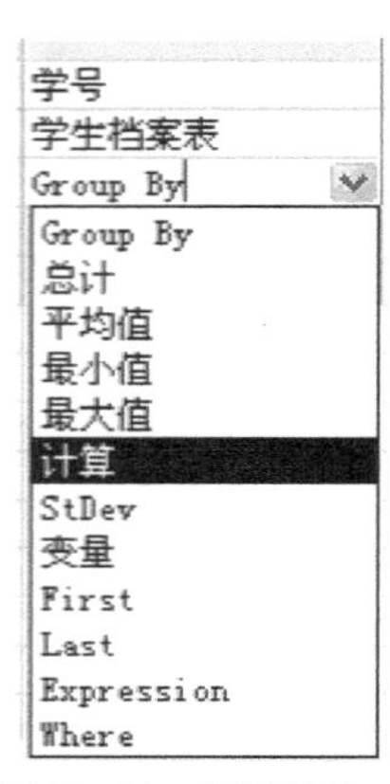

图 5-45　总计列表

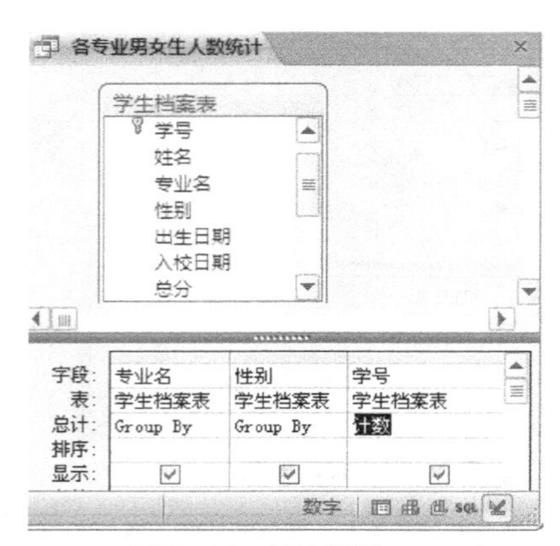

图 5-46　设计视图

专业名	性别	学号之计数
软件技术	男	3
软件技术	女	1
网络技术	男	5
信息管理	男	4
信息管理	女	2

图 5-47　查询结果

表 5-11　总计列表的选项及含义

选　　项	作　　用
Group By	将当前字段设置为分组字段，一个查询中可以有多个分组字段
总计（Sum）	计算字段中所有记录值的总和，就是通常说的累加
平均值（Avg）	计算字段中所有记录值的平均值
最小值（Min）	取字段中所有记录值的最小值
最大值（Max）	取字段中所有记录值的最大值
计算（Count）	计算字段中非空记录值的个数，就是通常说的计数
StDev	计算字段记录值的标准偏差值
变量（Var）	计算字段记录值的总体方差值
First	找出表或查询中第一个记录的该字段值
Last	找出表或查询中最后一个记录的该字段值
Expression	创建一个用表达式产生的计算字段
Where	设置分组条件以便选择记录

再通过一些实例，深入了解部分选项的作用。

例 5.10　创建名为“各专业的副教授人数查询”的查询，要求显示所在专业和副教授人数等字段。

查询的设计视图和运行结果如图 5-48 所示。

字段:	所在专业	职工号	职称
表:	教师档案表	教师档案表	教师档案表
总计:	Group By	计数	Group By
排序:			
显示:	☑	☑	☑
条件:			"副教授"
或:			

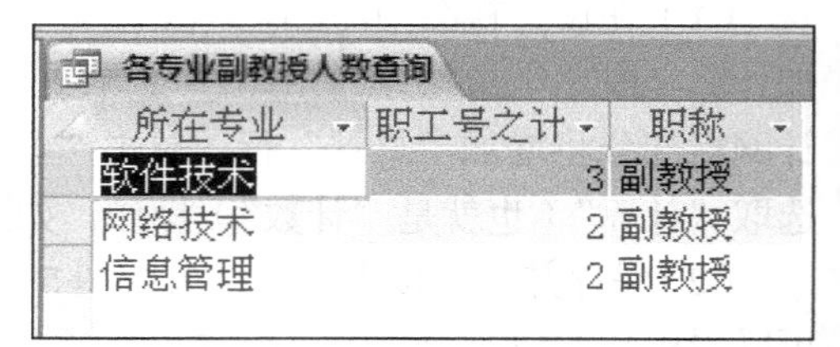

所在专业	职工号之计	职称
软件技术	3	副教授
网络技术	2	副教授
信息管理	2	副教授

图 5-48　各专业副教授人数查询设计视图的条件设置和运行结果

例 5.11　创建名为“教授平均工资的查询”的查询，要求显示教师的姓名、职称和年龄。查询的设计视图和运行结果如图 5-49 所示。

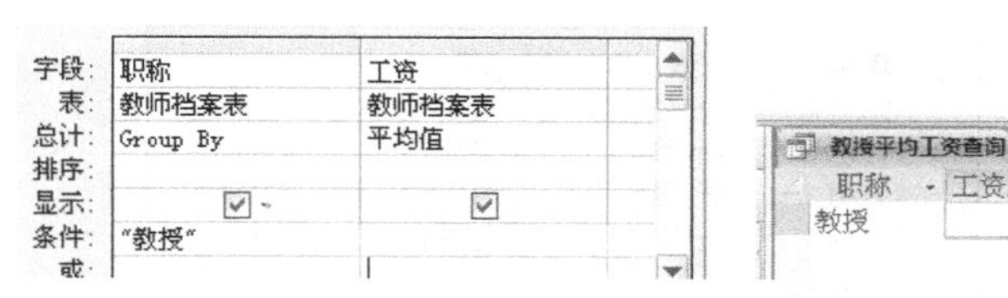

图 5-49　查询教授的平均工资设计视图的条件设置和运行结果

5.4　操作查询

任务 5.4 确定查询结果的处理方式。

操作查询是对查询的结果设置其去向。可以利用查询的结果增加、修改或者删除数据表中的数据，还可以创建新的数据表。根据其用途，可将操作查询分为四种类型：更新查询、生成表查询、追加查询和删除查询。

创建操作查询分两步进行。首先创建选择查询，从数据库中检索出需要的数据，然后运行相应的操作。因为操作查询会引起数据库的变化，所以一般先对数据库进行备份然后再运行操作查询。

5.4.1　生成表查询

将查询结果生成一个新的数据表对象，称为生成表查询。查询的数据来源可以是一个表，也可以是多个表。

例 5.12　创建名为“信息管理专业副高以上职称教师查询”的生成表查询。其作用为生成一个名为“副高以上职称教师名单表”的数据表，用于存放信息管理专业副教授和教授的职工号、姓名、所在专业和职称。

任务分析：首先创建选择查询，数据来源是“教师档案表”，所在专业和职称都需要设置条件；然后运行生成表查询。

操作步骤如下所示。

（1）创建选择查询。根据需要创建相应的选择查询，设计视图如图 5-50 所示。切换到数据表视图可以查看检索到的记录，如图 5-51 所示。

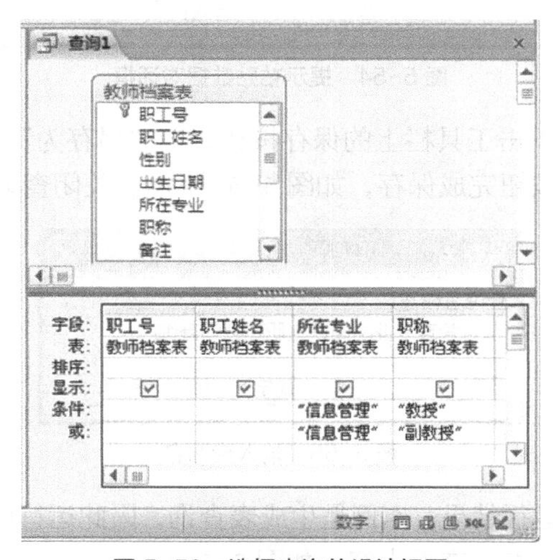

图 5-50　选择查询的设计视图

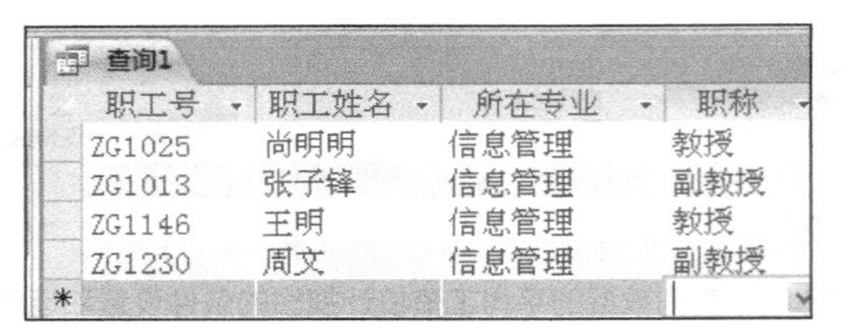

查询1

职工号	职工姓名	所在专业	职称
ZG1025	尚明明	信息管理	教授
ZG1013	张子锋	信息管理	副教授
ZG1146	王明	信息管理	教授
ZG1230	周文	信息管理	副教授

图 5-51　检索到的记录

（2）转成操作查询。切换回设计视图，单击“查询类型”命令组中的“生成表”按钮，弹出“生成表”对话框，输入表对象的名字，然后单击“确定”按钮，如图 5-52 所示。

图 5-52　“生成表”对话框

（3）运行操作查询。单击“结果”选项卡上的“运行”按钮，将弹出如图 5-53 所示的对话框，单击“是”按钮则完成生成表查询的运行，如图 5-54 所示。

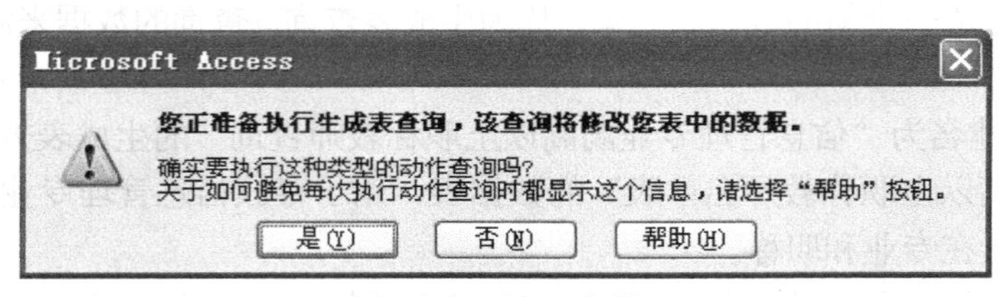

图 5-53　提示对话框

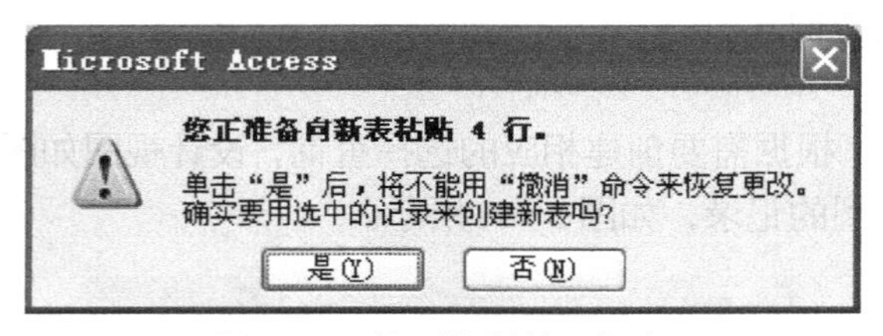

图 5-54　提示粘贴数据对话框

（4）保存操作查询。单击工具栏上的保存按钮，在“另存为”对话框中按照题目要求输入查询名，单击“确定”按钮完成保存，如图 5-55 所示。关闭查询窗口。

图 5-55　输入查询名

（5）查看操作查询的运行结果：本例是生成表查询，因此运行后将生成一个新的表对象。在导航窗格找到新表，双击打开查看内容，如图 5-56 所示。

信息管理专业副高以上职称教师

职工号	职工姓名	所在专业	职称
ZG1025	尚明明	信息管理	教授
ZG1013	张子锋	信息管理	副教授
ZG1146	王明	信息管理	教授
ZG1230	周文	信息管理	副教授

图 5-56　生成的新表的内容

注意：如果在导航窗格双击操作查询的名称，那么操作查询就将运行，并引起数据库的变化。因此，如果要修改操作查询，应该打开其设计视图进行编辑。

5.4.2　追加查询

追加查询可以将其他一个或多个表中的记录添加到指定的表中。

例 5.13　创建名为“非信息管理专业副高以上职称教师查询”的追加表查询，其作用为将满足条件的记录添加到上例生成的表对象“信息管理专业副高以上职称教师”中。

任务分析：首先创建选择查询，数据来源是“教师档案表”，所在专业和职称都需要设置条件；然后运行追加表查询。

操作步骤如下所示。

（1）创建选择查询。选择查询的设计视图如图 5-57 所示，切换到数据表视图可以查看检索到的记录，如图 5-58 所示。

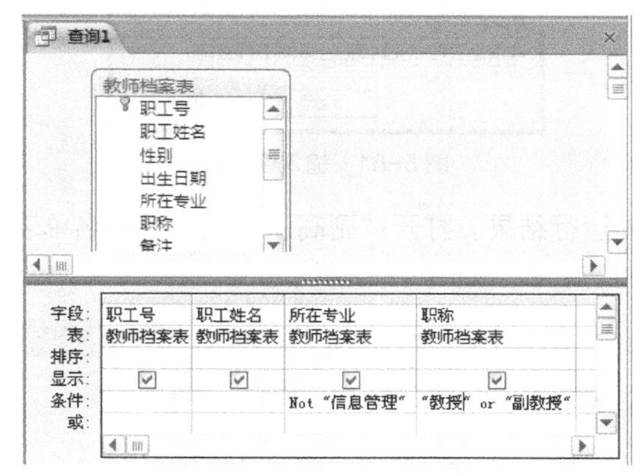

图 5-57　选择查询的设计视图

查询1

职工号	职工姓名	所在专业	职称
ZG0812	唐小芳	软件技术	副教授
ZG1011	何林林	网络技术	副教授
ZG1002	吴江	软件技术	教授
ZG1125	张长林	网络技术	教授
ZG1196	李小力	软件技术	教授
ZG1224	林森杰	软件技术	副教授
ZG1215	孔小夫	网络技术	副教授
ZG1306	曾利君	软件技术	副教授

图 5-58　检索到的记录

（2）转成操作查询。切换回设计视图，单击“查询类型”命令组中的“追加”按钮，弹出“追加”对话框，在下拉列表中单击“副高以上职称教师名单表”，然后单击“确定”按钮，如图 5-59 所示。

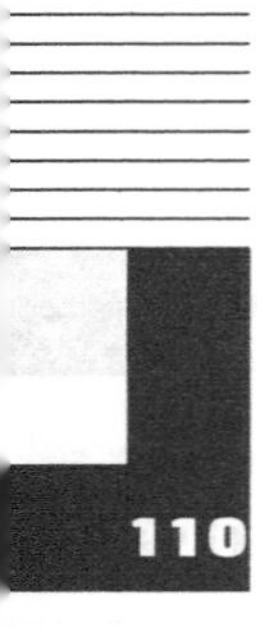

图 5-59 “追加”对话框

（3）运行操作查询。单击“结果”选项卡上的“运行”按钮，将弹出如图 5-60 所示的对话框，单击“是”按钮则完成追加表查询的运行。

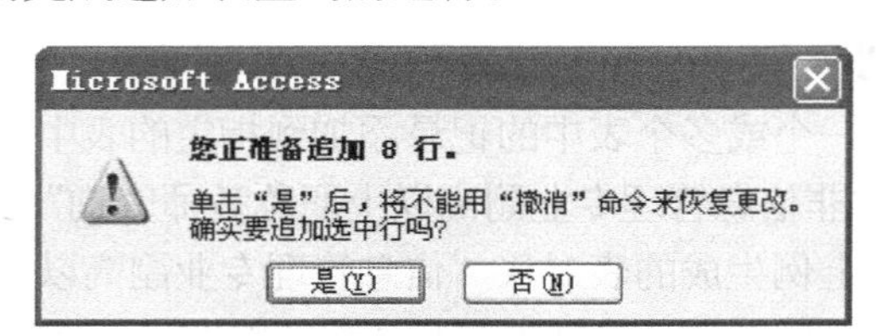

图 5-60 提示准备运行追加查询

（4）保存操作查询。单击工具栏上的保存按钮，在“另存为”对话框中按照题目要求输入查询名，单击“确定”按钮完成保存，如图 5-61 所示。关闭查询窗口。

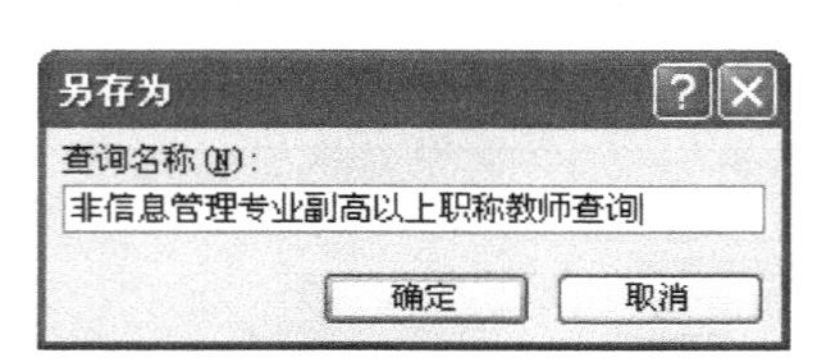

图 5-61 输入查询名

（5）查看操作查询的运行结果。打开“副高以上职称教师名单表”查看内容，发现非信息管理专业的数据也追加上来了。如图 5-62 所示。

副高以上职称教师名单表

职工号	职工姓名	所在专业	职称
ZG1025	尚明明	信息管理	教授
ZG1013	张子锋	信息管理	副教授
ZG1146	王明	信息管理	教授
ZG1230	周文	信息管理	副教授
ZG0812	唐小芳	软件技术	副教授
ZG1011	何林林	网络技术	副教授
ZG1002	吴江	软件技术	教授
ZG1125	张长林	网络技术	教授
ZG1196	李小力	软件技术	教授
ZG1224	林森杰	软件技术	副教授
ZG1215	孔小夫	网络技术	副教授
ZG1306	曾利君	软件技术	副教授

图 5-62 “副高以上职称教师名单表”的数据表视图

5.4.3 删除查询

删除查询可以删除表中全部记录或者符合条件的部分记录。要注意的是，如果建立表间关系时设置了级联删除，那么运行删除查询可能引起多张表的变化。

例 5.14 创建名为“网络技术专业学生删除查询”，其作用为删除“学生档案表”中“网络技术”专业的学生记录。

任务分析：首先创建选择查询查找网络技术专业的学生，数据来源是“学生档案表”，在

"专业名"字段设置条件，然后运行删除查询。

操作步骤如下所示。

（1）创建选择查询。选择查询的设计视图如图 5-63 所示，切换到数据表视图可以看出检索到的记录共有 5 条，如图 5-64 所示。

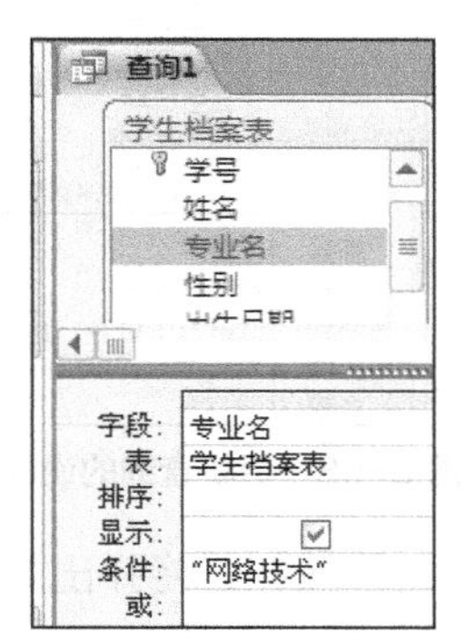

图 5-63 选择查询的设计视图

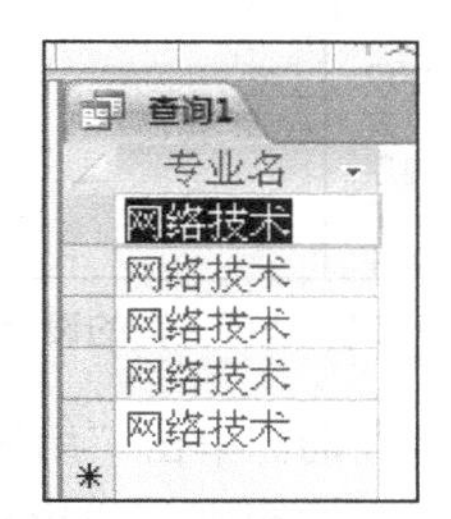

图 5-64 检索到的记录

（2）转成操作查询并保存。切换回设计视图，单击"查询类型"命令组中的"删除"，然后保存该查询。此时的设计视图如图 5-65 所示。

（3）运行操作查询。单击"结果"选项卡上的"运行"按钮，将弹出如图 5-66 所示的对话框，单击"是"按钮则完成删除查询的运行。

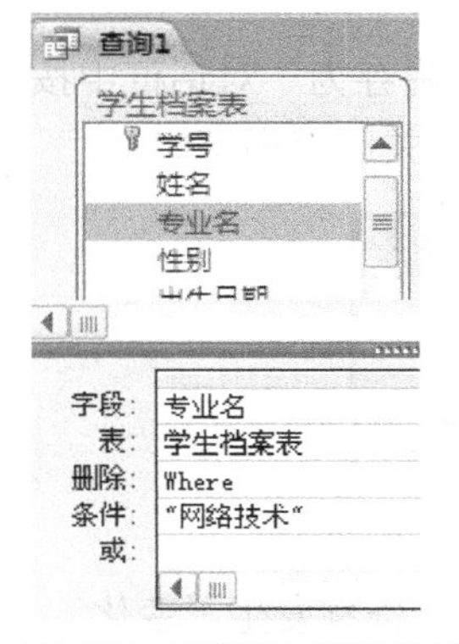

图 5-65 删除查询的设计视图

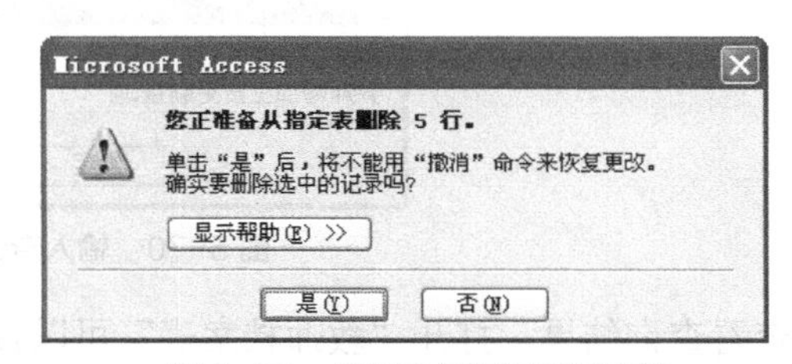

图 5-66 提示准备运行删除查询

（4）查看操作查询的运行结果。打开"学生档案表"查看其变化，因为级联删除的关系，"学生成绩表"也有记录被删除。

5.4.4 更新查询

若需要批量修改表中符合条件的一组记录，可以使用更新查询。如果建立表间关系时设置了级联更新，那么运行更新查询将可能引起多张表的变化。

例 5.15 创建名为"教师增加工资更新查询"，其作用为将所有教师的工资增加 10%。

任务分析：数据来源是"教师档案表"，需要更新的字段是"工资"。

操作步骤如下所示。

（1）创建选择查询。选择查询的设计视图如图 5-67 所示。

（2）转成操作查询。单击"设计"选项卡上"查询类型"命令组中的"更新"按钮，此时在设计视图的设计网格中将出现"更新到"行。输入表达式后，如图 5-68 所示。因为"工资”字段的类型是整型，所以表达式中使用了转换成整型的函数 CInt()。

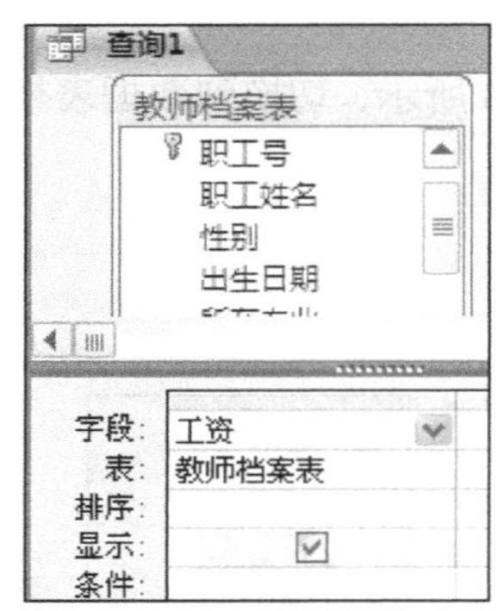

图 5-67　选择查询的设计视图

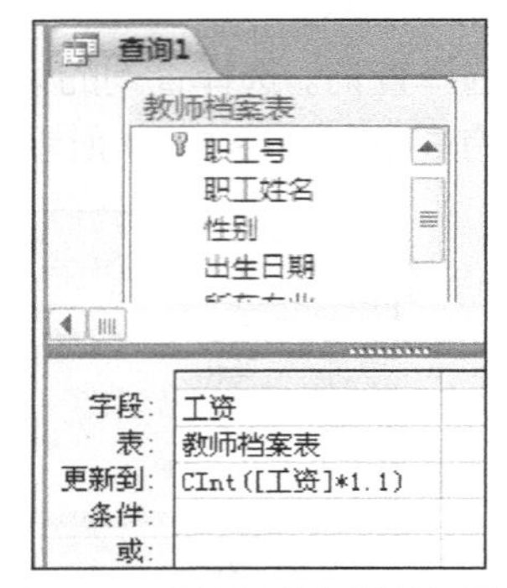

图 5-68　更新查询的设计视图

（3）运行操作查询。单击“结果”选项卡上的“运行”按钮，将弹出如图 5-69 所示的对话框，单击“确定”按钮则完成更新查询的运行。

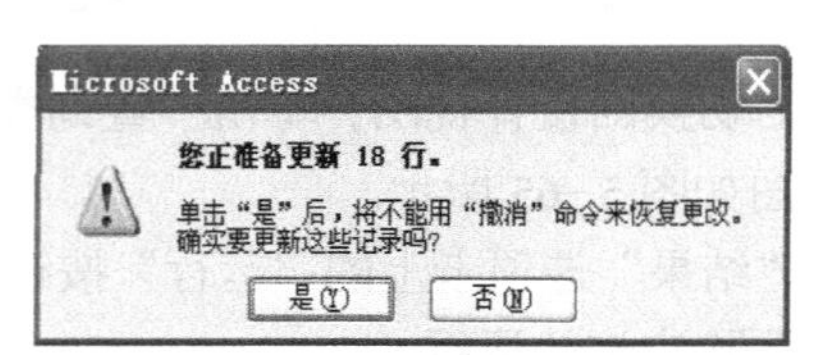

图 5-69　提示准备运行更新查询

（4）保存操作查询。单击工具栏上的保存按钮，在“另存为”对话框中按照题目要求输入查询名，单击“确定”按钮完成保存，如图 5-70 所示。关闭查询窗口。

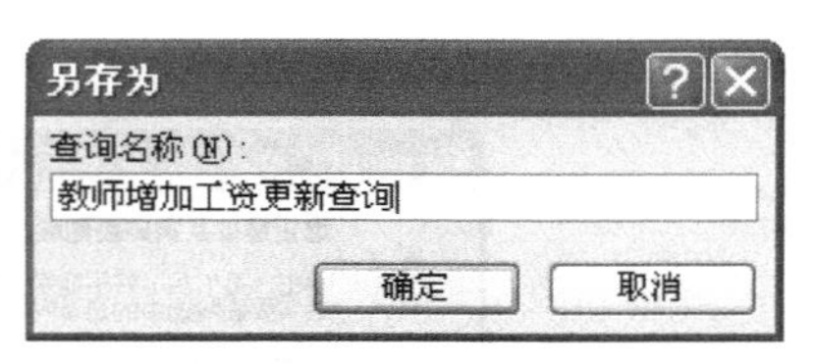

图 5-70　输入查询名

（5）查看查询结果。打开“教师档案表”可以查看到工资额发生了变化。

5.5　实验

（1）使用简单查询向导，基于“课程表”和“学生成绩表”创建查询“课程成绩统计查询”，要求显示课程名、最高分、最低分和平均分，并设置平均分的小数位数为 1。

操作步骤如下所示。

① 启动简单查询向导。

② 先后选择“课程表”和“学生成绩表”，并选取课程名和分数字段。

③ 在“汇总选项”对话框中，勾选“平均”、“最小”和“最大”选项。

④ 按要求为查询命名。

⑤ 在设计视图中设置平均分的小数位数。

（2）使用简单查询向导，基于“学生档案表”表创建查询“学生名册查询”，要求显示专

业名、学号和姓名字段，并按专业名升序排列。

操作步骤如下所示。

① 启动简单查询向导。

② 选择“学生档案表”，并选取题目要求的字段。

③ 设置排序。

④ 按要求为查询命名。

（3）使用查找不匹配项查询向导，基于“学生档案表”和“学生成绩表”创建查询 “没有考试成绩的学生”，要求显示学号和姓名。

操作步骤如下所示。

① 启动查找不匹配项查询向导。

② 选择“学生档案表”，再选择“学生成绩表”。

③ 在设置匹配字段时，选择“学号”。

④ 选择查询结果要求的学号和姓名字段。

⑤ 按要求为查询命名。

（4）使用查找重复项查询向导，基于“学生档案表”创建查询“同一天出生的学生查询”，要求显示出生日期和姓名。

操作步骤如下所示。

① 启动查找重复项查询向导。

② 选择“学生档案表”。

③ 选择重复值字段。

④ 选择其他字段。

⑤ 按要求为查询命名。

（5）使用交叉表查询向导创建“各专业各门课程的平均分查询”。（提示：先创建一个合适的查询，再以此查询作为数据来源创建交叉表查询。）

操作步骤如下所示。

① 创建一个包含有专业名、课程名和分数的查询。

② 基于上一步创建的查询，再创建交叉表查询。

（6）查找姓李、赵或张的男教师，要求显示职工号和姓名。

① 分析查询的数据来源，需要设置条件的字段以及查询条件的描述方法。

② 在设计视图窗口中，添加数据来源表，选择字段，并设置查询条件。

③ 保存查询，并按要求为查询命名。

（7）查找年龄在 40 岁以上（含 40 岁）的男教师，要求显示职工号、姓名和年龄。

（8）查找 1996 年 12 月出生的学生，显示其学号和姓名。要求至少创建两个不同的查询。

（9）查找姓名为两个字的教师，显示其职工号和姓名。要求至少创建两个不同的查询。

（10）创建参数查询“按出生年和月查找学生”，要求显示学号、姓名和出生日期。即根据用户依次输入的年份和月份来查找学生。

操作步骤如下所示。

① 分析查询的数据来源和需要设置参数及条件的字段。

② 在设计视图窗口中，添加数据来源表，选择字段，并设置参数和查询条件。

③ 保存查询，并按要求为查询命名。

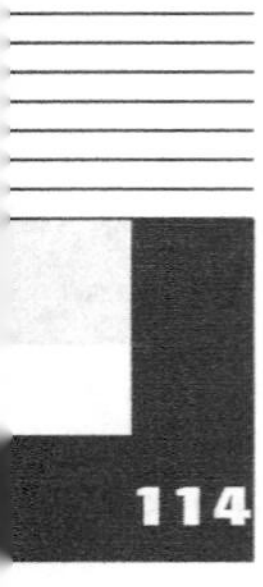

（11）创建选择查询“每门课程的平均分和最高分”，要求显示课程名、平均分和最高分。操作步骤如下所示。

① 分析查询的数据来源、结果字段中需要设置条件或者需要统计的字段。

② 在设计视图窗口中，添加数据来源表，选择字段。

③ 根据查询要求选取总计函数或设置查询条件。

④ 保存查询，并按要求为查询命名。

（12）创建选择查询“信息管理专业各职称教师人数”，要求显示职称和教师人数。操作步骤与第（11）题相同。

练习与思考

一、选择题

1. 每个查询都有 3 种视图，其中用来显示查询后结果的视图是（　　）。

A. 数据表视图　　B. SQL 视图

C. 设计视图　　D. 窗体视图

2. 如果想显示电话号码字段中 6 打头的所有记录（电话号码字段的数据类型为文本型），在条件行键入（　　）。

A. Like “6*”　　B. Like“6?”

C. Like 6#　　D. Like 6*

3. 下列说法中，不正确的是（　　）。

A. 使用简单查询向导可以方便地创建基于多个表的查询，前提是这多个表相互间必须有关系

B. 使用“简单查询向导”不仅可以对记录组或全部记录进行总计、计数等汇总运算，还能够创建带有一定条件的查询

C. 创建查询可以使用查询向导也可以使用查询的设计视图

D. 在 Access 中可以先利用向导创建查询，然后再到查询的“设计视图”中根据需要进行进一步的修改、完善

4. 通配符“*”可以（　　）。

A. 匹配 0 或多个字符　　B. 匹配任何一个字符

C. 匹配一个数字　　D. 匹配空值

5. 在条件行键入（　　）来限制查询的记录包含的值大于 30。

A. >=30　　B. <=30

C. 30　　D. <30

6. 使用交叉表查询时，用户最多可以指定（　　）个总计类型的字段。

A. 1　　B. 2

C. 3　　D. 4

7. 条件 Like t[iou]p 将查找（　　）。

A. ulip　　B. tap

C. typ　　D. top

8. 查询设计视图窗口中通过设置（　　）行，可以让某个字段只用于设定条件，而不必出现在查询结果中。

A. 排序　　B. 显示

C. 条件　　D. 字段

9. 假设某数据库表中有一个“学生编号”字段，查找编号第 3、4 个字符为“01”的记录的条件是（　　）。

A. Mid（[学生编号],3,4）=“01”　　B. Mid（[学生编号],3,2）=“01”

C. Mid（“学生编号”,3,4）=“01”　　D. Mid（“学生编号”,3,2）=“01”

10. Access 中基本的查询类型是（　　）查询。

A. 运算　　B. 多表

C. 条件　　D. 选择

11. 如果想显示 LastName 字段中包含字母 smi 的所有记录，在条件行输入（　　）。

A. smi　　B. Like “*sm i *”

C. *smi　　D. smi*

12. 允许用户输入条件的查询叫做（　　）查询。

A. 选择　　B. 参数

C. 交叉表　　D. 操作

13. 操作查询可以用于（　　）。

A. 更改已有表中的大量数据

B. 对一组记录进行计算并显示结果

C. 从一个以上的表中查找记录

D. 以类似于电子表格的格式汇总大量数据

14. 假设数据库表中有一个姓名字段，查找姓名为张三或李四的记录的条件是（　　）。

A. In（“张三”，“李四”）

B. Like “张三” And Like “李四”

C. Like（“张三”，“李四”）

D. “张三” And “李四”

二、简答题

1. 查询和表有什么区别?
2. 查询和筛选有什么区别?
3. 什么叫查询? 查询分为哪几类? 创建查询的方法有几种?
4. 什么叫操作查询? 分为几类? 它们的作用是什么?
5. 四个查询向导中，哪些只能有一个数据来源，而哪些必须有两个数据来源?

PART 6 第6章 SQL查询

任务与目标

1．任务描述

本章学习 SQL 语句的基本概念及其语法结构，学习利用 SQL 语句实现对数据的定义、查询和操纵的方法。通过学习，能够使用 SQL 进行查询操作。

2．任务分解

任务 6.1　了解 SQL 语句的基本概念和特点。

任务 6.2　掌握 SQL 语句的基本结构和子句的功能。

任务 6.3　掌握 SQL 语句的定义功能。

任务 6.4　掌握 SQL 语句的操纵数据的功能。

3．学习目标

目标 1：深入理解 SQL 语句的特点及其显示方法。

目标 2：熟练使用 SQL 语句查询数据。

目标 3：熟练使用 SQL 语句定义数据表和各类数据库对象。

目标 4：熟练使用 SQL 语句操纵数据。

6.1　SQL 语句

任务 6.1　了解 SQL 语句的基本概念和特点。

SQL 查询是用户利用 SQL 语句创建的查询。SQL（Structured Query Language），即结构化查询语言，是关系数据库的标准语言。很多关系数据库系统都支持 SQL ，如 Orcale、Sybase、DB2、SQL Server、Access 等。

SQL 语言具有定义、查询、更新和控制等多种功能。从 1982 年开始，ANSI（美国国家标准化协会）着手制定 SQL 标准。1986 年 10 月正式把 SQL 语言作为关系数据库的标准语言，并公布了第一个语言标准 SQL86（也称 ANSI SQL），1987 年 6 月国际标准化组织（ISO）也通过了该标准。随后，ISO 对其做了一系列的修改和扩充，使之包含的数据库概念更多，功能更加丰富。

6.1.1 SQL语句的特点

SQL语言结构简洁、功能强大、简单易学，得到广泛应用和快速发展并成为国际标准。

1．面向集合的操作方式

采用SQL对数据库操作，不仅操作对象和查询结果都是记录的集合，而且一次插入、删除、更新操作的对象也可以是记录的集合。

2．高度非过程化

用SQL语言对数据进行操作，用户只需提出“做什么”，不必指明“怎么做”，存取路径的选择和SQL语句的操作过程都由系统自动完成，这样既减轻了用户负担，又利于提高数据独立性。

3．综合化

SQL语言集数据定义、操作、查询和控制于一体，且语言风格统一。它可以独立完成数据库生命周期中的全部活动，为数据库应用系统开发提供了良好的环境。

4．统一的操作规范提供两种使用方式

SQL既是独立的语言，又是嵌入式语言。作为独立的语言，它能够独立地用于联机的使用方式，用户可以在终端键盘上直接键入SQL命令对数据库进行操作。作为嵌入式语言，SQL语句能够嵌入到高级语言（如C，C++，Java）程序中，供程序员设计程序时使用。

5．功能强大、语句简洁、易学易用

SQL功能强大，但由于设计巧妙，语言十分简洁，完成核心功能只用了9个关键字，见表6-1。

表6-1 SQL语言的核心关键字

功能说明	关 键 字
数据查询	SELECT
数据定义	CREATE、DROP、ALTER
数据操纵	INSERT、UPDATE、DELETE
数据控制	GRANT、REVOKE

6.1.2 显示SQL语句

在创建查询的时候，系统会自动地将操作命令转换为SQL语句，打开查询，进入该查询的“SQL视图”，就可以看到系统生成的SQL代码。

例6.1 显示名为“教授平均工资查询”的SQL语句。

操作步骤如下所示。

（1）打开“教学管理”系统。

（2）打开“教授平均工资查询”，并以“设计视图”显示该查询。如图6-1所示。

（3）点击 “设计”选项卡下的“结果”组中的“视图”按钮下的下三角按钮，弹出一个下拉菜单，如图6-2所示。

（4）在菜单中单击“SQL SQL视图（Q）”命令。进入该查询的“SQL视图”，如图6-3所示。显示出“教授平均工资查询”的SQL语句。

此外，还可以通过其他方法进入查询的SQL视图，显示SQL语句。如在查询设计视图的上半部分即“表/查询显示窗口”的空白处右键单击，在弹出的菜单中选择“SQL视图”命令。

如图 6-4 所示。

在查询的 SQL 视图内，不仅可以查看已经生成的 SQL 语句，还可以对其进行修改或编辑。在后面章节内讲述到的所有 SQL 语句，都在该视图内进行编辑或运行。

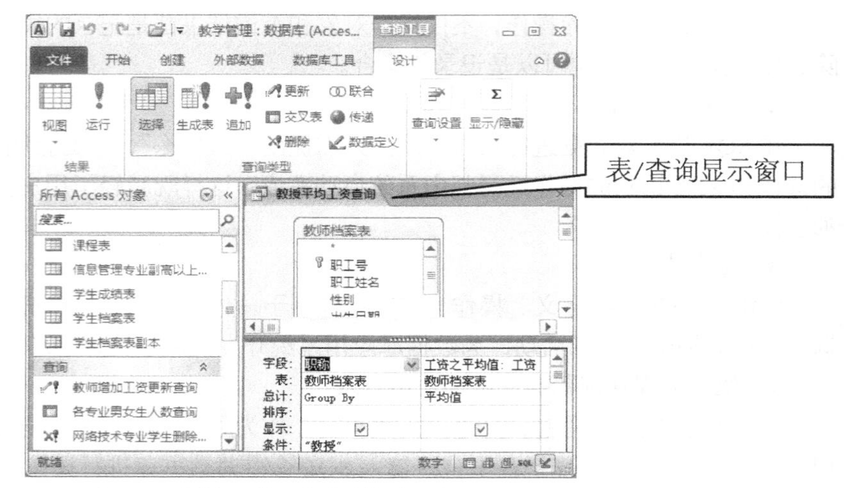

图 6-1 “教授平均工资查询”的设计视图

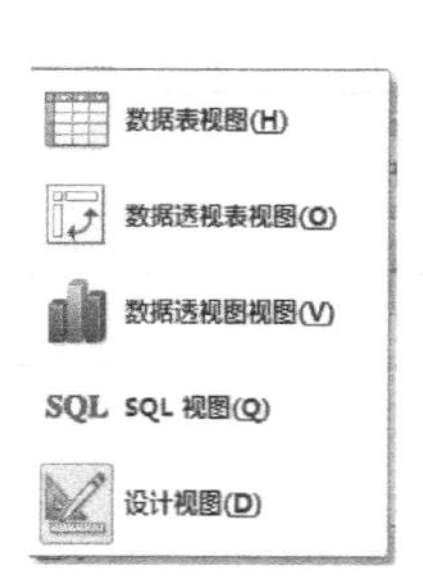

图 6-2 “视图切换”菜单

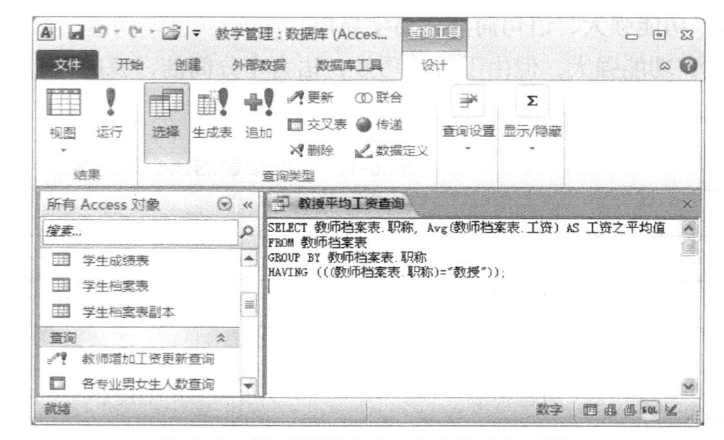

图 6-3 “教授平均工资查询”的 SQL 视图

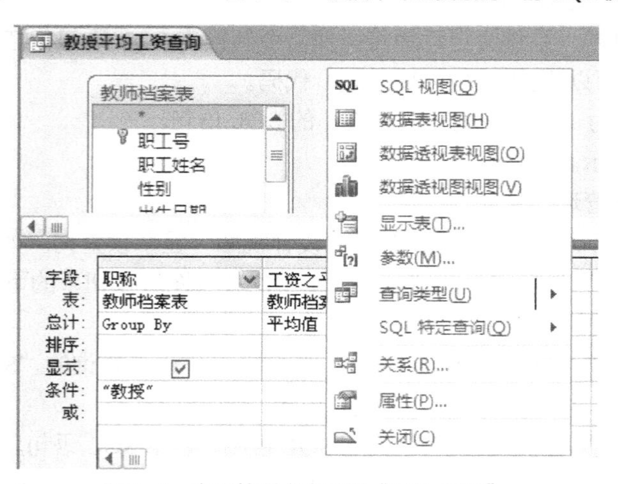

图 6-4 在下拉列表中选择“SQL 视图”

6.2 SQL 数据查询功能

任务 6.2 掌握 SQL 语句的基本结构和子句的功能。

查询是对已经存在的基本表或视图进行数据检索，不改变数据本身，是数据库的核心操作。通过 SQL 语句，可以实现在 Access 查询设计视图中不能实现的查询，如联合查询、传递查询、数据定义查询。这三种查询称为 SQL 特定查询，建立这些查询需要在 SQL 视图窗口直接输入合适的 SQL 代码。

SQL 查询语句的基本语法：

```
SELECT [ALL|DISTINCT|TOPn]<目标表字段名 1 或字段列表达式 1>[,<目标表字段名 2 或字段列表达式 2>…]
FROM<表名 1 或视图名 1>[,<表名 2 或视图名 2>…]
[WHERE <条件表达式>]
[GROUP BY < 字段名 1>[,<字段名 2>…]]
[HAVING <条件表达式>]
[ORDER BY 字段名 1 [ASC|DESC][,字段名 2 [ASC|DESC]…]]
```

整个语句的含义是：根据 WHERE 子句的条件表达式，从 From 子句指定的基本表或视图中找出满足条件的记录，再按照 SELECT 子句中的目标字段名或字段列表达式，选出记录中的属性值形成结果表。如果有 GROUP BY 子句，则将结果按照给定的字段名进行分组，属性值相等的记录为一个组。如果 GROUP BY 子句带有 HAVING 短语，则只有满足指定条件的组才予以输出。如果有 ORDER BY 子句，则结果集将按照值的升序或降序进行排列。

6.2.1 SELECT 基本结构

由 SELECT 命令和 FROM 子句构成最基本的 SELECT 查询语句。

语法格式：

```
SELECT [ ALL | * | DISTINCT | TOP n ] 查询项 1 [, 查询项 2>…]
FROM 数据源
```

说明：

① “< >”、“[ ]”：尖括号中的内容是必选项，方括号中的内容是可选项；

② “ALL”：表明返回所有查询到的记录，包括那些重复的记录，此关键字可以省略；

③ DISTINCT：返回的查询结果中有重复记录的只保留一条，其余重复记录将被去除；

④ TOP n：返回查询结果中的前 n 条记录；

⑤ 查询项：是指要输出的查询项目，通常是字段名或表达式，也可以是常数；

⑥ 数据源：可以是数据表名，也可以是视图名。

例 6.2 在“学生档案表”中，查询出所有学生的学号、姓名、出生日期。

操作步骤如下所示。

（1）打开“教学管理”数据库，单击“创建”选项卡下的“查询”命令组中的“查询设计”按钮。

（2）在弹出的“显示表”对话框中不选择任何表，进入空白的查询“设计视图”。

（3）单击“结果”组中的“SQL 视图”，此时视图如图 6-5 所示。

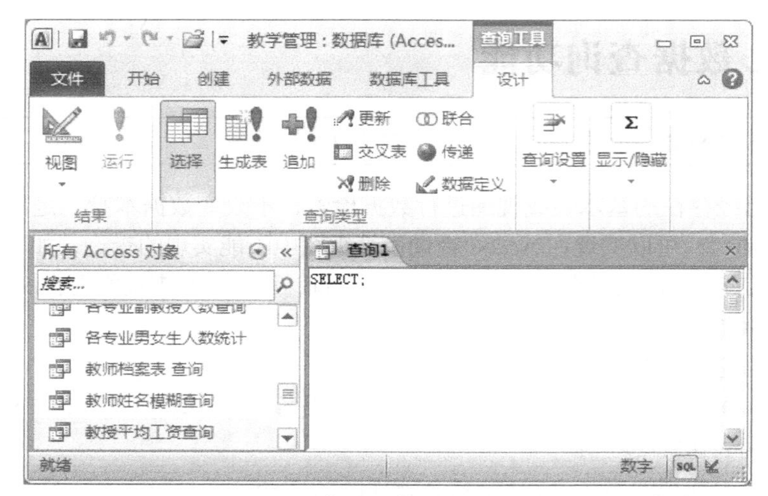

图 6-5 “查询 1”的 SQL 视图

（4）在“SQL 视图”的空白区域输入如下 SQL 代码。

```
SELECT 学号,姓名,出生日期
FROM 学生档案表;
```

此时“SQL 视图”如图 6-6 所示。

图 6-6 输入 SQL 语句后的“SQL 视图”

（5）单击“结果”组中的“运行”按钮，进入该查询的“数据表视图”，显示查询结果。如图 6-7 所示。

（6）单击“快速访问工具栏”内的“保存”按钮，保存该查询为“学生出生日期”。

SQL 语言对书写的大小写没有特殊限制。即不管在 SQL 语句中出现的是“FROM”还是“from”，意义都是一样的。

学号	姓名	出生日期
130101	王晓	1996-2 -3
130102	马丽娟	1996-10-10
130103	李小青	1996-4 -1
130104	刘华清	1996-4 -5
130105	张为	1995-4 -6
130106	吴小天	1995-8 -9
130207	贺龙云	1994-7 -8
130208	赵子曙	1994-12-20
130209	何文光	1996-2 -12
130210	陈杰	1995-4 -30
130211	徐少杰	1996-1 -1
130312	郭艳芳	1995-12-8

图 6-7 “查询 1”的查询结果

例 6.3 在“课程表”中，查询所有课程的基本信息。

```
SELECT 课程号,课程名,开课学期,学时,学分 FROM 课程表;
```

当查询结果中显示的字段是表或视图中所有的属性时，可以用“*”来表示所有显示字段。因此上面语句等价于：

```
SELECT  *  FROM 课程表;
```

操作过程同前例。语句输入如图 6-8 所示。

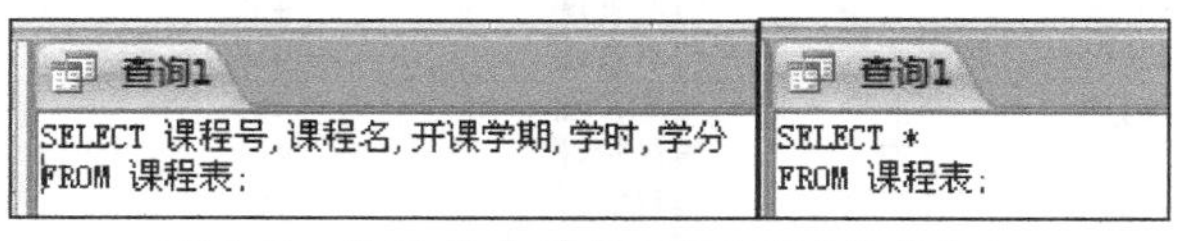

图 6-8　使用"*"等价于写出所有的字段名

例 6.4　在"教师档案表"中，查询教师所教专业。查询结果如图 6-9 所示。

```
SELECT 所在专业  FROM 教师档案表;
```

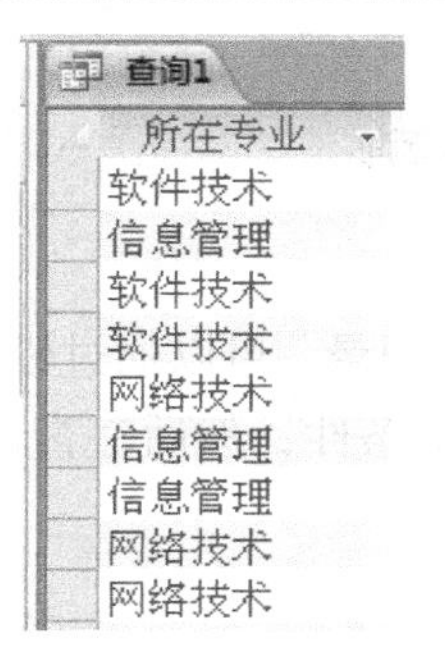

图 6-9　不使用 DISTINCT 关键字的查询结果

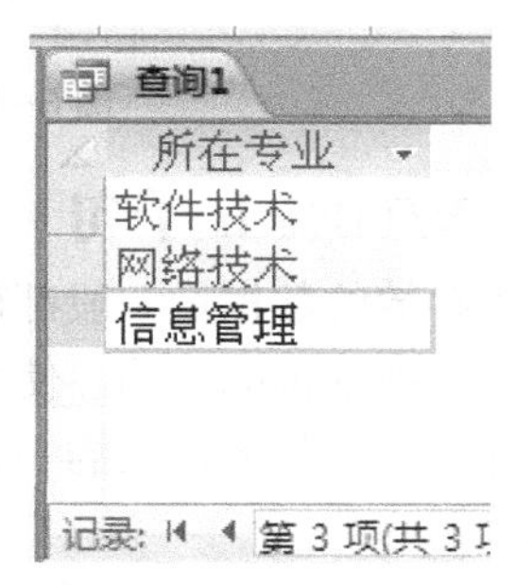

图 6-10　使用 DISTINCT 关键字的查询结果

如使用 DISTINCT 关键字，查询结果如图 6-10 所示。语句如下：

```
SELECT  DISTINCT 所在专业  FROM 教师档案表;
```

通过上例可以看出，当查询的结果只包含表的部分属性时，结果中可能出现重复的记录，使用 DISTINCT 关键字可以使重复的记录只保存一个。

例 6.5　在"教师档案表"中，查询出该表的前 5 条记录。其查询结果如图 6-11 所示。

```
SELECT TOP 5 *  FROM 教师档案表;
```

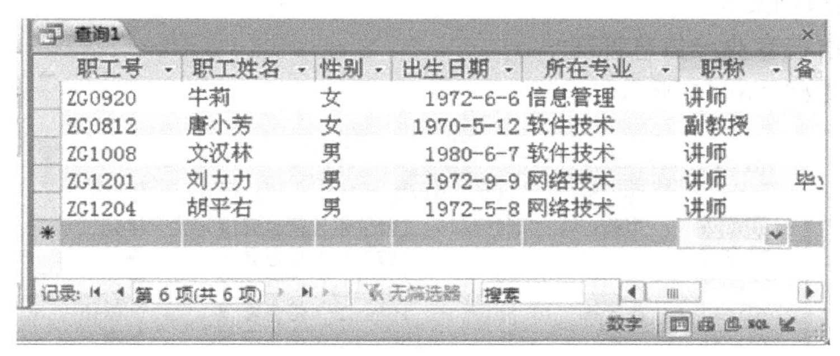

职工号	职工姓名	性别	出生日期	所在专业	职称	备
ZG0920	牛莉	女	1972-6-6	信息管理	讲师	
ZG0812	唐小芳	女	1970-5-12	软件技术	副教授	
ZG1008	文汉林	男	1980-6-7	软件技术	讲师	
ZG1201	刘力力	男	1972-9-9	网络技术	讲师	毕:
ZG1204	胡平右	男	1972-5-8	网络技术	讲师	

图 6-11　前 5 个学生的查询结果

例 6.6　在"学生档案表"中，查询出所有学生的学号、姓名、专业名、总分上减去 80 分后的字段。

```
SELECT 学号,姓名,专业名, 总分-80 AS 分数  FROM  学生档案表;
```

其查询结果如图 6-12 所示。

说明："AS"表示可以使用 AS 后面的字符串显示查询结果中字段的名称。

查询1

学号	姓名	专业名	分数
130101	王晓	信息管理	432
130102	马丽娟	信息管理	433
130103	李小青	信息管理	443
130104	刘华清	信息管理	461
130105	张为	信息管理	441
130106	吴小天	信息管理	462
130207	贺龙云	网络技术	421
130208	赵子曙	网络技术	426
130209	何文光	网络技术	462
130210	陈杰	网络技术	436
130211	徐少杰	网络技术	428

记录: 第 1 项(共 15 项 无筛选器 搜索

数字

图 6-12 结果中含有运算表达式的查询

6.2.2 WHERE 子句

数据库中存放的数据量一般都很大，要快速查找需要的记录，可以通过设置一定的条件，达到快速准确查找数据的目的。使用 WHERE 子句设置查询条件，然后在查询时根据条件查找出满足条件的记录是最常用的一种方法。

语法格式：

```
SELECT [ ALL | * | DISTINCT | TOP n ] 查询项1 [, 查询项2>…]
FROM 数据源
WHERE <条件表达式>
```

说明：WHERE 子句中给出的查询条件通常是一个条件表达式，可以使用逻辑运算符、关系运算而形成条件表达式。

例 6.7 在“教师档案表”中，查询出“信息管理”专业教师的所有信息。

```
SELECT *
FROM 教师档案表
WHERE 所在专业="信息管理";
```

其查询结果如图 6-13 所示。

查询1

职工号	职工姓名	性别	出生日期	所在专业	职称
ZG0920	牛莉	女	1972-6-6	信息管理	讲师
ZG1308	李子念	男	1970-1-1	信息管理	讲师
ZG1025	尚明明	女	1963-11-9	信息管理	教授
ZG1013	张子锋	男	1964-2-8	信息管理	副教授
ZG1146	王明	男	1965-12-3	信息管理	教授
ZG1230	周文	男	1969-5-11	信息管理	副教授

图 6-13 查询“信息管理”专业教师信息

例 6.8 在“学生档案表”中，查询出总分在 420 分以上的所有女生的姓名、专业名和总分。

```
SELECT 姓名，专业名，总分
FROM 学生档案表
WHERE 总分>420 AND 性别="女";
```

其查询结果如图 6-14 所示。

姓名	专业名	总分
马丽娟	信息管理	513
李小青	信息管理	523
郭艳芳	软件技术	507

图 6-14 查询姓名和专业

SQL 语句也允许在 WHERE 子句中使用特殊的运算符，SQL 中常用的特殊运算符见表 8-3。

例 6.9 在“学生档案表”中，查询出总分在 510～520 的学生的学号、姓名和总分。

- SELECT 学号，姓名
- FROM 学生档案表
- WHERE 总分 BETWEEN 510 AND 520；

相当于

- SELECT 学号，姓名
- FROM 学生档案表
- WHERE 总分 >=510 AND 总分<=520；

其查询结果如图 6-15 所示。

学号	姓名	总分
130101	王晓	512
130102	马丽娟	513
130210	陈杰	516
130313	李明明	514

图 6-15 总分查询

例 6.10 在“教师档案表”中，查询出所有姓“张”的教师的职工号、职工姓名、所在专业和职称。

- SELECT 职工号，职工姓名，所在专业，职称
- FROM 教师档案表
- WHERE 姓名 Like "张*";

其查询结果如图 6-16 所示。

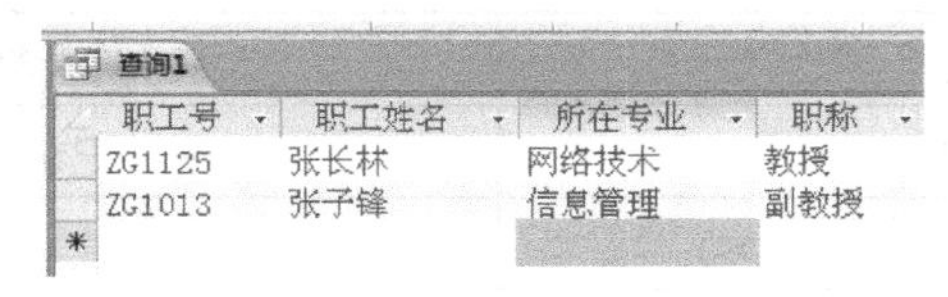

职工号	职工姓名	所在专业	职称
ZG1125	张长林	网络技术	教授
ZG1013	张子锋	信息管理	副教授

图 6-16 “张”姓教师查询

例 6.11 在“课程表”中，查询出“数据结构”、“关系数据库”或“网页设计”这些课程所对应的课程号。

- SELECT 课程号，课程名
- FROM 课程表
- WHERE 课程名 IN （"数据结构"，"关系数据库"，"网页设计"）;

其查询结果如图 6-17 所示。

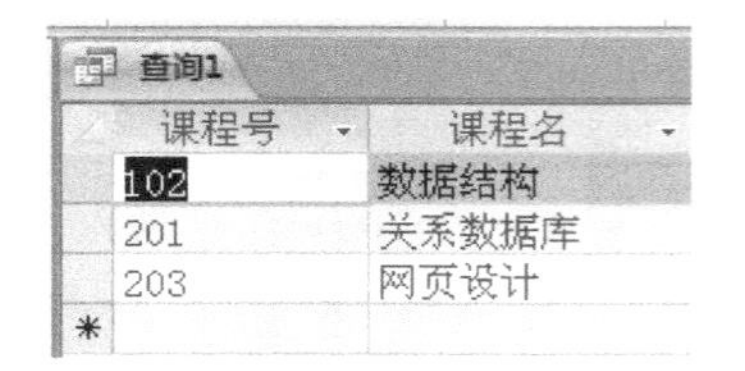

查询1

课程号	课程名
102	数据结构
201	关系数据库
203	网页设计

图 6–17　课程名查询

6.2.3　GROUP BY 子句

GROUP BY 子句控制查询结果中的记录按照一个字段或多个字段进行分组。分组后，或以使用HAVING关键字对查询结果进行过滤，以得到满足指定条件的组。WHERE与HAVING的区别是 WHERE 子句作用在表或视图上，而 HAVING 作用于组。

例 6.12 在“教师档案表”中，查询出该专业的教师人数超过 3 人的专业名及教师人数。

- SELECT 所在专业，count（*） AS 教师人数
- FROM 教师档案表
- GROUP BY 所在专业
- HAVING COUNT（*） > 3;

其查询结果如图 6–18 所示。

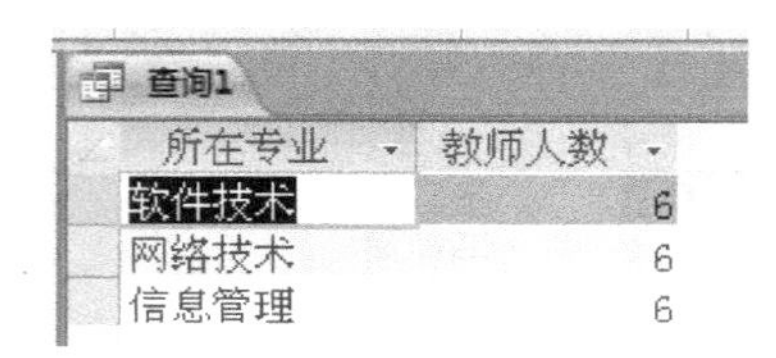

查询1

所在专业	教师人数
软件技术	6
网络技术	6
信息管理	6

图 6–18　分组查询

count（*）：是一个统计函数，统计记录的个数。

执行过程：SQL 语句首先将所有的记录按照“所在专业”字段值进行分组，在该字段上的值相同的记录分为一组，统计出每个组内记录的个数，即教师人数，然后将教师人数大于 3 的记录的“所在专业”和“教师人数”字段显示出来。

为对查询结果进行统计，SQL 语言提供了一些统计函数。SQL 中常用的统计函数及其含义见表 6–2。

表 6-2　常用统计函数

统计函数	含　义
COUNT（[DISTINCT|ALL] *）	统计记录的个数
COUNT（[DISTINCT|ALL]<字段名>）	统计该字段中值的个数
AVG（[DISTINCT|ALL]<字段名>）	计算该字段的平均值
MAX（[DISTINCT|ALL]<字段名>）	计算该字段的最大值
MIN（[DISTINCT|ALL]<字段名>）	计算该字段的最小值
SUM（[DISTINCT|ALL]<字段名>）	计算该字段值的总和

6.2.4　ORDER BY 子句

ORDER BY 子句按一个或多个字段排序查询结果，既可以是升序（ASC）排序，也可以

是降序（DESC）排序，默认为升序。ORDER BY 子句通常放在语句的最后。

语法格式：

```
ORDER BY 字段名1 [ASC|DESC][, 字段名2 [ASC|DESC]…]
```

例 6.13 在“教师档案表”中，查询全体教师的基本信息，查询结果按照“职称”降序排序，职称相同的按照“工资”升序排序。

- SELECT 职工号，职工姓名，职称，工资，所在专业
- FROM 教师档案表
- ORDER BY 职称 DESC，工资;

其查询结果如图 6-19 所示。

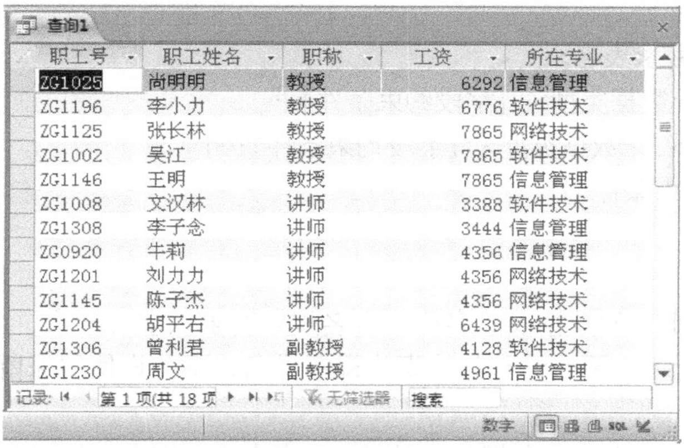

查询1

职工号	职工姓名	职称	工资	所在专业
ZG1025	尚明明	教授	6292	信息管理
ZG1196	李小力	教授	6776	软件技术
ZG1125	张长林	教授	7865	网络技术
ZG1002	吴江	教授	7865	软件技术
ZG1146	王明	教授	7865	信息管理
ZG1008	文汉林	讲师	3388	软件技术
ZG1308	李子念	讲师	3444	信息管理
ZG0920	牛莉	讲师	4356	信息管理
ZG1201	刘力力	讲师	4356	网络技术
ZG1145	陈子杰	讲师	4356	网络技术
ZG1204	胡平右	讲师	6439	网络技术
ZG1306	曾利君	副教授	4128	软件技术
ZG1230	周文	副教授	4961	信息管理

记录：第 1 项(共 18 项) 无筛选器 搜索

数字

图 6-19 排序查询

如果字段中存在空值，按升序排序时，含空值的字段排在最前面；反之，按降序排序时，含空值的字段排在最后面。如果字段中的值是汉字，排序的规则是按汉字的拼音顺序进行升降排序。

6.3 SQL 语句定义功能

任务 6.3 掌握 SQL 语句的定义功能。

SQL 语言的数据定义功能，即创建、修改和删除数据库的基本对象。如进行数据表、视图、索引的创建和修改等。本教材只介绍基本表的创建和修改。

6.3.1 CREATE 语句

使用 CREATE TABLE 语句创建数据表，创建时需要指定表名、字段名、字段的数据类型和小数位数等。常用的数据类型及其说明见表 6-3。

表 6-3 SQL 常用数据类型

数据类型	长　度	说　明
CHAR（n）	N	定长字符串，一个字符占用一个字节
INT	4	整型，可以表示-231～231-1 的数据
SMALL INT	2	短整型，可以表示-32 768～32 767 的数据

续表

数据类型	长　度	说　明
TINYINT	1	字节整型，可以表示 0～255 的数据
REAL	4	浮点数据，可以表示-3.4E+38～3.4E+38 的数据
FLOAT	8	浮点数据，可以表示-1.79E+308～1.78E+308 的数据
DATETIME	8	时间日期型
MONEY	8	货币，可以表示-263～263-1 的数据
IMAGE（n）	N	长度为 n 的定长的图形字符串

语法格式：

```
CREATE TABLE <表名>
(<字段名 1>  <数据类型> [字段约束条件]
   [，<字段 2>  <数据类型> [字段约束条件]…]
   [，<表级约束条件>]
  )
```

说明：

① 表名：是所定义的数据表的名称。命名规则要求以字母开头，由字母、数字、下划线等组成。大小写无关；不允许和其他表或视图重名；不允许使用保留字。最大长度为 30 个字符。

② 字段名：命名规则和表名相同，但同一个表中不允许含有相同的字段名。

③ 数据类型：定义字段的数据类型。

④ 约束条件：对字段或表设置的约束条件，用于在输入数据的时候对字段进行有效性检查。当多个字段需要设置相同的约束条件时，可以使用“表级完整性约束条件”。

最常见的约束有如下几种：

NOT NULL：该字段的值不能为空。

NULL：该字段的值可以为空。

UNIQUE：唯一性约束，字段的取值必须唯一，不能在同一个字段上出现重复值。

PRIMARY KEY：主键约束，该字段不能为空，同时取值必须唯一。

CHECK：限制字段的取值范围。

创建新表的时候，至少应包含一个字段，否则表的创建将失败。

例 6.14 在“教学管理”数据库中建立一个名为“学生选课表”的数据表。此表由“学号”、“姓名”、“专业名”、“课程号”、“课程名”、“学时数”6 个字段组成。其中“姓名”字段不能为空，“学号”字段为该表的主键。

操作步骤如下所示。

（1）打开“教学管理”数据库，单击“创建”选项卡下的“查询”命令组中的“查询设计”按钮。

（2）在弹出的“显示表”对话中不选择任何表，进入空白的查询“设计视图”。

（3）单击“查询类型”组中的“数据定义”按钮。

（4）在“SQL 视图”的空白区域输入如下 SQL 代码。此时视图如图 6-20 所示。

```
CREATE TABLE 学生选课表
( 学号 CHAR(10) PRIMARY KEY,
 姓名 CHAR(6) NOT NULL,
  专业名 CHAR(10),
  课程号 CHAR(5),
  课程名 CHAR(20),
  学时数 INT
  )
```

（5）单击“结果”组中的“运行”按钮，在导航区选择“表”区域，打开“学生选课表”，结果如图 6-21 所示。

（6）保存该数据定义查询，并将该查询命名为“创建学生选课表”。

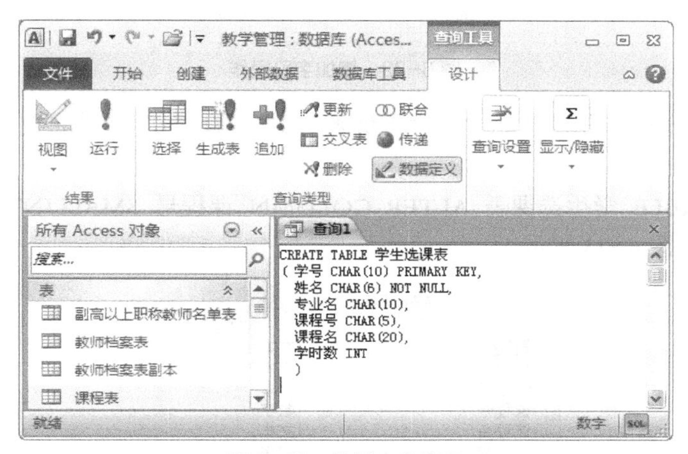

图 6-20　数据定义窗口

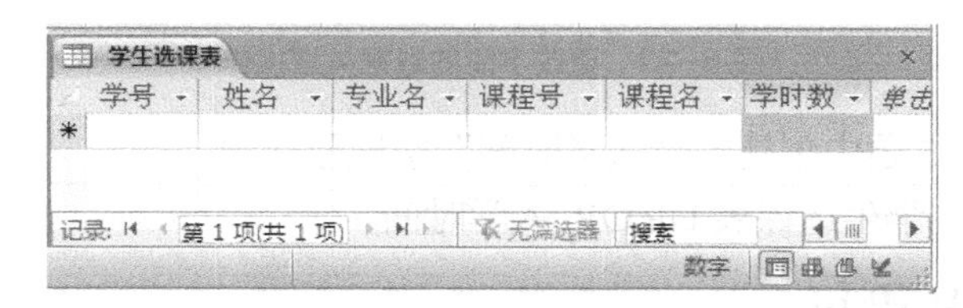

图 6-21　运行结果

6.3.2　ALTER 语句

当数据表创建好以后，就可以正常使用了。在某些发生变化的情况下，可能需要对已有的基本表进行修改，如添加或删除字段、修改字段的数据类型、增加完整性约束条件或删除原有的完整性约束条件等，可使用 ALTER 语句对数据表进行修改。

语法格式：

```
ALTER TABLE （表名）
[ADD <新字段名> <数据类型>[完整性约束条件]]
[ALTER [<COLUMN >]<字段名><新的数据类型>]
[DROP [<完整性约束条件> （<字段名>）]|[[COLUMN]<字段名> ] ]
```

说明：

① ADD：在数据表中添加一个新的字段。

② ALTER：修改表中原有字段的数据类型。

③ DROP：删除表中原有的字段或原有字段的数据类型。

例 6.15 在例 6.14 题创建的“学生选课表”中，增加一个“入学时间”字段，其数据类型为日期型。

ALTER TABLE 学生选课表 ADD 入学时间 DATETIME;

其操作结果如图 6-22 所示。不论原表中是否有数据，新增加的字段的值一律为空。

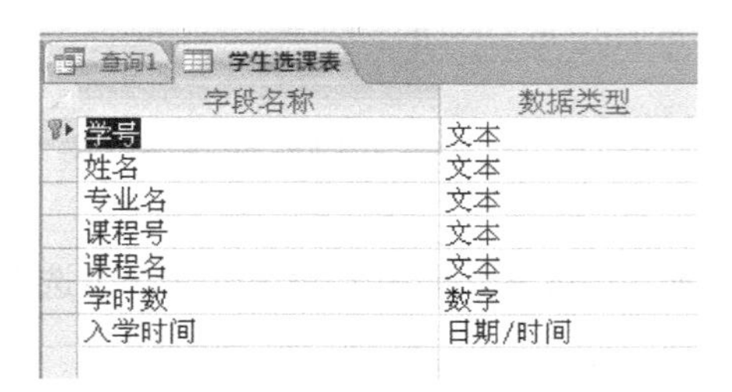

图 6-22 增加字段操作

例 6.16 将例 6.14 题创建的“学生选课表”中“课程号”字段的数据类型修改为“短整型”。

- ALTER TABLE 学生选课表 ALTER COLUMN 课程号 SMALLINT;

其操作结果如图 6-23 所示。

字段名称	数据类型
学号	文本
姓名	文本
专业名	文本
课程号	数字
课程名	文本
学时数	数字
入学时间	日期/时间

图 6-23 更改字段的数据类型操作

例 6.17 将例 6.15 题中创建的“入学时间”字段删除掉。

- ALTER TABLE 学生选课表 DROP 入学时间

6.3.3 DROP 语句

当数据库中的某个数据表不再需要时，使用 DROP TABLE 语句将其删除。

语法格式：

- DROP TABLE <表名>

例 6.18 将例 6.14 题创建的“学生选课表”删除。

- DROP TABLE 学生选课表;

6.4 数据操作

任务 6.4 掌握 SQL 语句的操纵数据的功能。

SQL 语言的数据操作也称为数据存储操作，主要包括数据插入、数据修改和数据删除三种。

6.4.1 INSERT 语句

刚刚创建好的数据表是空表，需要往表中插入数据才能供用户使用。使用 INSERT 语句实现向数据表中插入数据的操作。

语法格式：

```
INSERT  INTO <表名> [(<字段名1>, <字段名2>, …<字段名n>)]
VALUES (<字段值1>, <字段值2>, …<字段值n>)
```

说明：

① 表名：准备要插入记录的数据表的名字。

② <字段名1>，<字段名2>，…<字段名n>：需要添加记录值的字段名列表。

③ <字段值1>，<字段值2>，…<字段值n>：和字段名对应的要添加的字段的值。若字段名都省略，则新插入的记录必须在指定表的每个记录上都有值；若字段名部分省略，字段值按给定的字段名的顺序依次插入。

例 6.19 在“课程表”中，插入一条记录（“307”，“网络数据库”，2，64，6）。

- INSERT INTO 课程表（课程号,课程名,开课学期,学时,学分）
- VALUES（“307”，“网络数据库”，2，64，6）;

单击“运行”按钮后，系统出现如图 6-24 所示的提示，单击“是”完成插入操作。其操作结果如图 6-25 所示。

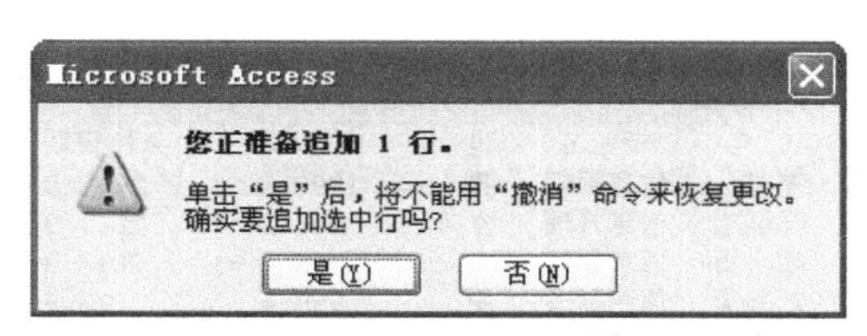

图 6-24 插入操作时的系统提示信息

查询1　课程表

课程号	课程名	开课学期	学时	学分
101	计算机基础	1	72	7
102	数据结构	1	72	7
103	英语	1	64	6
104	体育	1	36	3
201	关系数据库	2	64	6
202	JAVA	2	64	6
203	网页设计	2	54	5
204	用户界面设计	2	56	5
205	网站开发	2	56	5
301	VB	3	72	7
302	J2EE	3	72	7
303	UML	3	64	6
304	移动应用开发	3	82	8
305	综合项目设计	3	90	9
307	网络数据库	2	64	6

图 6-25 记录插入操作

使用 VALUES 子句对新记录的各个字段赋值，字符型数据用引号括起来。若插入语句，没有在 “备注”字段上给定值，则系统会自动添加一个空值。如果在定义表的时候，指明此字段不能为空，则在添加新记录时，此字段也不能为空，否则插入操作将失败。

例 6.20 在“学生成绩表”中添加一条记录（“130101”，“307”，92）。

- INSERT
- INTO 成绩表
- VALUES ('130101','307',92);

与上例不同的是，在 INTO 子句中只给出了表名，没有指定字段名，这表明新的记录要在表的所有记录上都指定一个值。

6.4.2 UPDATE 语句

使用 UPDATE 语句对记录进行更新，即是对表中已经存在的数据进行修改。

语法格式：

```
UPDATE  <表名>
SET  <字段名 1>=<表达式 1>[,<字段名 2>=<表达式 2>…]
[ WHERE  <条件> ]
```

说明：对表中满足 WHERE 子句给定条件的记录进行修改。用 SET 子句将表达式的值作为对应字段的新值，如果 WHERE 子句省略，则更新指定表中的所有记录的对应字段。

例 6.21 将“学生档案表”中所有学生的总分增加 30 分。

- UPDATE 学生档案表
- SET 总分=总分+30

其操作结果如图 6-26 所示。

学号	姓名	专业名	性别	出生日期	入校日期	总分
130101	王晓	信息管理	男	1996-2 -3	2013-9-15	542
130102	马丽娟	信息管理	女	1996-10-10	2013-9-15	543
130103	李小青	信息管理	女	1996-4 -1	2013-9-15	553
130104	刘华清	信息管理	男	1996-4 -5	2013-9-15	571
130105	张为	信息管理	男	1995-4 -6	2013-9-15	551
130106	吴小天	信息管理	男	1995-8 -9	2013-9-15	572
130207	贺龙云	网络技术	男	1994-7 -8	2013-9-15	531
130208	赵子曙	网络技术	男	1994-12-20	2013-9-16	536
130209	何文光	网络技术	男	1996-2 -12	2013-9-15	572
130210	陈杰	网络技术	男	1995-4 -30	2013-9-17	546
130211	徐少杰	网络技术	男	1996-1 -1	2013-9-16	538
130312	郭艳芳	软件技术	女	1995-12-8	2013-9-18	537
130313	李明明	软件技术	男	1994-4 -8	2013-9-15	544
130314	卢锋	软件技术	男	1995-7 -6	2013-9-16	557
130315	徐明林	软件技术	男	1995-5 -25	2013-9-17	539

图 6-26 更新操作

例 6.22 在“学生成绩表”中，将所有学生的“203”这门课的成绩加上 5 分。

- UPDATE 学生成绩表
- SET 分数=分数+5
- WHERE 课程号="203"

6.4.3 DELETE 语句

数据表中的某些记录不再需要的时候，用 DELETE 语句删除。

语法格式：

- DELETE
- FROM 表名
- [WHERE 条件]

其功能是：删除指定表中满足 WHERE 条件的那些记录，如果省略 WHERE 子句，表示删除指定表中的所有记录。这样做的结果非常危险，应谨慎操作。建议在做删除操作前先做一个备份，若误删除了，还可以将数据找回。

例 8.23 删除“教师档案表”中姓名为“李小力”的教师的记录。

- DELETE
- FROM 教师档案表
- WHERE 职工姓名= “李小力”;

6.5 实验——建立图书管理系统

1．建立一个“图书管理系统”数据库，利用数据定义功能，定义下面四个表。

表 6-4 “学生基本信息”表结构

字段名称	字段类型	字段大小	是否关键字
学　　号	文本	10	是
姓　　名	文本	10	
性　　别	整型	2	
学院代号	文本	2	
学院名称	文本	10	
电话号码	文本	15	
照　　片	OLE 对象		

表 6-5 “图书基本信息”表结构

字段名称	字段类型	字段大小	是否关键字
图书编号	文本	10	是
图书名称	文本	30	
作　　者	文本	10	
出 版 社	文本	20	
购买日期	日期/时间		
借阅次数	整型		
是否借出	是/否		

表 6-6 “学院名称”表结构

字段名称	字段类型	字段大小	是否关键字
学院代号	文本	2	是
学院名称	文本	10	

表 6-7　“图书借阅信息记录”表结构

字段名称	字段类型	字段大小	是否关键字
学　　号	文本	10	是
图书编号	文本	10	是
借阅日期	日期/时间	15	
归还日期	日期/时间	20	

操作步骤如下所示。

（1）创建“图书管理系统”数据库。

（2）单击“创建”选项卡下的“查询设计”按钮。

（3）在弹出的“显示表”对话中不选择任何表，进入空白的查询“设计视图”。

（4）单击“查询类型”组中的“数据定义”按钮。

（5）定义“学生基本信息”。在“SQL 视图”的空白区域输入如下 SQL 代码。

```
CREATE TABLE 学生基本信息
(学号 CHAR(10) PRIMARY KEY,
 姓名 CHAR(10),
 性别 CHAR(2),
 学院代号 CHAR(2),
 学院名称 CHAR(10),
 电话号码 CHAR(15),
 照片 IMAGE
);
```

（6）单击“结果”组中的“运行”按钮。

（7）保存该数据定义查询，并将该查询命名为“创建学生基本信息数据表”。

（8）定义“图书基本信息”表。在“SQL 视图”的空白区域输入如下 SQL 代码。然后运行并保存该查询为“创建图书基本信息数据表”。

```
CREATE TABLE 图书基本信息
(图书编号 CHAR(10) PRIMARY KEY,
 图书名称 CHAR(30),
 作者 CHAR(10),
 出版社 CHAR(20),
 购买日期 TIME,
 借阅次数 INT,
 是否借出 YESNO
)
```

（9）定义“学院名称”表。在“SQL 视图”的空白区域输入如下 SQL 代码。然后运行并保存该查询为“创建学院名称表”。

```
CREATE TABLE 图书分类名称
(学院代号 CHAR(2)PRIMARY KEY,
```

```
    学院名称 CHAR(10)
    )
```

（10）定义“图书借阅信息记录”表。在“SQL 视图”的空白区域输入如下 SQL 代码。然后运行并保存该查询为“创建图书借阅信息记录表”。

```
CREATE TABLE 图书借阅信息记录
(学号 CHAR(10) ,
 图书编号 CHAR(10),
 借阅日期 TIME,
 归还日期 TIME,
 PRIMARY KEY(学号,书籍编号)
)
```

2.给“学生基本信息”表增加一个“备注”字段，该字段的数据类型及大小是 char(255)。

操作步骤如下所示。

（1）在“SQL 视图”的空白区域输入如下 SQL 代码。

```
ALTER TABLE 学生基本信息
ADD 备注 CHAR(255);
```

（2）单击“结果”组中的“运行”按钮。

（3）保存查询为“添加字段”。

3．删除“学生基本信息”表中新增的“备注”字段。

操作步骤如下所示。

（1）在“SQL 视图”的空白区域输入如下 SQL 代码。

```
ALTER TABLE 学生基本信息
DROP COLUMN 备注;
```

（2）单击“结果”组中的“运行”按钮。

（3）保存查询为“删除字段”。

4．将下列数据“("230704","邱敏雄",1,"06","计算机学院","13876512849")”添加到“学生基本信息”表中。

操作步骤如下所示。

（1）在“SQL 视图”的空白区域输入如下 SQL 代码。

```
INSERT  INTO 学生基本数据(学号,姓名,性别,学院代号,学院名称,电话)
VALUES("230704","邱敏雄",1,"06","计算机学院","13876512849");
```

（2）单击“结果”组中的“运行”按钮，在弹出的对话框中单击“是”按钮。

（3）保存该查询为“增加记录”。

5．在“学生基本信息”表中，删除学号为“230704”的记录。

操作步骤如下所示。

（1）在“SQL 视图”的空白区域输入如下 SQL 代码。

```
DELETE
FROM 学生基本信息
WHERE  学号="230704"
```

（2）单击“结果”组中的“运行”按钮，在弹出的对话框中单击“是”按钮。

（3）保存该查询为“删除记录”。

6．在“学生基本信息”表中，查询 “计算机学院”学生的基本信息。

操作步骤如下所示。

（1）单击“创建”选项卡下的“查询设计”按钮。

（2）在弹出的“显示表”对话中不选择任何表，进入空白的查询“设计视图”。

（3）单击“结果”组中的“SQL 视图”。

（4）在“SQL 视图”的空白区域输入如下 SQL 代码。

```
SELECT *
FROM 学生基本信息
WHERE 学院名称="计算机学院" ;
```

（5）单击“结果”组中的“运行”按钮，进入该查询的“数据表视图”，显示查询结果。

（6）单击“快速访问工具栏”内的“保存”按钮，保存该查询为“计算机学院学生基本信息”。

7．在“学生基本信息”表中，查询出姓“郭”且名字只有两个字组成的学生的“学号”和“电话号码”。

操作步骤如下所示。

（1）在“SQL 视图”的空白区域输入如下 SQL 代码。

```
SELECT 学号,姓名,电话号码
FROM 学生基本信息
WHERE 姓名 LIKE "郭??" ;
```

（2）单击“结果”组中的“运行”按钮，进入该查询的“数据表视图”，显示查询结果。

（3）保存该查询为“郭姓查询”。

8．在“学生基本信息”表中，统计查询出每个学院学生的人数，并按照学院代码降序排序。

操作步骤如下所示。

（1）在“SQL 视图”的空白区域输入如下 SQL 代码。

```
SELECT 学院名称,count(*) AS 总人数
FROM 学生基本信息
GROUP BY 学院名称
order by 学院代码 DESC;
```

（2）单击“结果”组中的“运行”按钮，进入该查询的“数据表视图”，显示查询结果。

（3）保存该查询为“学院人数统计查询”。

练习与思考

一、选择题

1. 在 SQL 查询语句中，From 子句指出的是（　　）。

A. 查询视图　　B. 查询数据源

C. 查询条件　　D. 查询结果

2. 设在学生档案表中有120条记录，要筛选总分在前10名的同学，应使用（　　）。
   A. TOP　120-10　　B. TOP 10
   C. TOP　110　　D. TOP 10 PERCENT
3. 在SQL查询语句中，Where子句指出的是（　　）。
   A. 查询视图　　B. 查询数据源
   C. 查询条件　　D. 查询结果
4. SQL语言是一种常用的（　　）。
   A. 宿主语言　　B. 结构化查询语言
   C. 编程语言　　D. 高级语言
5. UPDATE语句的功能是（　　）。
   A. 数据定义　　B. 数据查询功能
   C. 修改列的属性　　D. 修改列的内容
6. 交叉表必须配备的功能是（　　）。
   A. 参数　　B. 总计
   C. 上限值　　D. 范围
7. 下列哪条语句不属于SQL数据操纵功能范围（　　）。
   A. SELECT　　B. CREATE TABLE
   C. DELETE　　D. INSERT
8. 下列函数中，能够获取指定字段中最大值的函数是（　　）。
   A. Max　　B. Sum
   C. Min　　D. Count
9. SQL语言中，能实现数据检索的语句是（　　）。
   A. SELECT　　B. INSERT
   C. UPDATE　　D. DELETE
10. 下列不属于数据定义功能的SQL语句的是（　　）。
   A. CREATE TABLE　　B. UPDATE
   C. ALTER TABLE　　D. DELETE

二、问答题

1. 简述SQL语言的主要特点。
2. 对于“教学管理”数据库的三个基本表，用SQL语句写出下列语句。

（1）在“学生档案表”中，查询全体学生的基本情况，查找结果按照所在专业升序排列，同一专业的学生按照总分降序排列。

（2）查询出年龄在20～31岁（包括20岁和31岁）之间的学生的姓名、系别和年龄。

（3）把选修了“数学结构”课且不及格的学生的成绩全改为空值。

（4）查询出“信息管理”专业或者是“软件技术”专业或者是“网络技术”专业的学生姓名、性别、专业名。

（5）查询出年龄大于20岁的女学生的学号和姓名。

（6）统计有学生选修的课程门数。

（7）将“刘”老师相关信息全部删去。

（8）在“学生成绩表”中查询出成绩为空值的学生学号和课程号。

（9）查询出“吴”姓老师所授课程的课程号和课程名。

（10）往“学生档案表”中插入一个学生记录（“130125”，“马超”，“软件技术”）。

（11）在“学生成绩表”中删除尚无成绩的记录。

PART 7

第7章 设计和创建窗体

任务与目标

1. 任务描述

本章主要学习利用 Access 2010 关系数据库系统设计和创建窗体。了解 ACCESS2010 窗体的基本概念，几种常用的创建窗体方法，窗体外观设置以及如何使用窗体。

2. 任务分解

任务 7.1 了解窗体的概念、基本类型及组成。

任务 7.2 利用 Access 2010 向导、自动功能创建窗体及其主/子窗体。

任务 7.3 利用 Access 2010 设计视图自定义窗体。

任务 7.4 学习窗体的使用方法。

3. 学习目标

目标 1：熟练掌握窗体的含义、基本类型、各种不同视图及组成。

目标 2：熟练掌握使用 Access 2010 创建不同类型窗体的方法。

目标 3：熟练掌握使用 Access 2010 设计视图创建窗体的方法。

目标 4：熟练掌握使用窗体。

7.1 认识窗体

任务 7.1 了解窗体的概念、基本类型及组成。

窗体是数据库三大对象之一，在整个数据库系统中起到至关重要的作用。在介绍窗体的创建方法以前，我们先来了解关于窗体的一些基本概念。

7.1.1 窗体的概念

在应用程序中，窗体是程序运行时的 Windows 界面，是用户与数据库之间的桥梁。通过窗体用户可以方便地输入数据、编辑数据、筛选和浏览数据，还可以对数据进行排序。窗体可以将整个数据库组织起来，构成完整的数据库应用系统。但是窗体并不保存数据，数据只保存在数据表中，窗体运行时需要从数据表或查询中获取数据。

窗体的主要功能如下。

（1）编辑显示和修改数据。通过窗体可以直观地显示表或查询的数据，可以利用窗体对数据库中的相关数据进行输入、编辑或显示来自数据源的数据。

（2）应用程序控制。窗体是应用程序的重要组成部分。一般由窗体来提供程序和用户之间的信息交互界面及一些简单的操作任务，而实际的任务由程序代码来完成。窗体上可设置操作应用程序所需的命令按钮、标签以及其他控件，控制应用程序流。

7.1.2　窗体分类

在 ACCESS 2010 里，提供了多种窗体类型，按照其功能可分为以下几种。

（1）基本窗体。最常见的窗体，主要用来数据的输入、显示、编辑等。

（2）主/子窗体。数据来源包含有主表和子表关系的窗体。如图 7-1 所示。

（3）数据透视表窗体。是以行、列和交叉点统计分析数据的交叉表格。

（4）图表窗体。以图表的方式显示数据的窗体。

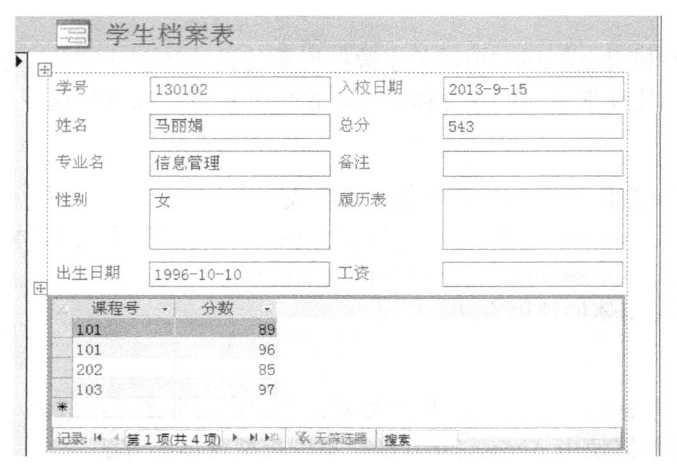

图 7-1　主/子窗体

7.1.3　窗体视图

窗体与表和查询一样，也有多种视图。

打开任一窗体，单击“开始”选项卡的“视图”按钮，弹出窗体视图选择菜单，如图 7-2 所示。

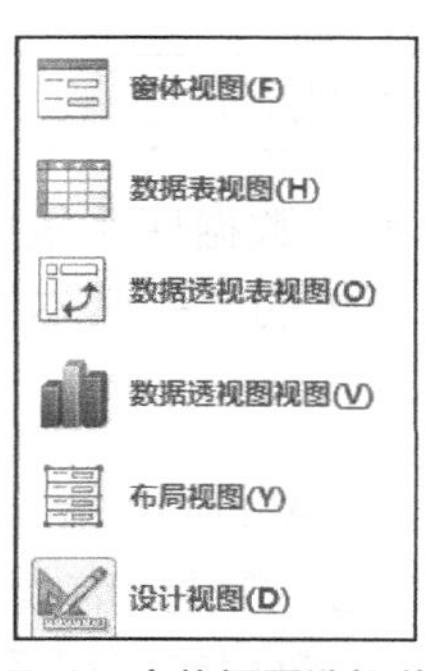

图 7-2　窗体视图选择菜单

下面我们对这四种常用的视图进行简单的说明。

1．窗体视图

窗体视图是最常用的一种视图，用来显示数据源中的数据。通过这种视图可以查看、添加和修改数据，如图 7-3 所示。

课程表
课程表
课程号 101
课程名 计算机基础
开课学期 1
学时 72
学分 7

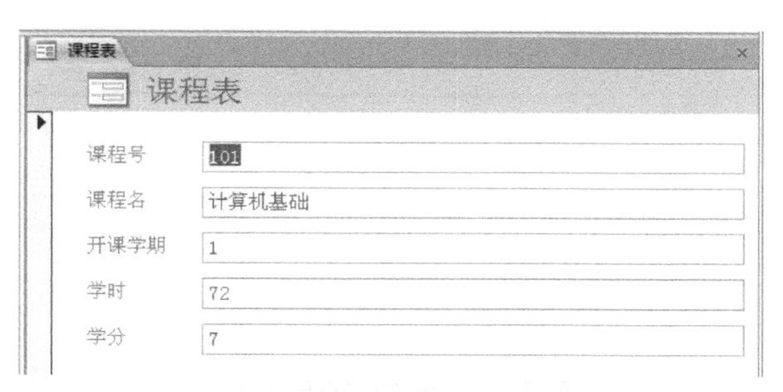

图 7-3 窗体的“窗体视图”

2．数据表视图

数据表视图是以行和列的形式一次显示数据表中的多条记录。通过该视图可以查看、编辑、添加、删除数据，如图 7-4 所示。

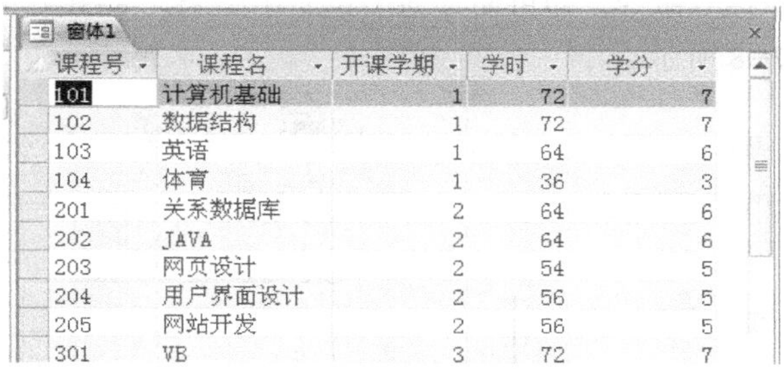

窗体1
课程号 课程名 开课学期 学时 学分
101 计算机基础 1 72 7
102 数据结构 1 72 7
103 英语 1 64 6
104 体育 1 36 3
201 关系数据库 2 64 6
202 JAVA 2 64 6
203 网页设计 2 54 5
204 用户界面设计 2 56 5
205 网站开发 2 56 5
301 VB 3 72 7

图 7-4 窗体的“数据表视图”

3．设计视图

设计视图是在设计窗体时使用的，通常用来设计和修改窗体的结构布局和外观形象，设计比较复杂的窗体，通常都要使用设计视图，如图 7-5 所示。

课程表
窗体页眉
课程表
主体
课程号 课程号
课程名 课程名
开课学期 开课学期
学时 学时
学分 学分

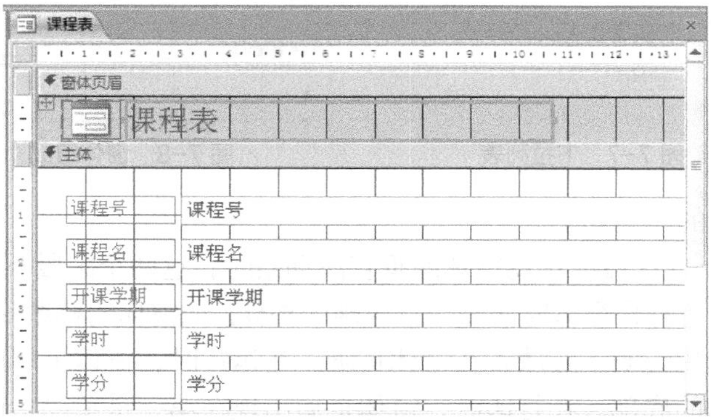

图 7-5 窗体的“设计视图”

4．布局视图

“布局视图”和“窗体视图”显示的外观非常相似。不同的是，在“布局视图”内可以进行几乎所有需要的修改。由于在修改窗体的同时可以看到数据，因此，它是用于修改窗体最

直观的视图。有些任务不能在布局视图中执行，需要切换到设计视图执行，此时 Access 会显示一条消息，通知用户必须切换到设计视图才能进行特定的修改，如图 7-6 所示。

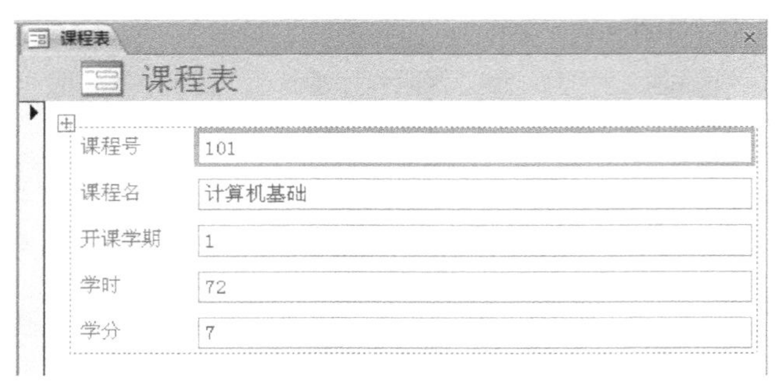

图 7-6　窗体的“布局视图”

7.1.4　窗体组成

窗体一般由窗体页眉、窗体页脚、主体、页面页眉和页面页脚共 5 部分组成，每一部分称为一个“节”。一般在“设计视图”内创建的窗体只包含“主体”节。在主体节的空白处右击，在下拉列表内选择相应命令，即可使其他节也显示出来，如图 7-7 所示。所有节都显示出来的窗体效果如图 7-8 所示。

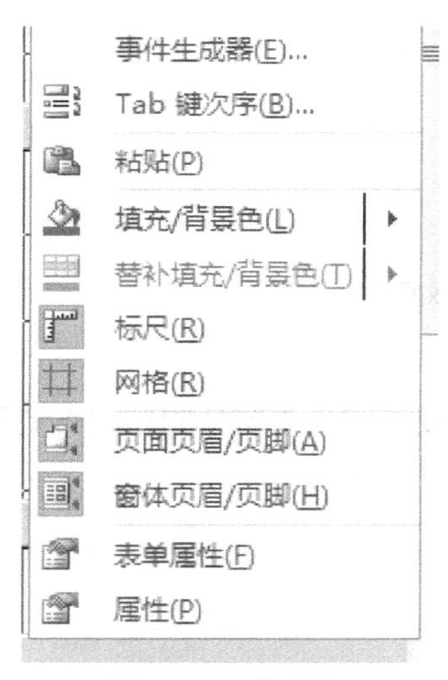

图 7-7　下拉列表

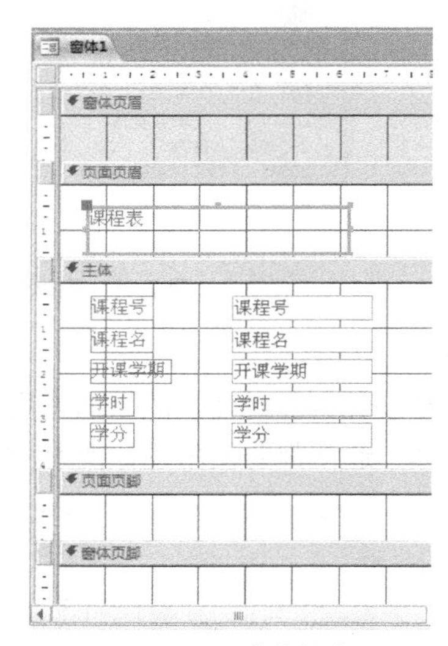

图 7-8　窗体组成

窗体各组成部分的作用如下。

窗体页眉/页脚：此区段在拖动窗体的垂直滚动条时，这两个区段不会跟着卷动。所以，此区段主要是用来放置操作窗体时必须一直出现的控件。如窗体的标题一般放置在窗体页眉，命令按钮或窗体的使用说明一般放置在窗体页脚。在运行时，窗体页眉出现在屏幕的顶部，窗体页脚出现在窗体的底部。在打印时，窗体页眉出现在第一页顶部，窗体页脚出现在主体节后最后一条记录之后。

主体：此区段是用来显示记录的，所有显示数据的控件都要放在本区段。且这部分（节）是窗体必须具有的部分。

页面页眉/页脚：主要用于在打印窗体时，在每页窗体的页面页眉/页面页脚必须出现的信息，所以本区域常用来显示印表日期、页码或统计资料。页面页眉中还可以放置列标题等。

7.2 创建窗体

任务 7.2 利用 Access 2010 向导、自动功能创建窗体及其主/子窗体。

在 Access 2010 中，提供了较多的创建窗体的方法。其自动方式创建窗体，添加了智能化功能，极大地方便了用户的使用。

从应用的程序的“创建”选项卡下的“窗体”组内可以看到创建窗体的方法。如图 7-9 所示。

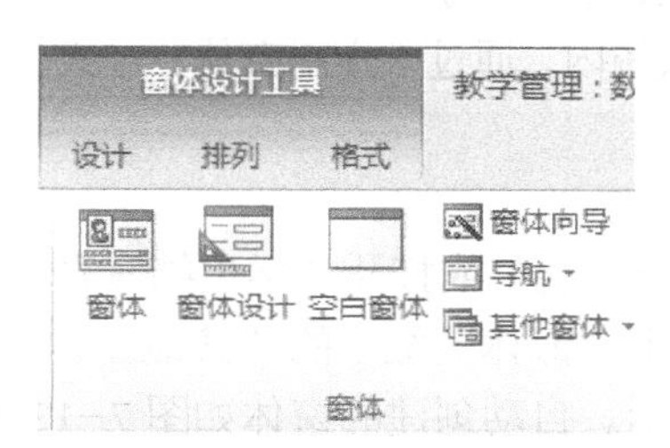

图 7-9 创建窗体的方法

7.2.1 自动方式创建窗体

使用“窗体”、“分割窗体”、“多个项目”等工具自动创建窗体。

1. 窗体

利用打开或选定的数据库内的表或查询自动创建一个窗体。

例 7.1 在“教学管理”系统内，通过“窗体”方式，用“教师档案表”创建一个“教师档案表”窗体。

操作步骤如下所示。

（1）打开“教学管理”系统，选中“教师档案表”。

（2）单击“创建”选项卡下“窗体”组中的“窗体”按钮，自动创建的窗体如图 7-10 所示。

（3）以默认名字保存该窗体。

窗体自动创建好后，就进入该窗体的“布局视图”。在该视图内可以进行调整控件的位置、删除控件、更改字体等操作。

教师档案表

职工号	ZG0812	备注	
职工姓名	唐小芳	照片	
性别	女	履历表	
出生日期	1970-5-12	工资	6292
所在专业	软件技术	任教课程	101
职称	副教授		

图 7-10 使用“窗体”方式创建“教师档案表”

如果 Access 发现某个表与用户用于创建窗体的表或查询具有一对多关系，Access 将向基于相关表或相关查询的窗体中添加一个数据表。例如，如果创建一个基于“学生档案表”的简单窗体，“学生档案表”和“学生成绩表”之间已经定义了一对多关系，则数据表将显示“学生档案表”中与当前的“学生成绩表”中记录有关的所有记录。如图 7-1 所示。如果用户确定不需要该数据表，可以将其从窗体中删除。如果有多个表与用户用于创建窗体的表具有一对多关系，Access 将不会向该窗体中添加任何数据表。

2．分割窗体

利用打开或选定的数据库内的表或查询自动创建一个分割窗体。创建好的窗体分为上下两部分，分别以两种视图显示，上半部分是以“窗体视图”显示，下半部分是以“数据表视图”显示。这上、下两部分的数据源相同。

例 7.2　在“教学管理”系统内，通过“分割窗体”方式，用“学生档案表”创建一个“学生档案表”窗体。

操作步骤如下所示。

（1）打开“教学管理”系统，选中或打开“学生档案表”。

（2）单击“创建”选项卡下“窗体”组中的“其他窗体”按钮，从弹出的下拉列表中选中“分割窗体”，如图 7-11 所示。自动创建的窗体如图 7-12 所示。

（3）以“学生档案表”为名，保存该窗体。

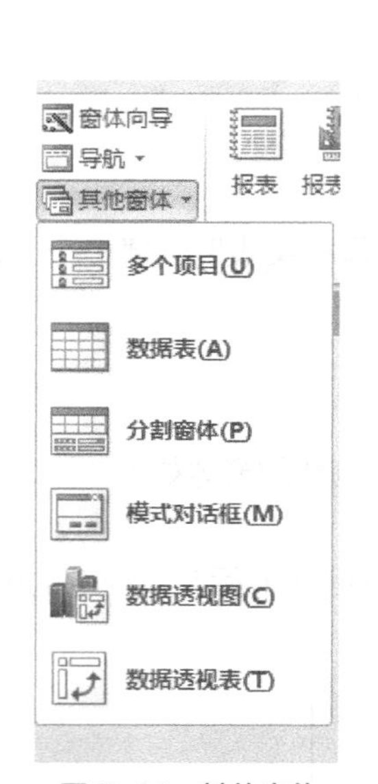

图 7-11　其他窗体

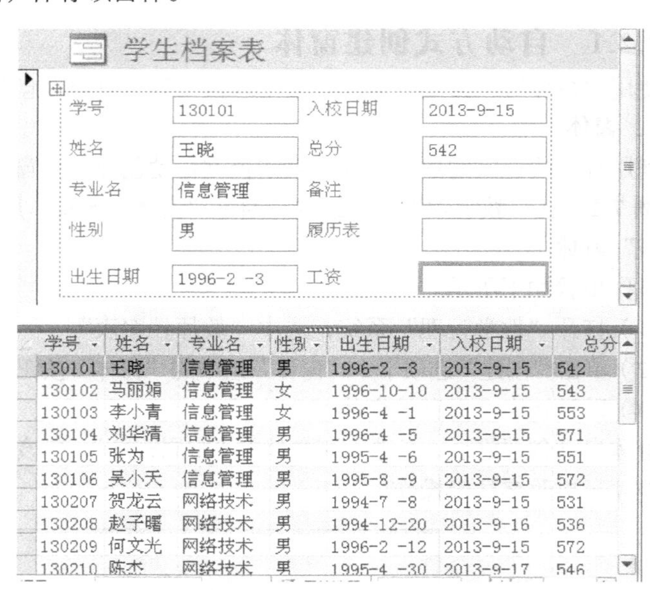

图 7-12　使用“分割窗体”方式创建“学生档案表”窗体

分割窗体工具创建的窗体的特点是，如果在窗体的一个部分中选择了一个字段，则会在窗体的另一部分中选择相同的字段。可以在任一部分中添加、编辑或删除数据。

利用分割窗体工具创建的窗体，可以在一个窗体中同时利用两种窗体视图的不同优势。例如，可以使用窗体的数据表部分快速定位记录，然后使用窗体部分查看或编辑记录。

3．多个项目

与上述两种自动创建窗体方法不同的是，多个项目工具创建的是一次能显示多个记录的窗体，而上面两种方法创建的窗体，一次只能显示一个记录。

例 7.3 在“教学管理”系统内，通过“多个项目”方式，用“学生档案表”创建一个“学生档案表 3”窗体。

操作步骤如下所示。

（1）打开“教学管理”系统，选中或打开“教师档案表”。

（2）单击“创建”选项卡下“窗体”组中的“其他窗体”按钮，从弹出的下拉列表中选中“多个项目”，自动创建的窗体如图 7-13 所示。

（3）以“学生档案表 3”为名，保存该窗体。

学生档案表

学号	姓名	专业名	性别	出生日期	入校日期	总分	备
130101	王晓	信息管理	男	1996-2 -3	2013-9-15	542	
130102	马丽娟	信息管理	女	1996-10-10	2013-9-15	543	
130103	李小青	信息管理	女	1996-4 -1	2013-9-15	553	
130104	刘华清	信息管理	男	1996-4 -5	2013-9-15	571	
130105	张为	信息管理	男	1995-4 -6	2013-9-15	551	
130106	吴小天	信息管理	男	1995-8 -9	2013-9-15	572	
130207	贺龙云	网络技术	男	1994-7 -8	2013-9-15	531	
130208	赵子曙	网络技术	男	1994-12-20	2013-9-16	536	
130209	何文光	网络技术	男	1996-2 -12	2013-9-15	572	
130210	陈杰	网络技术	男	1995-4 -30	2013-9-17	546	
130211	徐少杰	网络技术	男	1996-1 -1	2013-9-16	538	
130312	郭艳芳	软件技术	女	1995-12-8	2013-9-18	537	
130313	李明明	软件技术	男	1994-4 -8	2013-9-15	544	
130314	卢锋	软件技术	男	1995-7 -6	2013-9-16	557	
130315	徐明林	软件技术	男	1995-5 -25	2013-9-17	539	

图 7-13 使用“多个项目”方式创建“教师档案表 2”

利用多个项目自动创建窗体工具，创建的窗体类似于数据表。数据排列成行和列的形式，用户一次可以查看多个记录。但是，多项目窗体提供了比数据表更多的自定义选项，例如添加图形元素、按钮和其他控件的功能。

由此可见，Access 2010 有着强大的自动创建窗体功能。一般情况下，可以先用它来自动创建窗体，然后再修改窗体，使之符合客户的需求。

7.2.2 使用向导创建窗体

自动方式创建的窗体简单，且格式固定，创建窗体时无法进行自主设置，来自数据源的所有字段都放置在窗体上。

使用向导创建窗体，可以选择哪些字段显示在窗体上，能够指定数据的组合和排序方式。并且，若之前指定了表与查询之间的关系，可以使用来自多个表或查询的字段。

以创建“教师档案”窗体为例，说明使用向导创建窗体的基本步骤。

例 7.4 在“教学管理”数据库中，使用“教师档案表”作为数据源，采用“窗体向导”创建“教师档案”窗体。

操作步骤如下所示。

（1）打开“教学管理”数据库，选中“教师档案表”。

（2）单击“创建”选项卡下的“窗体”命令组中的“窗体向导”命令，弹出“窗体向导”对话框，如图 7-14 所示。

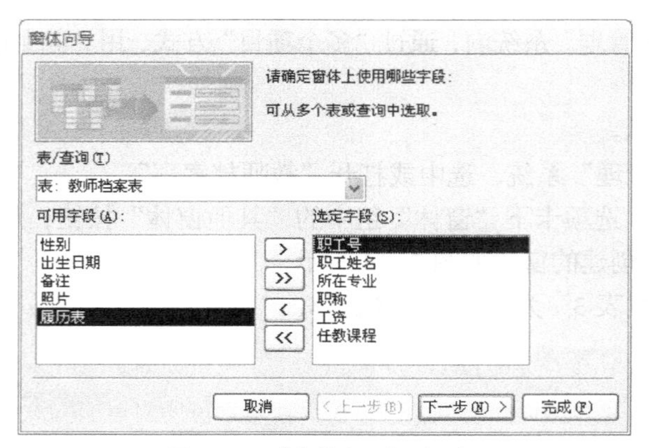

图 7-14 “窗体向导”对话框

（3）在“可用字段”列表框中列出了“教师档案表”中的所有字段。

（4）在“可用字段”列表框中选择要用的字段到“选定字段”列表框中。如图 7-14 所示。

（5）单击“下一步”按钮，弹出选择窗体布局的对话框。这里提供了四种布局方式：“纵栏表”、“表格”、“数据表”、“两端对齐”方式。在这里我们选择“纵栏表”，如图 7-15 所示。

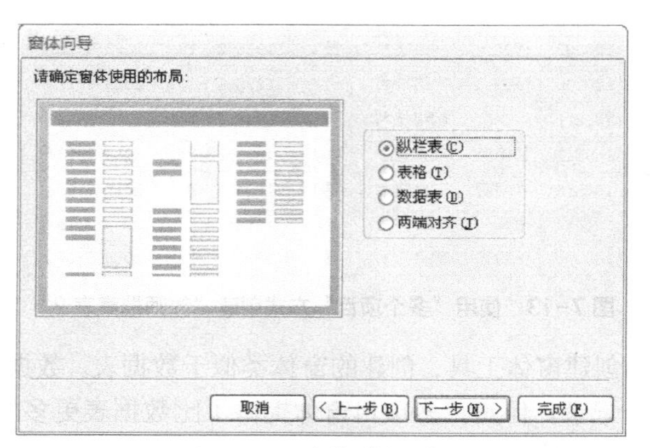

图 7-15 窗体“布局”

（6）单击“下一步”按钮，弹出选择窗体样式的对话框。列表中列出了几十种样式供选择使用。单击各个样式可以在窗体左侧进行浏览。在这里选择“溪流”样式，如图 7-16 所示。

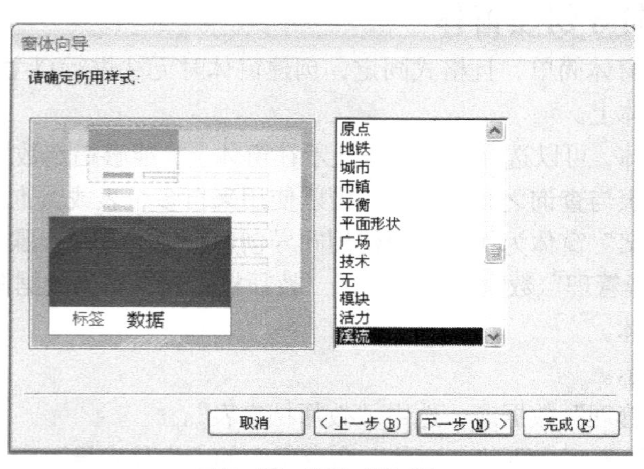

图 7-16 窗体“样式”

（7）单击“下一步”按钮，弹出为窗体命名的对话框。输入窗体的名称“教师档案表2”，然后可以选择是查看窗体还是在“设计视图”中修改窗体。这里选择“打开窗体或输入信息”选项，如图7–17所示。

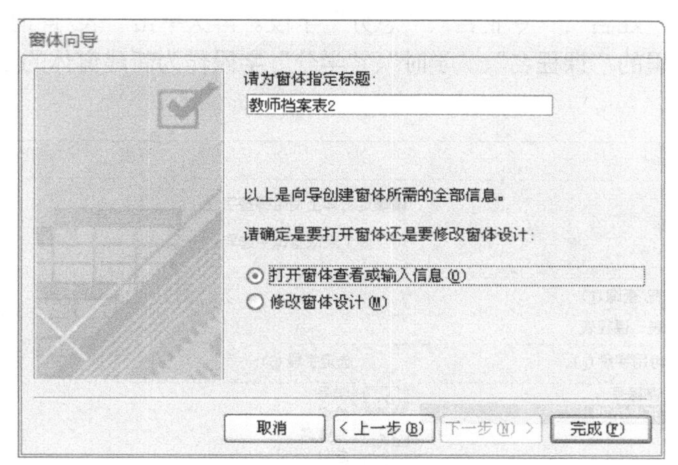

图7–17 “命名”窗体对话框

（8）单击“完成”按钮保存窗体，完成窗体的创建。

如果要在窗体上包括多个表和查询中的字段，则在窗体向导第（4）步选择了第一个表或查询中的字段后，不要单击“下一步”按钮，而是重复选择表或查询的步骤，然后单击要包括在窗体上的其他任何字段。所需字段全部选择完成后，单击“下一步”按钮，继续操作。

7.2.3 创建主/子窗体

基本窗体称为主窗体，窗体中的窗体就是子窗体。主/子窗体在显示具有一对多关系的数据表或查询时，子窗体特别有用。

创建方法：利用“窗体向导”，利用子窗体控件和直接拖动等共三种方法。在建立主/子窗体之前，数据源之间的关系要首先建好。

1．使用向导创建主/子窗体

下面通过创建“学生课程成绩”窗体为例。来说明使用向导创建主/子窗体的方法。

例7.5 使用向导创建一个“学生课程成绩”主/子窗体，其效果如图7–18所示。

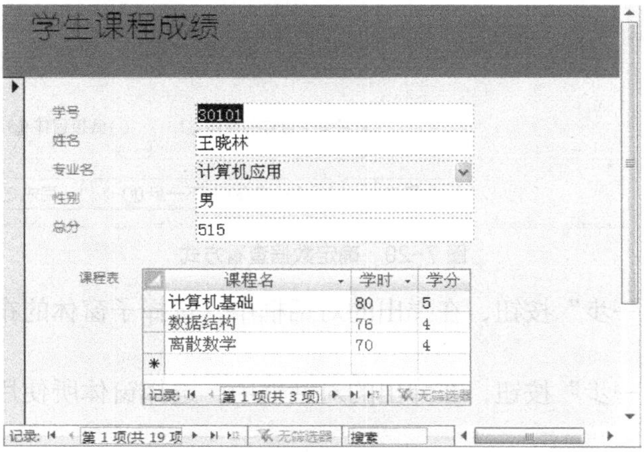

图7–18 “学生课程成绩”窗体

操作步骤如下所示。

（1）单击“创建”选项卡下“窗体”组的“窗体向导”命令，弹出“窗体向导”对话框。

（2）打开“窗体向导”对话框中的“表/查询”下拉列表框，在这里选择“表：学生档案表”里的“学号”、“姓名”、“专业名”、“总分”字段。再次单击“表/查询”下拉列表框，选择“表：课程表”里的“课程名”、“学时”、“学分”字段作为新建窗体的数据源。如图 7-19 所示。

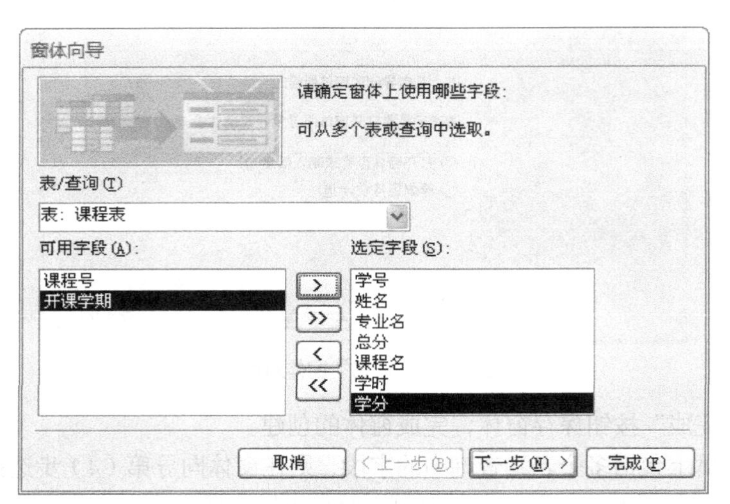

图 7-19 “学生课程成绩”窗体向导

（3）单击“下一步”按钮，弹出如图 7-20 所示的对话框，在这里我们选择“通过学生档案表”来查看。

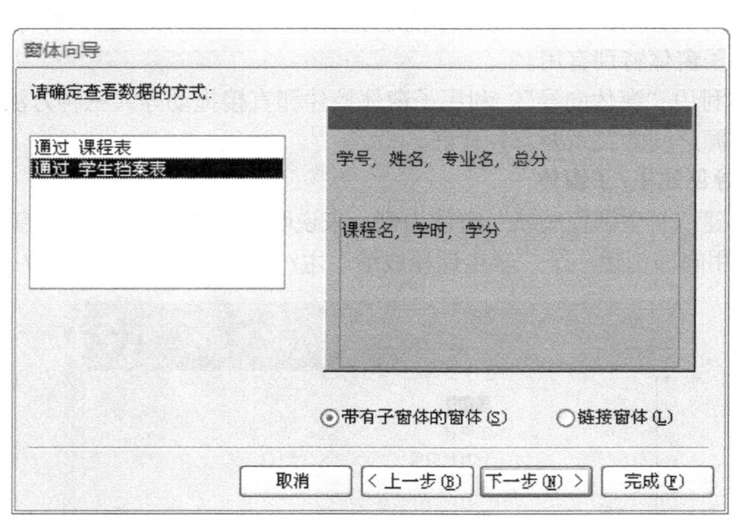

图 7-20 确定数据查看方式

（4）单击“下一步”按钮，在弹出的对话框中，选择子窗体的布局，这里选择“数据表”选项。

（5）单击“下一步”按钮，在弹出的对话框中，选择窗体所使用的样式，这里选择“平衡”样式。

（6）单击“下一步”按钮，弹出如图 7-21 所示的对话框，在该对话框中为窗体命名。
（7）单击“完成”按钮。

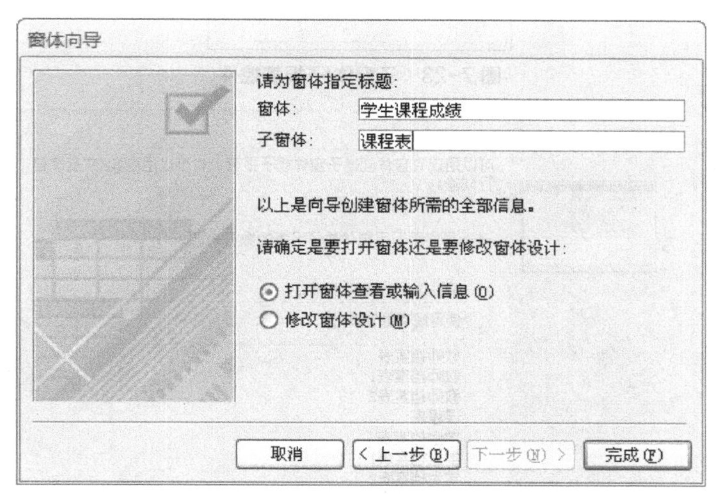

图 7-21　指定窗体名称

2．使用子窗体控件创建主/子窗体

利用窗体提供的子窗体控件，快速地创建一个主/子窗体。

例 7.6　利用子窗体控件，创建一个如图 7-22 所示的窗体。

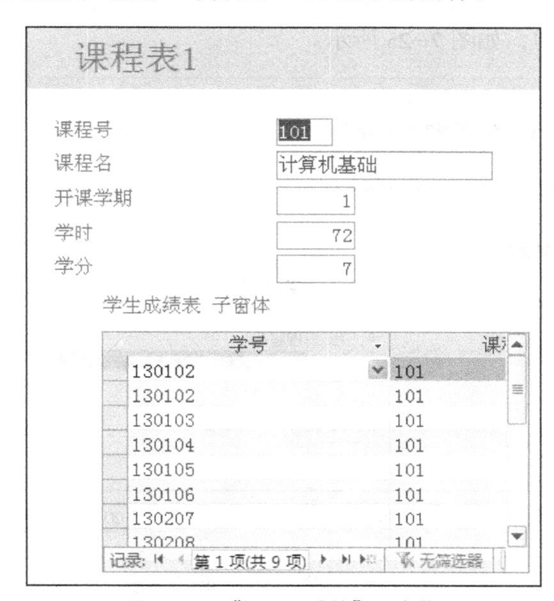

图 7-22　“课程—成绩”子窗体

操作步骤如下所示。

（1）利用向导创建一个“课程表”窗体，以设计视图打开该窗体。

（2）单击“控件”组中的“子窗体/子报表”控件，如图 7-23 所示。并在窗体“主体”区域单击，弹出“子窗体向导”对话框，如图 7-24 所示，选中“使用现有的表和查询”。

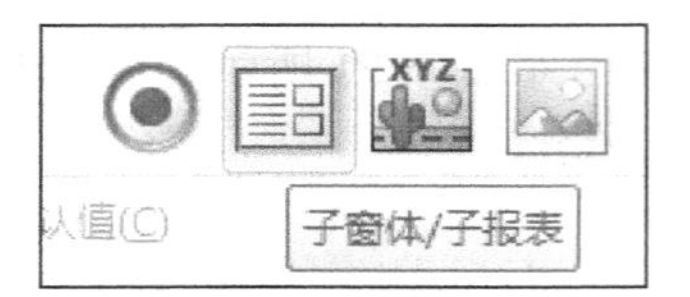

图 7-23　子窗体/子报表控件

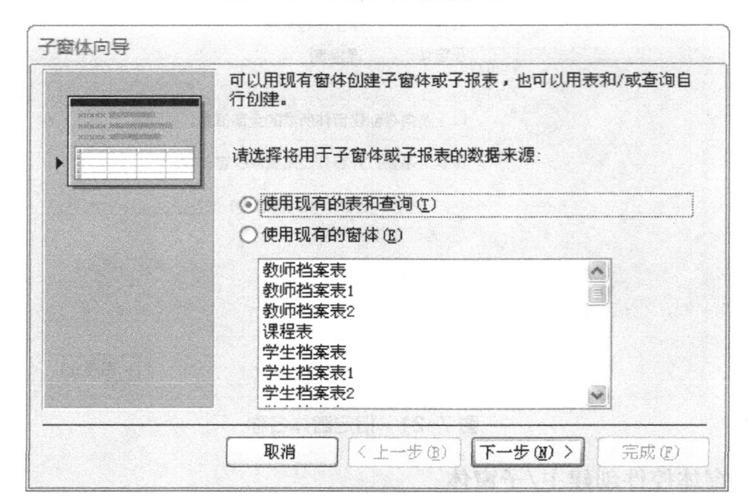

图 7-24　子窗体向导对话框

（3）单击“下一步”按钮，在对话框中选择“表：成绩表”，并将表中的所有字段添加到“选定字段”列表框中，如图 7-25 所示。

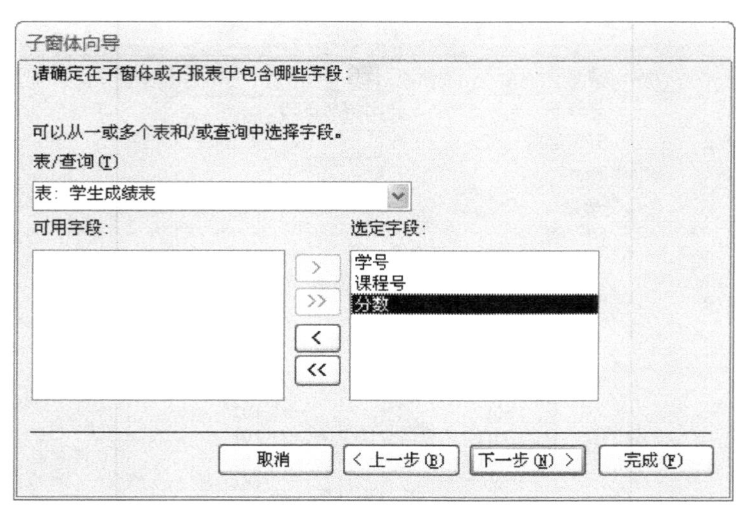

图 7-25　选择子窗体中所用字段

（4）单击“下一步”按钮，选择将子窗体链接到主窗体的字段。在这里我们选择“从列表中选择”选项。

（5）单击“下一步”按钮，在弹出的对话框中输入子窗体的名称“成绩表”。

（6）单击“完成”按钮，效果如图 7-26 所示。

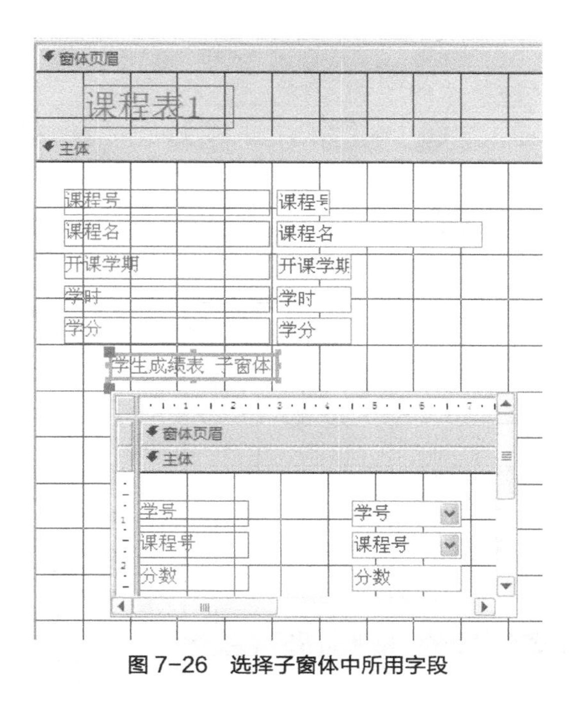

图 7-26　选择子窗体中所用字段

7.3　自定义窗体

任务 7.3　利用 Access 2010 设计视图自定义窗体。

使用自动或向导方式创建窗体，虽然方便快捷，但是功能和样式单一，不一定完全符合客户的要求。一些复杂、功能强大的窗体必须使用“设计视图”来完成。

在“设计视图”内创建窗体，需要先建立窗体的每一个控件，然后再逐一建立控件和数据源之间的关系。通常在设计窗体时，都是先利用自动创建窗体或者向导的方法生成窗体作为窗体的大致轮廓，然后再切换到“设计视图”进行详细设计。使用“窗体设计”方法创建窗体的一般步骤如下。

（1）打开需要建立窗体的数据库系统。

（2）单击“创建”选项卡下的“窗体”组中的“窗体设计”控件区的向下按钮，显示出窗体设计的全部控件。单击菜单栏中的“添加现在字段”，在窗口的右侧出现“字段列表”框，当前可用的数据表和查询均出现了，单击某一个表前的加号，将显示此表的所有可用字段。如图 7-27 所示。

（3）将字段从字段列表中拖入窗体工作区，或者从工具箱内添加其他控件，并进行外观调整。

（4）单击菜单栏上的“属性表”，在窗口右侧打开属性对话框，对相应的对象进行属性设置。

（5）单击“保存”按钮，在弹出的对话框中输入窗体名称。单击“确定”按钮，完成窗体保存工作。

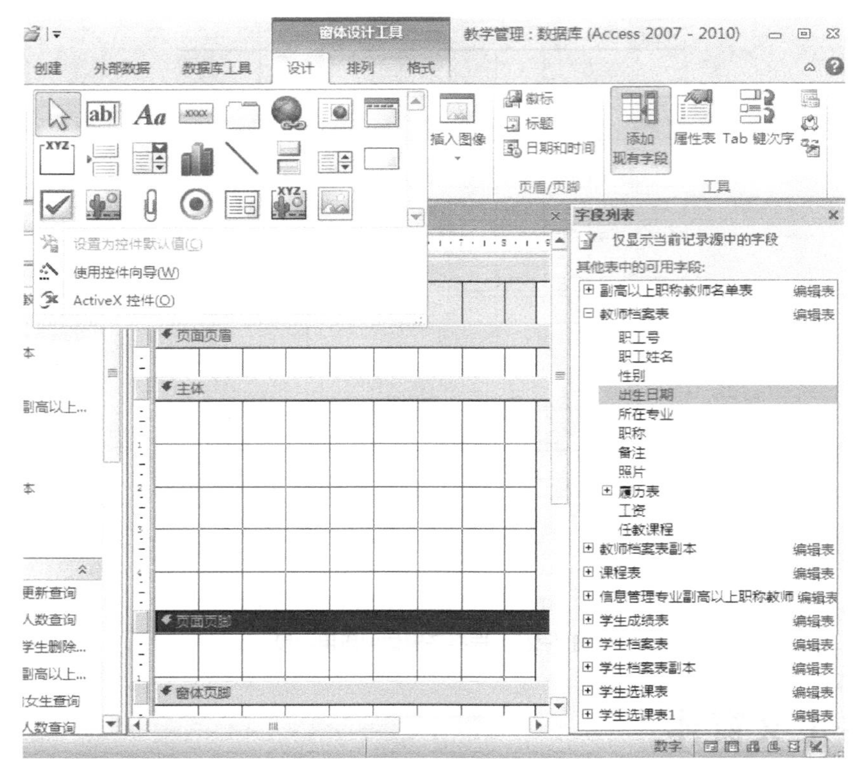

图 7-27　在“设计视图”内创建窗体

7.3.1　设计工具

Access 2010 提供了很多进行窗体设计的工具。

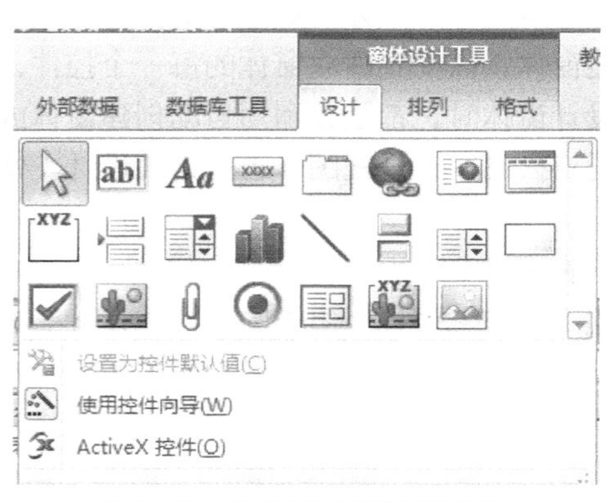

图 7-28　设计时用到的各种控件

1．字段列表窗格

在“设计”选项卡右侧的“工具”命令组中，显示有几个按钮，如图 7-29 所示。窗体进入“设计视图”内，默认情况下会自动显示“字段列表”。如果窗体内没有显示“字段列表”，则可以单击“工具”组中的“添加现有字段”按钮或者按 Alt+F8 组合键。

可以使用“字段列表”向窗体中添加字段。添加一个字段时可双击该字段，或者将它从“字段列表”窗格拖动到窗体上要显示它的部位。若要一次添加若干字段，可在按住 Ctrl 的同时单击要添加的各个字段，然后将选定字段拖动到窗体上。

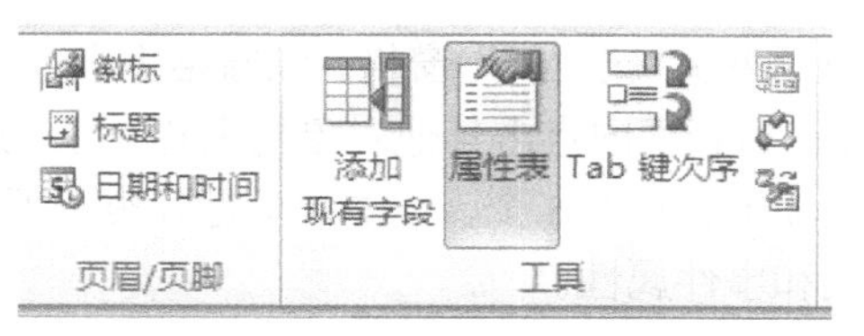

图 7-29 “工具”命令组

2．“控件”工具箱

控件就是各种用于显示、修改数据，执行操作和修饰窗体的各种对象，是构成窗体的基本元素。将字段从“字段列表”窗格添加到窗体时会创建绑定控件。通过在设计视图中使用“设计”选项卡上“控件”组中的工具，可以在窗体上创建很多其他控件。如图 7-28 所示。

将鼠标指针放在工具上，Access 将显示该工具的名称。通常根据控件与窗体数据源的关系，将控件分为绑定型、非绑定型和计算型三类。

（1）绑定型控件。其数据来源于窗体数据源中的某个字段，用于显示、输入及更新数据表中的字段。当表中记录改变时，控件内容也随之改变。例如“学生档案”窗体中的“学号”、“姓名”等文本框分别是从窗体数据源“学生档案表”的“学号”、“姓名”字段获得数据。

（2）非绑定型控件。没有“控件来源”属性的控件，如“标签”、“直线”等。或者虽然有“控件来源”属性，但是没有指定其数据源，不能反映数据源中的值。这种控件也称为非绑定性控件。非绑定型控件可用于美化窗体。

（3）计算型控件。数据源是表达式而不是字段的控件。表达式可以是运算符、控件名称、字段名等。

3．属性表

每一个窗体、节、控件均应设置各自的属性，才能发挥相应的功能。不同类型的对象其“属性表”的内容不同。使用“属性表”可以查看或修改这些属性值以改变特定对象的外观和行为。窗体进入“设计视图”一般不显示“属性表”窗格。我们可以通过单击“工具”组中的“属性表”按钮或者按 Alt+Enter 组合键，弹出“属性表”窗格。如图 7-30 所示。

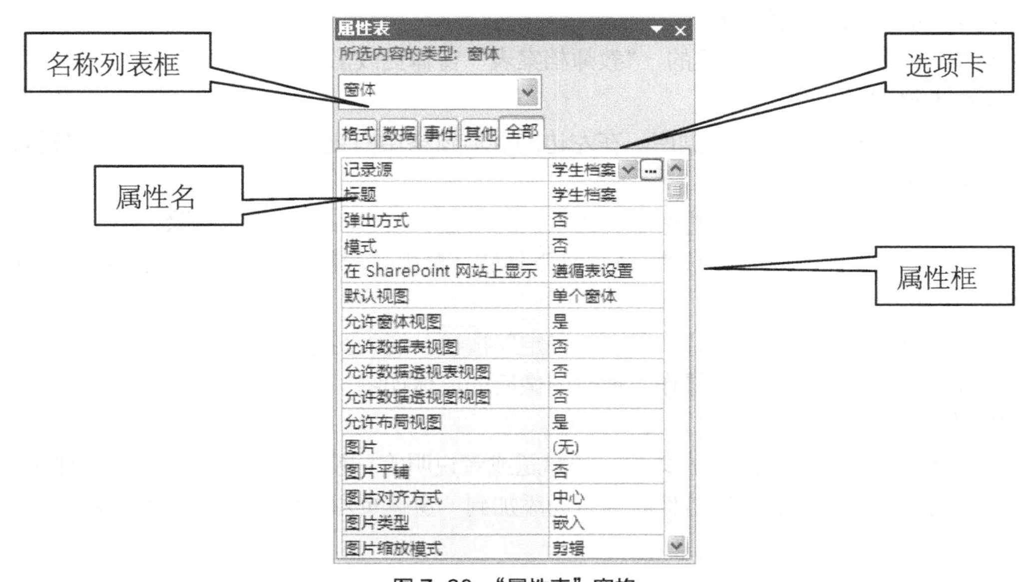

图 7-30 “属性表”窗格

图 7–30 显示的是一个典型的“属性表”窗格，该窗格上面部分的“名称列表框”内显示的是选定对象的名称。通过在列表框内点击其他对象的名称，可以进入相应对象的“属性表”。该窗格下面部分显示的是选项卡，共有 5 个，其中 4 个是分类选项卡，1 个是全部选项卡，分别用来显示对象的一般属性和事件属性。

这些选项卡的功能如下所示。

（1）格式：设置对象的位置、大小、样式等属性即对象的外观设置。

（2）数据：设置对象的数据来源和显示格式等属性。

（3）事件：设置对象的事件属性。设置当某个事件发生时要处理的程序或“宏”的集合。

（4）全部：设置对象的全部属性。

每个选项卡内都是一个属性列表，由属性名和属性框两部分组成。

7.3.2 在设计视图中添加常用控件

在图 7–28 所示的“控件”" 组中，单击“使用控件向导”按钮将它选中。在向窗体添加控件时，就可以使用向导帮助创建命令按钮、列表框、子窗体等各种控件。

使用控件组中的工具创建控件，一般步骤如下。

（1）在“控件”功能区中单击要添加的控件类型所对应的工具。例如要创建复选框，单击“复选框”工具。

（2）在设计区中单击要放置控件的位置。单击一次可以创建默认大小的控件，也可以单击工具，然后在窗体设计网格中拖动鼠标指针，创建所需大小的控件，移动到合适的位置。如果选中了“使用控件向导”，且您要放置的控件具有关联的向导，该向导将会启动，并指导您完成控件的设置。

使用控件向导，某些向导包含有将控件绑定到字段的步骤。若控件未绑定数据源，而控件要显示数据库中的数据，必须在控件的“控件来源”属性框中输入字段名称或表达式，这样控件才能显示数据。要查看某个控件的属性，可先选择该控件，然后按 F4。

1．图像控件

徽标一般添加到窗体页眉内。

例 7.7 将例 7.1 题中创建的 “教师档案表”窗体更改徽标。

操作步骤如下。

（1）打开“教学管理”数据库。在左边的导航窗格中右键单击“教师档案表”窗体，从弹出的菜单中选择“设计视图”。

（2）单击“窗体页眉”中的标题旁边默认的图像，按 Delete 键将其删除。

（3）单击“控件”选项卡下“插入图像”按钮，单击“浏览”，弹出“插入图片”对话框，如图 7–31 所示。

（4）在该对话框内选择图片，单击“确定”按钮，插入图像。

这样就完成了图像的更改操作，更改图像后的窗体如图 7–32 所示。

2．标签和标题控件

在窗体中显示一些描述性的文本。如标题或者说明等，使用标签控件。标题控件也属于标签控件类，只是在添加标题控件时会自动添加到“窗体页眉”位置作为窗体的标题。

图 7-31 “插入图片”对话框

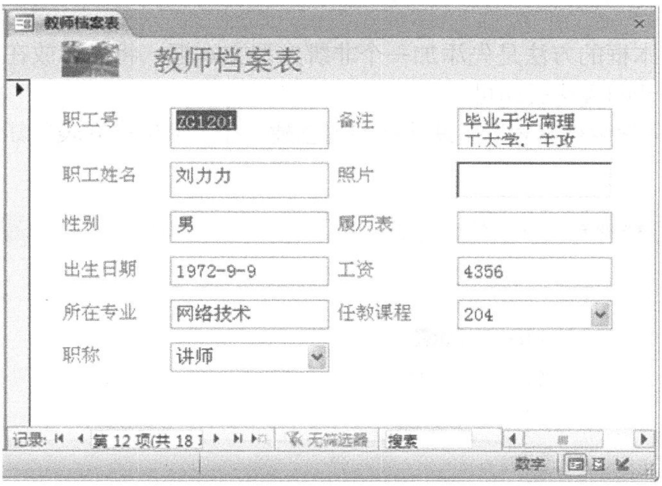

图 7-32 更改徽标后的窗体

标签控件分为两类：一种是可以附加到其他类型控件上，和其他控件一起创建结合型标签控件。例如，创建文本框时将有一个附加的标签显示此文本框的标题。如图 7-33 所示，“学习成绩”就是一个结合型标签。另一种是使用标签控件创建的标签，属于非绑定性控件，这种标签可以单独存在。

例 7.8 将例 7.1 题中创建的 “教师档案表”窗体的标题“教师档案表”更改为“教师档案”

操作步骤如下所示。

（1）在上例创建窗体设计视图中，单击“窗体页眉”中的默认标题，按 Delete 键将其删除。

（2）单击“控件”选项卡下“控件”组中的“标题”按钮，控件自动添加到“窗体页眉”并输入“教师档案”。如图 7-34 所示。

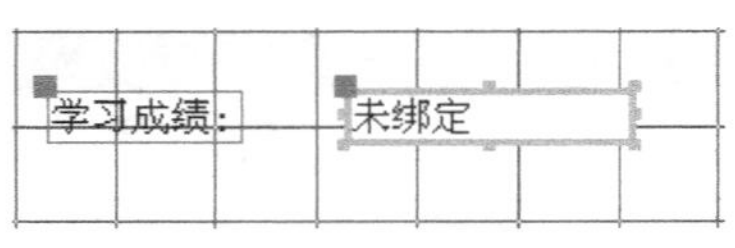

图 7-33 “结合型”标签

图 7-34 更改窗体标题

3. 文本框控件

文本框是用于在窗体中查看和编辑数据的标准控件。文本框中可以显示许多不同类型的数据，还可以使用文本框来执行计算。由此可知，文本框可以是绑定型的和非绑定型的，也可以是计算型的。如果文本框用于显示某个表或者查询的记录，那么文本框是绑定型的。如果没有和某个字段链接，只是用来显示提示信息或接收用户输入的数据，那么文本框是非绑定型的。如果显示的是表达式计算的结果，当表达式发生改变，数值就会被重新计算，那么文本框就是计算型的。

添加绑定型控件最快速的方法是将字段从“字段列表”窗格拖动到窗体上。或者首先添加未绑定文本框，然后将文本框的“控件来源”属性设置为该文本框要绑定的字段。

添加非绑定型文本框的方法是在窗体的“设计视图”中利用文本框控件创建。或者首先将字段从“字段列表”窗格拖动到窗体或报表上以创建一个绑定文本框，然后删除其“控件来源”属性中的值。如果在设计视图中执行此操作，文本框将显示“未绑定”而不是字段名称。

添加计算型文本框的方法是先添加一个非绑定型文本框，将光标放在文本框中，然后输入一个用于计算总计的表达式即可。

例 7.9 利用“学生档案表”在设计视图内创建一个“学生档案表”窗体。效果如图 7-35 所示。

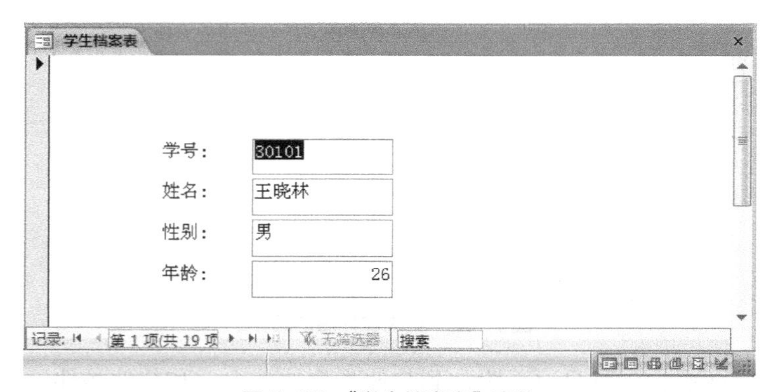

图 7-35 “学生档案表”窗体

任务分析：“学号”、“姓名”、“性别”这三个字段均在“学生档案表”中，表中虽然没有“年龄”字段，但有与“年龄”相关的“出生日期”字段。因此应在窗体中创建显示年龄的计算型控件。公式中要用到两个函数。

Year（日期变量）：求日期变量的年份。

Date()：求当前系统的日期。

操作步骤如下所示。

（1）打开“教学管理”系统。

（2）单击“创建”选项卡下的“窗体”组中的“窗体设计”按钮，新建一空白窗体。如果“字段列表”没有显示，单击“设计”选项卡下的“添加现有字段”按钮设置窗体的“记录源”为学生档案表。

（3）将“学号”、“姓名”、“性别”从“字段列表”中拖入空白窗体主体节。

（4）单击“设计”选项卡下的“控件”组内的“文本框控件”按钮，然后单击窗体主体节的合适位置，将文本框的标签改为“年龄”。

（5）单击该文本框，直接在该文本框内输入或者在其“控件来源”属性内输入“=Year(Date())−Year（[出生日期]）”，注意，所有非汉字符号均为半角英文字符。

（6）保存。

例 7.10 在“教学管理”系统内创建“简易乘法计算器”效果如图 7−36 所示。

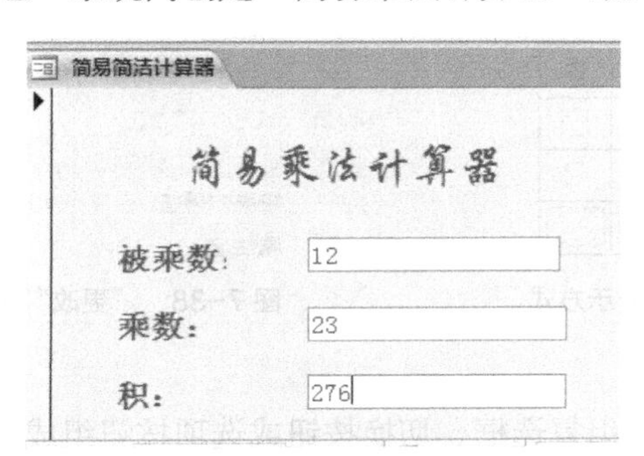

图 7−36 “简易乘法计算器”窗体

操作步骤如下所示。

（1）使用“窗体设计”按钮创建一个空白窗体。

（2）添加一个“标题”标签，并输入文字：简易乘法计算器。

（3）分别添加两个非绑定性文本框，“被乘数”文本框名称改为“data1”，“乘数”文本框名称改为“data2”。

（4）添加第三个“积”文本框。其“控件来源”改为“=data1*data2”。

（5）保存。

4．复选框、选项和切换按钮

在 Microsoft Access 2010 中，“是/否”字段只存储两个值：“是”或“否”。如果使用文本框显示“是/否”字段，该值将显示 −1 表示“是”，显示 0 表示“否”。这些值对大多数用户而言没有什么意义，因此 Office Access 2010 提供复选框、选项按钮和切换按钮，您可以用它们来显示和输入“是/否”值。这些控件提供了“是/否”值的图形化表示，以便于使用和阅读。

大多数情况下，复选框是表示“是/否”值的最佳控件。这是在窗体中添加“是/否”字段时创建的默认控件类型。相比之下，选项按钮和切换按钮通常用作选项组的一部分。图 7−37 显示了这三个控件以及它们表示“是”和“否”值的方式。“是”列将显示选定的控件，“否”列将显示未选定的控件。

复选框、选项和切换按钮也分为绑定型和非绑定型，其创建方法和创建绑定型文本框的方法一样，直接将“是/否”数据类型的字段拖动到窗体中。如果需要可以将复选框控件更改为选项按钮或者切换按钮。只要右击复选框，选择“更改为”命令，然后选择“切换按钮”或“选项按钮”命令。如图 7−38 所示。

控件	是	否
复选框	☑	☐
选项按钮	⦿	○
切换按钮		

图 7-37 “三种控件“显示方式

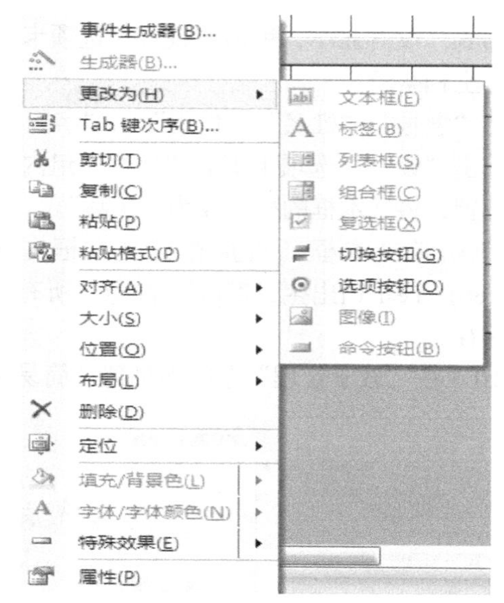

图 7-38 “更改”控件类型

5．选项组

选项组由一个组框和一组复选框、切换按钮或选项按钮组成。在选项组内显示一组有限的选项，一次只能从一个选项组中选择一个选项。

如果将选项组绑定到字段，则只是将组框本身绑定到了该字段，Access 会将选项组所绑定到的字段的值设置为选定选项的“选项值”属性的值。注意，不要为选项组中每个控件设置“控件来源”属性。

例 7.11 在“教学管理”系统内，建立“问卷调查”窗体。效果如图 7-39 所示。

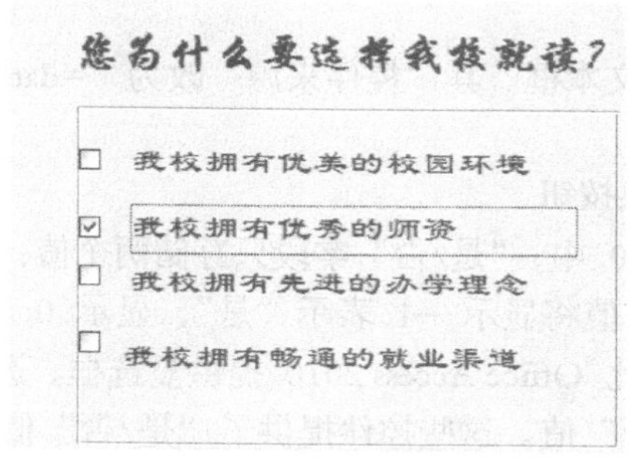

图 7-39 “问卷调查”窗体

操作步骤如下所示。

（1）打开“教学管理”系统，单击“创建”选项卡下的“窗体”组的“窗体设计”按钮，创建一空白窗体。

（2）添加一个“标题”标签，并输入文字：“您为什么选择我校就读？”。

（3）单击“控件”组的“选项组”按钮，在窗体的空白处单击，弹出“选项组向导”对话框，如图 7-40 所示。

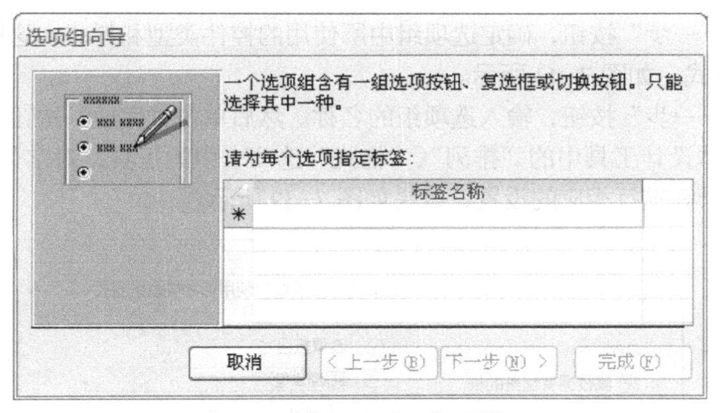

图 7-40 “选项组向导”对话框

（4）在对话框的“标签名称”下面输入各个选项的名称，如图 9-41 所示。

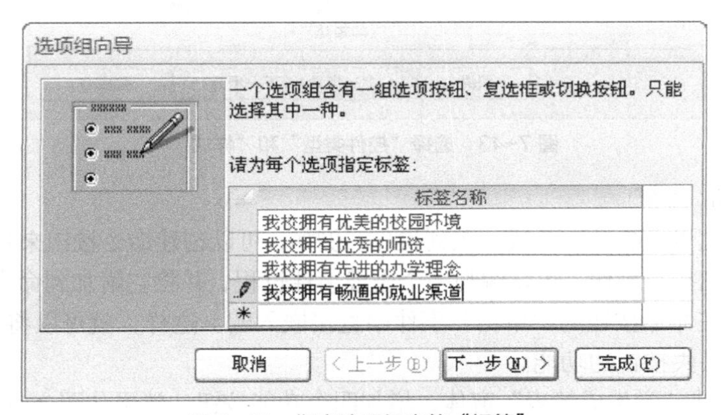

图 9-41 指定选项组内的“标签”

（5）单击“下一步”按钮，选择某项为该选项组的默认选项。这里我们选择“我校拥有优美的校园环境”。

（6）单击“下一步”按钮，设置各选项对应的数值，将选项组的值设置成为选定的选项的值，如图 7-42 所示。

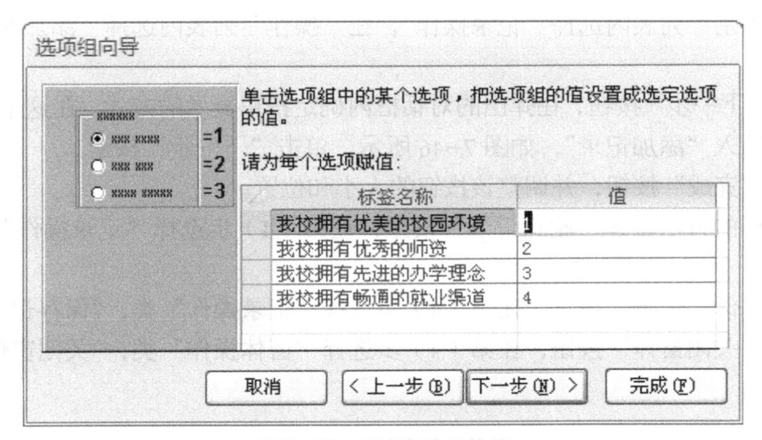

图 7-42 设定各选项的值

（7）单击“下一步”按钮，确定选项组中所使用的控件类型和样式，这里选择“复选框”类型，“蚀刻”样式，如图 7-43 所示。

（8）单击“下一步”按钮，输入选项组的名称。然后单击“完成”按钮，完成创建工作。

（9）利用窗体设计工具中的“排列”、“格式”选项卡中的工具，对字体、字号、颜色、位置、排列、背景等进行相应的设置，效果如图 7-39 所示。

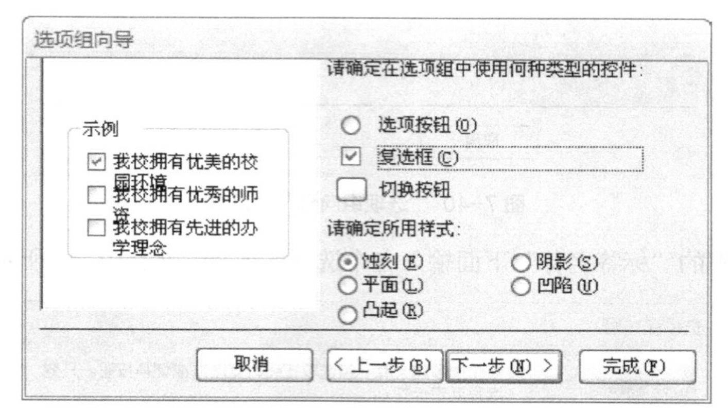

图 7-43　选择“控件类型”和“样式”

6．命令按钮

使用命令按钮可以启动一个或一系列操作。例如，可以创建命令按钮来打开另一个窗体。若要使用命令按钮执行操作，可以编写一个宏或事件过程，并将它附加到命令按钮的“单击”事件中。还可以在命令按钮的“单击”事件中直接嵌入宏。这样，就可以将按钮复制到其他窗体上，而不会丢失按钮的功能。

例 7.12　创建“学生成绩表”窗体，增加四个功能按钮。效果如图 7-44 所示。

操作步骤如下所示。

（1）打开已经创建好的“学生成绩表”窗体，进入窗体的设计视图。

（2）选定“设计”选项卡下“控件”组内的“使用控件向导”。

（3）单击“控件”组内的“按钮”控件，在窗体的适合位置单击，出现“命令按钮向导”对话框。如图 7-45 所示。

（4）在“类别”列表内选择“记录操作”，在“操作”列表内选择“添加新记录”操作。如图 7-45 所示。

（5）单击“下一步”按钮，在弹出的对话框内确定按钮显示的方式。在这里我们选择“文本”选项，并输入“添加记录”，如图 7-46 所示，单击“下一步”按钮。

（6）单击“完成”按钮，并调整该按钮的大小和位置。

（7）用同样的方法创建“删除记录”按钮，在第（4）步选择“记录操作”类，“删除记录”操作。

（8）创建“保存记录”按钮，在第（4）步选择“记录操作”类，“保存记录”操作。

（9）创建“关闭窗体”按钮，在第（4）步选择“窗体操作”类，“关闭窗体”操作。

（10）保存。

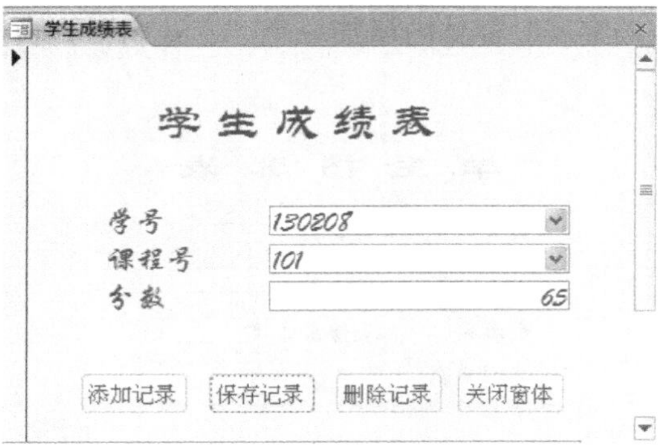

图 7-44 添加“命令按钮后”的“学生成绩表”窗体

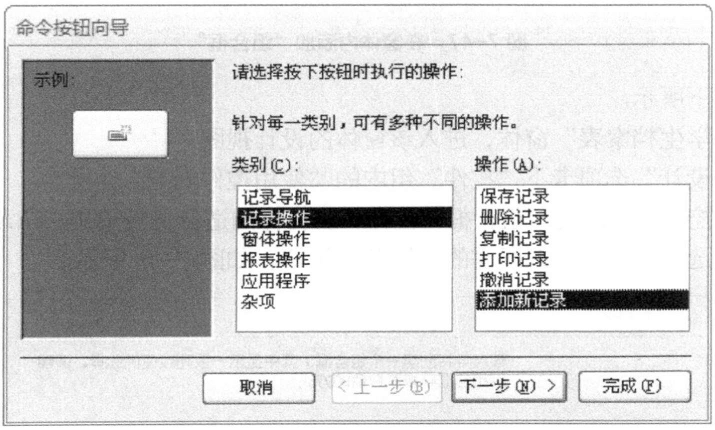

图 7-45 “命令按钮向导”对话框

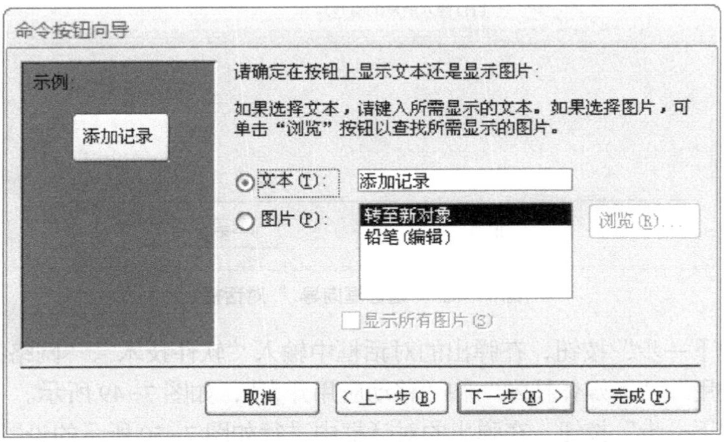

图 7-46 选择在按钮上显示“文本”对话框

7. 列表框和组合框

列表框是一个选项列表，用户可以从中选择需要的值。从窗体向数据表中输入数据时，从列表中选择一个值，要比记住一个值然后键入它更加快捷和准确。列表框控件可以连接到现有数据，也可以显示在创建该控件时输入的固定值。

组合框是列表框和文本框的组合，不仅可以从下拉列表内选择一个值，还可以在文本框内输入一个值。一般情况下，组合框显示成一个带有箭头的单独行，单击下拉箭头，显示列值。

例 7.13 在“学生档案表”窗体内增加一个“专业名”列表框控件。效果如图 7-47 所示。

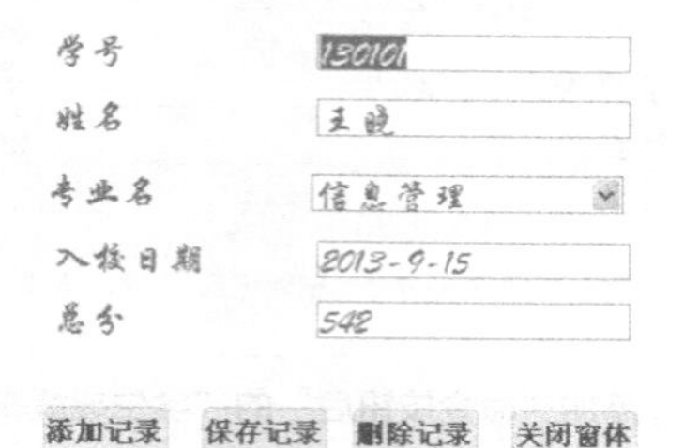

图 7-47 在窗体内添加“组合框”

操作步骤如下所示。

（1）打开“学生档案表”窗体，进入该窗体的设计视图。

（2）选定“设计”选项卡下“控件”组内的“使用控件向导”。

（3）单击“控件”组内的“组合框”控件，在窗体的适合位置单击，出现“组合框向导”对话框。在这里选中“自行键入所需的值”单选按钮，如图 7-48 所示。

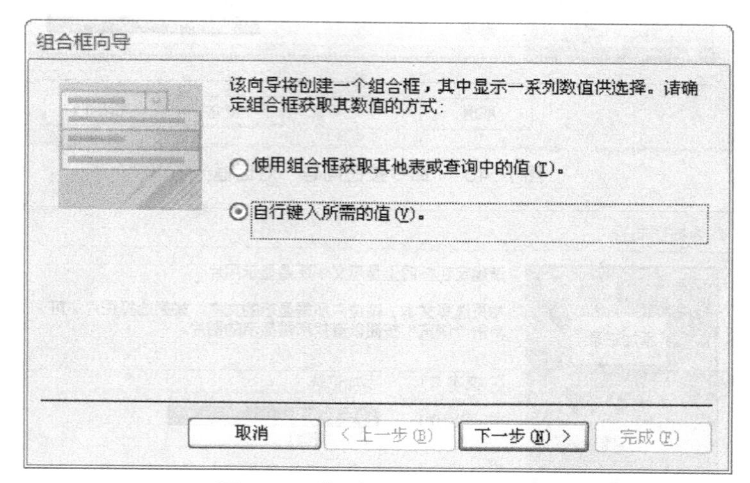

图 7-48 “组合框向导 ”对话框

（4）单击“下一步”按钮，在弹出的对话框中输入“软件技术”、“网络技术”、“信息管理”、“计算机应用”、“多媒体技术”和“移动应用开发”，如图 7-49 所示。

（5）单击“下一步”按钮，在弹出的对话框中进行如图 7-50 所示的设置。

（6）单击“下一步”按钮，在弹出的对话框中设置控件的标签为“专业名”。

（7）单击“完成”按钮，然后保存。

若希望显示记录源中的当前数据，在第（3）步中单击“使用组合框获取其他表或查询中的值”；要创建未绑定控件，在第（5）中单击“记忆该数值供以后使用”。Access 2010 将保留选定的值，直到用户进行更改或关闭窗体，但不会将该值写入表中。另外，还可以通过向窗体添加查阅字段来创建绑定列表框或组合框。

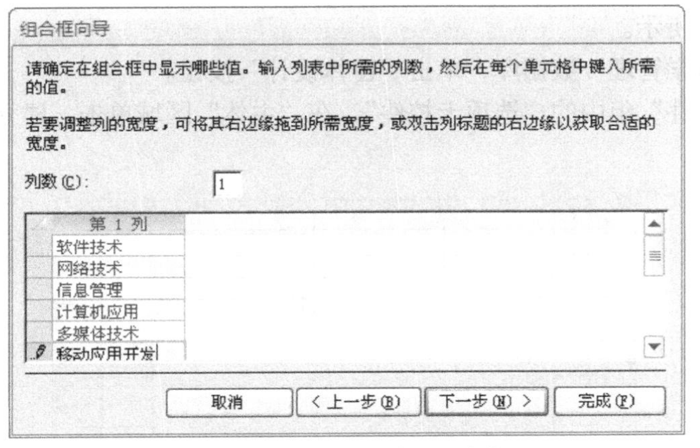

图 7-49 输入列表中显示的值

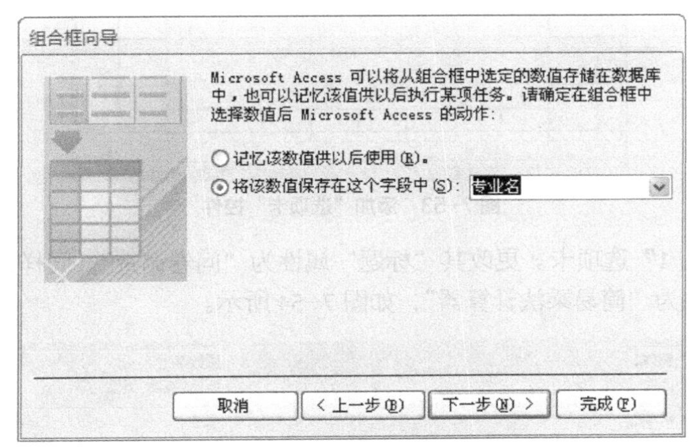

图 7-50 设置控件值的存储方式

8. 选项卡

展示单个集合中的多页信息可利用选项卡控件来实现。选项卡控件可把不同格式的数据操作封装在一个选项卡的各个选项页中。或者说，选项卡中的每一页显示不同类型的信息。选项卡控件一般用来设计程序的主菜单。选项卡的例子很多，系统主窗口的“命令选项卡”、“属性表”等都是选项卡的实际应用。

例 7.14 在“教学管理”系统内，建立一个“多功能窗体”。效果如图 7-51 和图 7-52 所示。

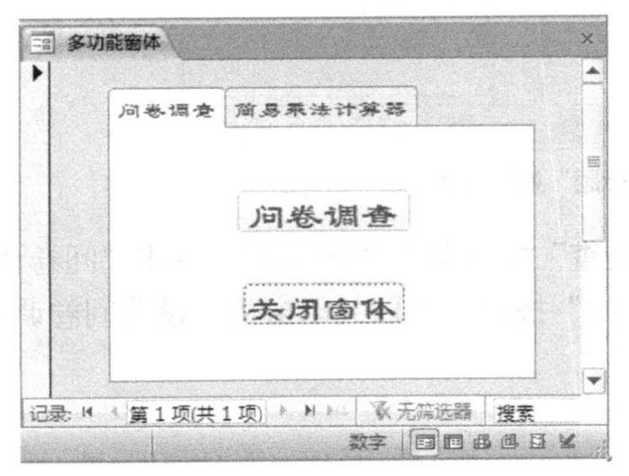

图 7-51 “多功能”窗体“问卷调查”选项卡

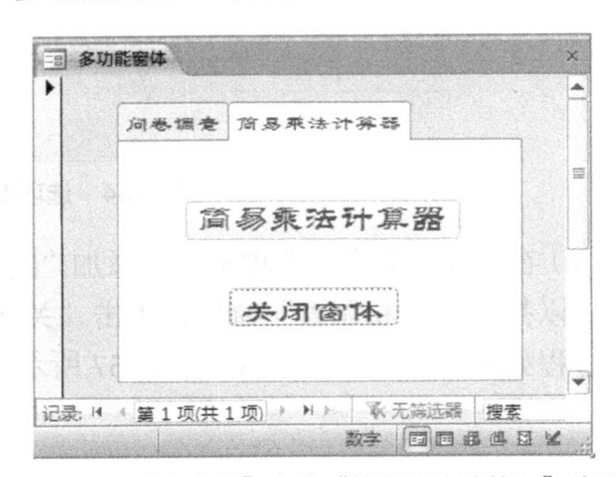

图 7-52 “多功能”窗体“简易乘法计算器”选项卡

操作步骤如下所示。

（1）打开“教学管理”数据库，单击“窗体设计”按钮。

（2）单击“控件”组中的“选项卡控件”，在“主体”区域单击，建立一个选项卡控件。如图 7-53 所示。

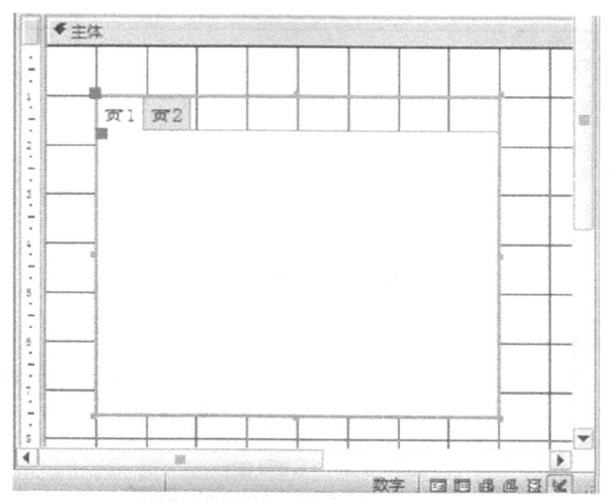

图 7-53 添加“选项卡”控件

（3）单击“页 1”选项卡。更改其“标题”属性为“问卷调查”。同样，更改“页 2”选项卡“标题”属性为“简易乘法计算器”，如图 7-54 所示。

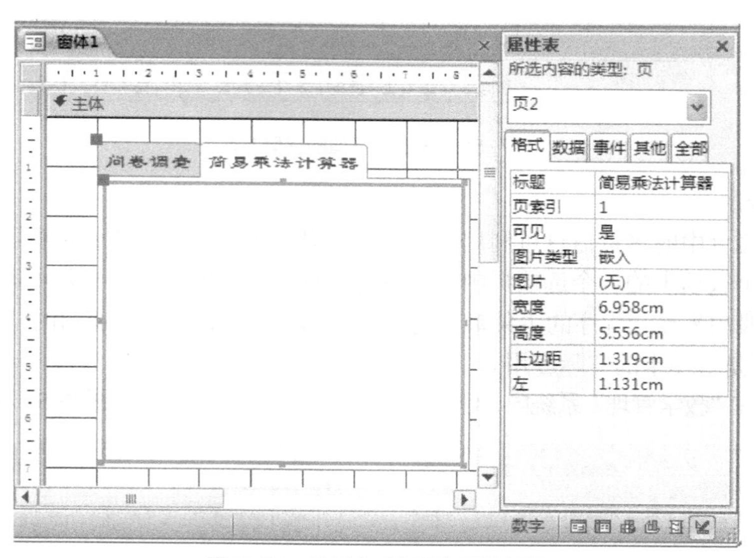

图 7-54 选项卡“标题”属性设置

（4）在“问卷调查”选项卡中，添加“问卷调查”按钮和“关闭窗体”，单击“问卷调查”按钮可以打开“问卷调查”窗体；单击“关闭窗体”按钮，可以关闭窗体。设置问卷调查按钮的过程如图 7-55、图 7-56、图 7-57 所示。

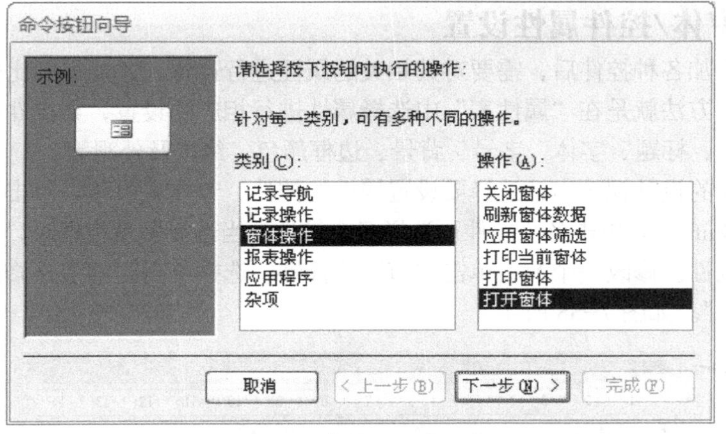

图 7-55 类别选择“窗体操作”－“打开窗体”

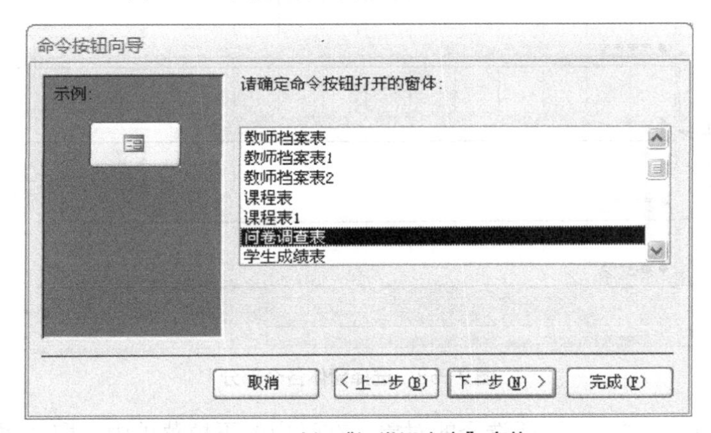

图 7-56 选择“问卷调查表”窗体

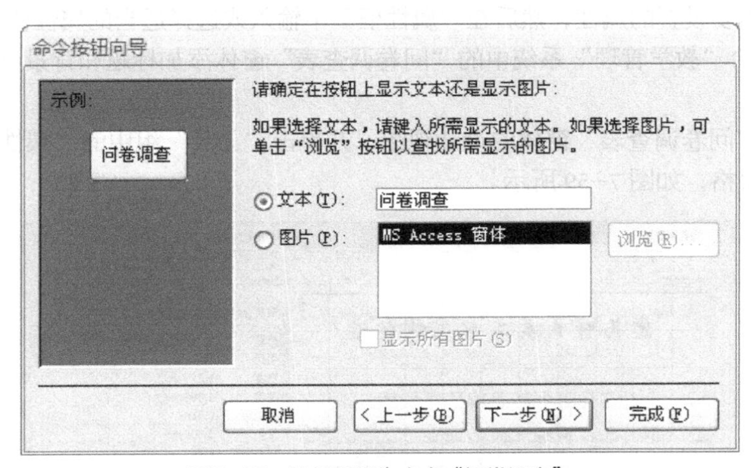

图 7-57 按钮标题为文本“问卷调查”

（5）单击“简易乘法计算器”选项卡，分别添加“简易乘法计算器”和“关闭窗体”两个按钮。单击“简易乘法计算器”按钮可以打开“简易乘法计算器”窗体；单击“关闭窗体”按钮，可以关闭窗体。

（6）调整布局，保存为“多功能窗体”。

7.3.3　窗体/控件属性设置

在窗体中添加各种控件后，需要对其相关的属性进行设置，才能得到比较理想的效果。设置控件的常用方法就是在“属性表”中选择属性进行相应的设置，如控件的数据来源、大小、颜色、边框、标题、字体、字号、背景、边框颜色、线型及外观等。

（1）在窗体的设计视图中，选择要设置属性的控件、节或者窗体。单击可选择所需的单个控件，按住 Shift 键并单击各个控件可选择多个控件。当选择多个控件时，属性表仅显示这些控件的共同属性。修改一个节，单击“节”选择器，选择所需要的节；修改整个窗体，单击“窗体选择器”。如图 7-58 所示。

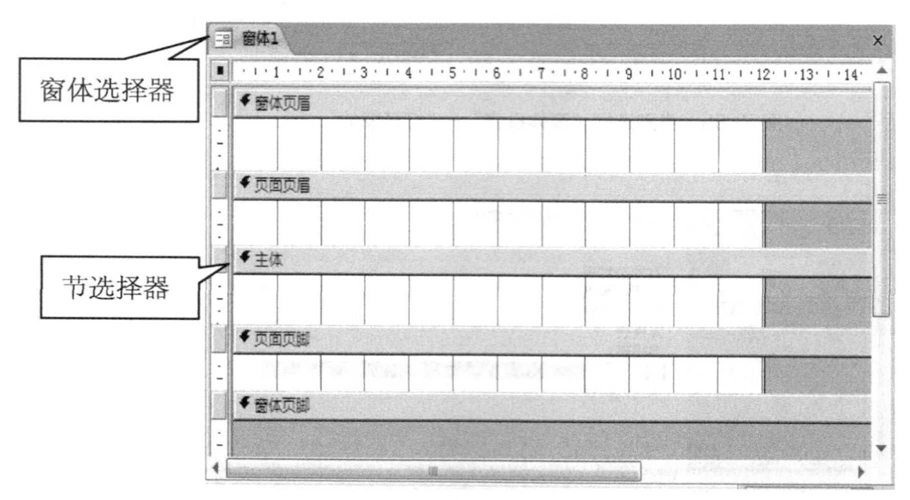

图 7-58　选择窗体各个部分

（2）显示属性表。“右击”所选择的对象，在弹出的下拉菜单中选取“属性”。

（3）单击需要设置的属性，然后在“属性框”中输入或选择适当的属性值。

例 7.15　给“教学管理”系统中的“问卷调查表”窗体添加标题和背景颜色，并设置相应的格式。

（1）打开“问卷调查表”窗体的设计视图，并单击“工具”组中的“属性表”按钮，弹出“属性表”窗格，如图 7-59 所示。

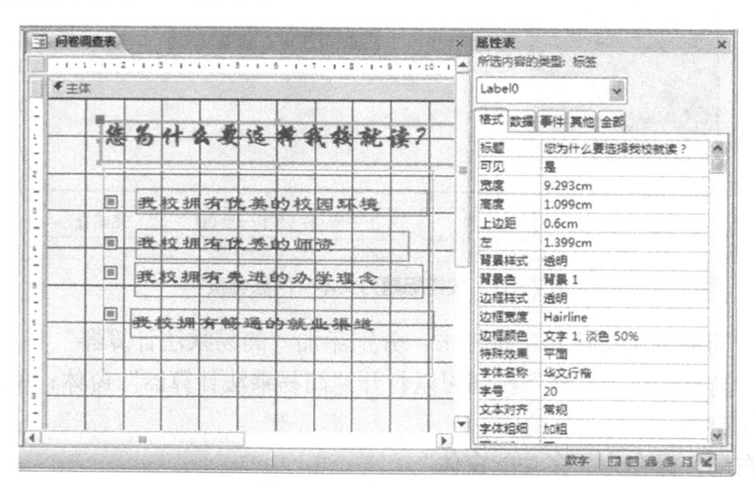

图 7-59　窗体属性设置

（2）在“属性表”窗格的“所选内容的类型”下拉列表框中选择“标签”，并将其切换到“格式”选项卡，如图 7-59 所示。

（3）在“标题”属性名后面的属性框内输入“您为什么要选择我校就读？”。

（4）在“所选内容的类型”中选择“窗体”，然后单击“图片”属性后的省略号按钮，弹出“插入图片”对话框，如图 7-60 所示。

图 7-60 “插入图片”对话框

（5）在对话框内选择合适的图片，单击“确定”按钮，即可将图片插入到窗体中作为窗体的背景，如图 7-61 所示。

图 7-61 设置背景后的窗体

可以在“图片类型”属性行内设置“链接”或“嵌入”属性值。“链接”就是将图片链接到数据库，“嵌入”就是将图片直接嵌入到建立的数据库中，这种方式比较方便，但所占文件较大。

7.3.4 定义窗体外观

Access 窗体设计工具可以完成任何优秀桌面排版软件包可以完成的处理功能。好的窗体设计外观，不仅可以提高数据库的操作效率，而且让用户感到赏心悦目。

1．使用主题

Access 2010 提供了 40 多种窗体的主题样式，用户可以直接套用某个主题样式。

套用或更改窗体的主题样式的方法是：

（1）打开需要使用主题样式的窗体的设计视图。

（2）单击“设计”选项卡“主题”命令组中的“主题”按钮，打开系统内置主题。

（3）单击选定的主题样式即可套用该主题样式。

在“课程表”中应用“行云流水”主题样式后的效果如图 7-62 所示。

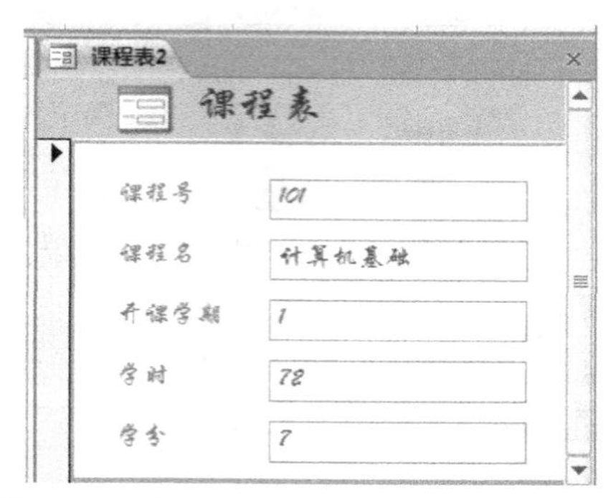

图 7-62　应用主题样式后的“课程表”窗体

2．插入日期和时间

Access 2010 为用户提供了许多在窗体上非常实用的功能，如添加当前日期和时间等。操作方法如下。

（1）打开需要插入“日期时间和页码”的窗体的设计视图。

（2）单击“设计”选项卡“页眉/页脚”命令组的“时间和日期”按钮，弹出“日期和时间”对话框，如图 7-63 所示。

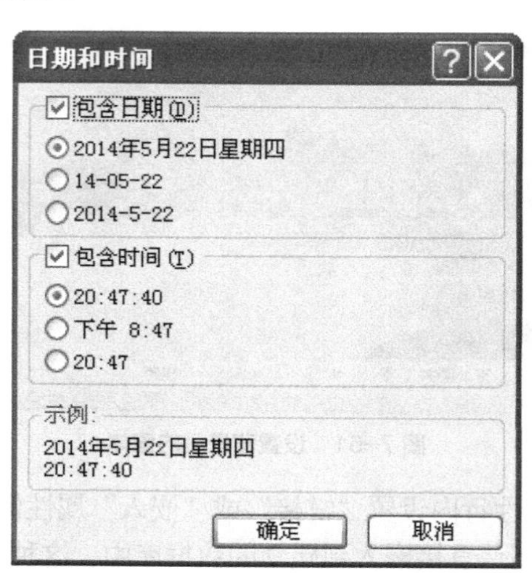

图 7-63　“日期和时间”对话框

（3）在打开的“日期和时间”对话框内进行“日期和时间”格式设置。

（4）设置完成后，单击对话框内的“确定”按钮即可。

3．插入徽标

徽标通常用于添加企业、公司或单位的标志，在窗体中插入徽标的操作方法如下。

（1）打开需要插入“日期时间和页码”的窗体的设计视图。

（2）单击“设计”选项卡“页眉/页脚”命令组的“徽标”按钮，弹出“插入图片”对话框，选择合适的图片。

（3）单击对话框内的“确定”按钮即可将图片插入指定位置。

4．更改 Tab 键次序

在使用窗体时，常常会用 Tab 键来完成对象焦点转换工作。在窗体运行过程中，可按 Tab 键将光标从一个控件跳转到另一个控件。设置 Tab 键的操作方法如下。

（1）在设计视图中打开窗体“学生档案表”。

（2）单击“设计”选项卡“工具”命令组中的“Tab 键次序”按钮，弹出“Tab 键次序”对话框。如图 7-64 所示。

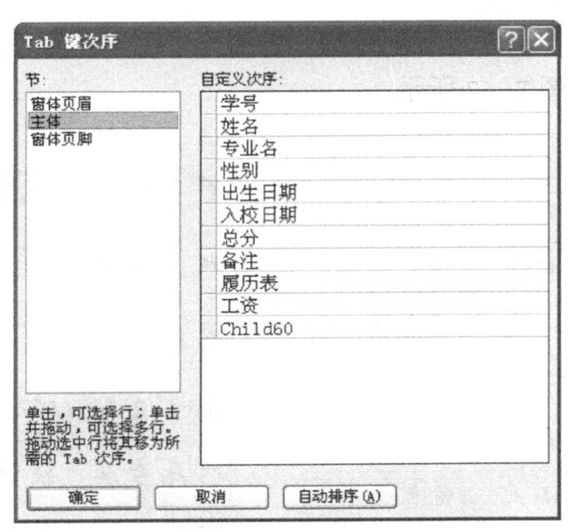

图 7-64 “Tab 键次序”对话框

（3）在“节”列表内，单击要更改的节。在该对话框的右侧，如果希望创建从上到下、从左到右的 Tab 键次序，单击“自动排序”按钮；如果要创建自定义的 Tab 键次序，则单击选择器选择要移动的控件，或者单击鼠标左键的同时拖动选择多个控件，然后在选定的控件上按下鼠标左键拖动，调整每个控件的 Tab 键次序。

（4）设置好以后，单击“Tab 键次序”对话框内的“确定”按钮。

5．设置控件外观

控件的外观设置，即是对控件的位置、大小、边框、对齐方式等的设置。

（1）选定控件。选定单个控件，只需单击该控件；选定多个控件，从控件以外任意一点按住鼠标左键不放，拖动鼠标拉出一个矩形，被矩形包含和与矩形交叉的控件将被选中。或者按住 Shift 键单击每个要选取的控件。

（2）调整控件的大小和对齐方式。单击“排列”选项卡下的“调整大小和排序”命令组内的各个按钮，进行相应调整，如图 7-65 所示。或者按下鼠标左键拖动选定控件时显示的控制点到合适的大小即可。

控件边距
控件填充
定位
位置
大小/空格
对齐
置于顶层
置于底层
调整大小和排序

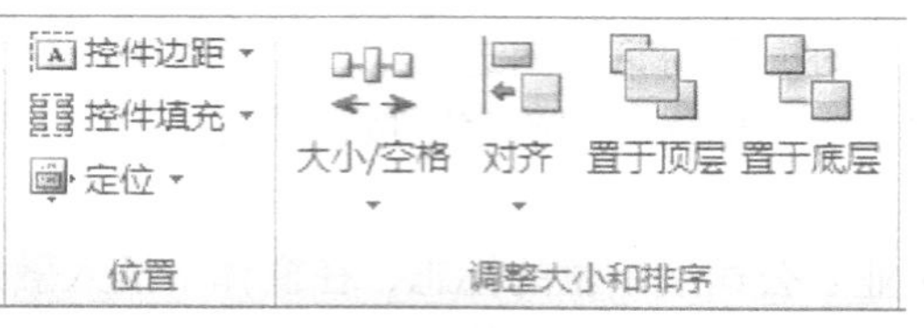

图 7-65 “大小”组

（3）字体设置。选择“窗体设计工具”的“格式”选项卡，使用“字体”命令组可设置字体、字型、字号、是否加粗、字体颜色、背景颜色，对齐方式等进行设置。

（4）控件的边框效果、特殊效果。选择“窗体设计工具”的“格式”选项卡，使用“控件格式”命令组，可以对控件进行边框、边框颜色及特殊效果的设置。

6．设置控件布局

控件布局主要有两种方式：表格式的纸质表单布局和堆积式的电子表格布局。

在表格式控件布局中，控件是以行和列的形式排列，就像电子表格一样，且标签横贯控件的顶部。表格式控件布局始终跨窗体的两个部分；无论控件在哪个部分，标签都在该布局上面的部分中。如图 7-66 所示。

在堆积式布局中，控件沿垂直方向排列，标签位于每个控件的左侧。堆积式布局始终包含在一个窗体部分中。如图 7-67 所示。

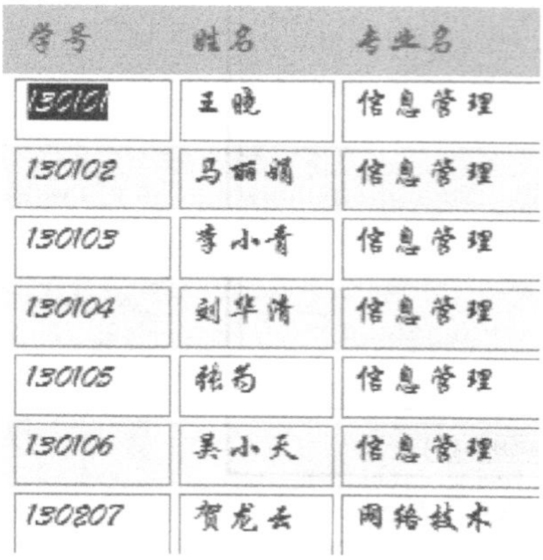

学号
姓名
专业名
130101
王晓
信息管理
130102
马丽娟
信息管理
130103
李小青
信息管理
130104
刘华清
信息管理
130105
张药
信息管理
130106
吴小天
信息管理
130207
贺龙云
网络技术

图 7-66 “表格式”控件布局

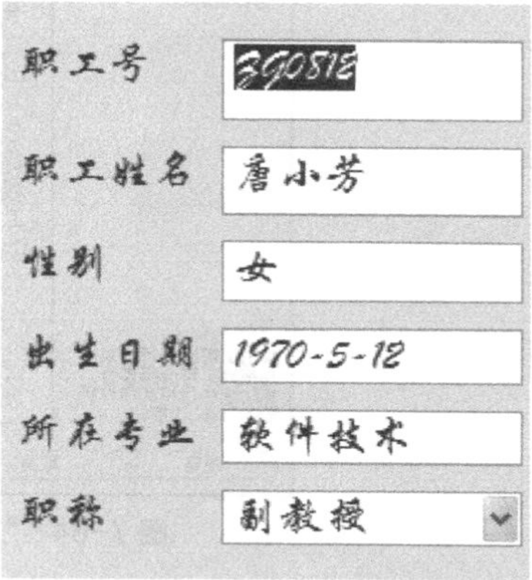

职工号
390818
职工姓名
唐小芳
性别
女
出生日期
1970-5-12
所在专业
软件技术
职称
副教授

图 7-67 “堆积式”控件布局

Access 2010 在一般情况下会自动创建堆积式控件布局，将控件从“堆积式”布局切换到“表格式”布局或者从“表格式”切换到“堆积式”的操作方法如下。

（1）单击布局左上角的橙色布局选择器选择控件布局。将选中该布局中的所有单元格。

（2）在“排列”选项卡上的“表”命令组中，单击所需的布局类型“表格”或“堆积”，如图 7-68 所示。或者单击右键，在下拉列表中选择“布局”，然后单击所需的布局类型。

（3）Access 2010 将控件重新排列为所需的布局类型。

堆积
表格
删除布局

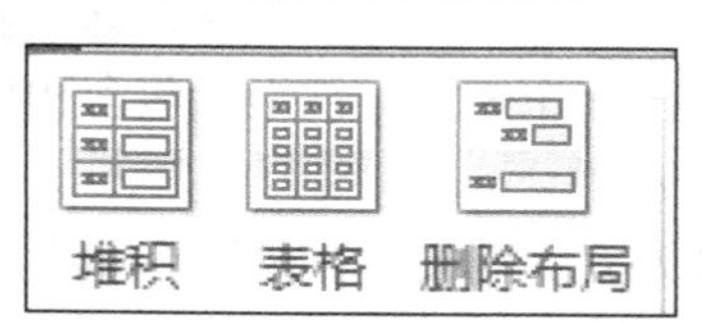

图 7-68 控件布局调整

7.4 使用窗体

任务 7.4 学习窗体的使用方法。

窗体最重要的功能是让用户在窗体里对各种数据进行操作。一般操作数据，都是在窗体的“窗体视图”内进行的。

7.4.1 查看、添加和删除数据

对数据进行查看、添加和删除是窗体的最常用的功能。

1．查看数据

进入打开的窗体视图，即可对窗体中的数据进行查看。对数据查看时可以借助导航栏，查看需要的数据，如图 7−69 所示。

图 7−69 导航栏

导航栏各按钮的作用如下。

：返回到第一条记录。

：显示前一条记录。

：显示后一条记录。

：显示最后一条记录。

：新增一条空记录。

第 2 项(共 8 项)：在其上单击可以显示当前记录号，也可在其中直接输入数字并回车即可立即跳转到指定记录号的记录。

2．添加或删除数据

在窗体的“属性表”设置中，设置可以对窗体中的数据进行编辑，用户就可以在窗体中进行数据的添加和删除操作。

如果要添加记录，单击“导航栏”中的“新记录”按钮，窗体上将显示一个空白记录，可以在相应的控件里输入字段的值。

要删除记录，选中要删除的记录值，然后直接单击“删除记录”按钮或者按下 Delete 键即可。

7.4.2 筛选、排序、查找数据

在窗体视图中，可以使用某个字段来排序窗体中的记录。单击字段，然后单击“排序和筛选”组中的“升序”和“降序”按钮。用户也可以通过“查找”和“替换”按钮查找和替换某个字段的值，如图 7−70 所示。

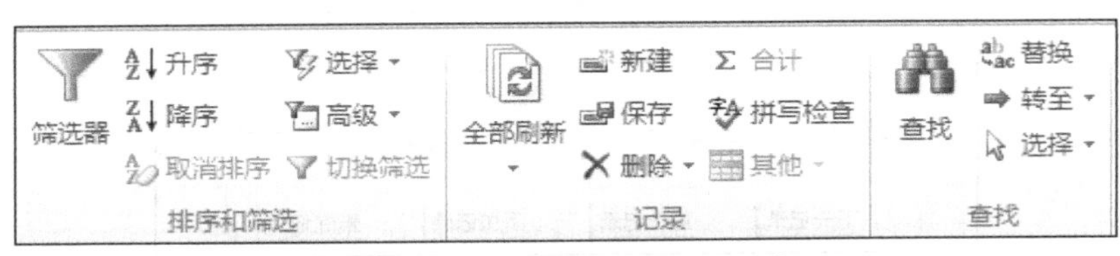

图 7−70 “排序和筛选”和“查找”组

7.5 实验

1．创建窗体

使用在“图书管理系统”数据库中的“学生基本信息”表、“书籍基本信息”表、“学院名称”表及“图书借阅信息记录”表，分别使用 “窗体”、“分割窗体”、“多个项目”、“窗体向导”的工具为其创建窗体。

操作步骤如下所示。

（1）打开“图书管理系统”数据库，在窗口左边的导航窗格中，选定“学生基本信息”表；

（2）单击“创建”选项卡下“窗体”组中的“窗体”按钮；

（3）保存该窗体为“学生借书信息”；

（4）在窗口左边的导航窗格中，选定“书籍基本信息”表；

（5）单击“创建”选项卡下“窗体”命令组中的“其他窗体”，在弹出的下拉列表中单击“分割窗体”按钮；

（6）保存该窗体为“书籍基本信息”；

（7）在窗口左边的导航窗格中，选定“学院名称”表；

（8）单击“创建”选项卡下“窗体”命令组中的“其他窗体”，在弹出的下拉列表中单击“多个项目”按钮；

（9）保存该窗体为“学院名称”；

（10）在窗口左边的导航窗格中，选定“图书借阅信息记录”表；

（11）单击“创建”选项卡下“窗体”命令组中的“窗体向导”按钮；

（12）弹出“窗体向导”对话框；

（13）确定窗体上使用“图书借阅信息记录”表中的所有字段，然后单击“下一步”按钮；

（14）确定窗体所使用的布局：这里选择“纵栏表”，然后单击“下一步”按钮；

（15）为窗体指定标题为“学生基本数据”，然后单击“完成”。

2．修改在上题中创建的“学生基本数据”窗体。如图 7-71 所示。

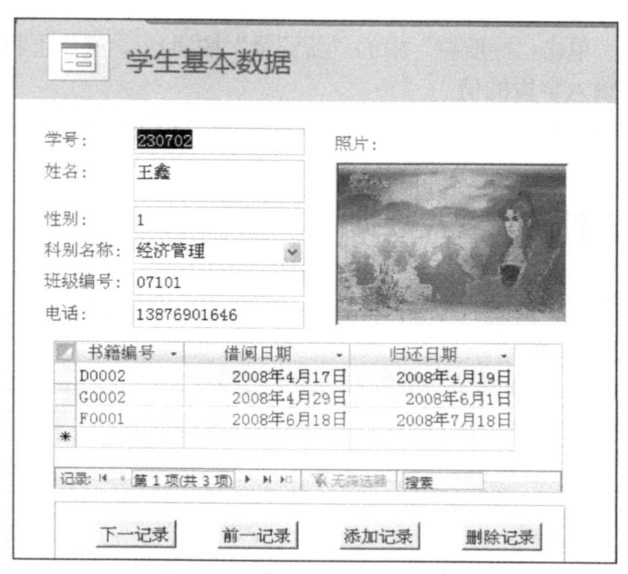

图 7-71 “学生借书信息”窗体

操作步骤如下所示。

（1）打开“学生基本数据”窗体的设计视图。

（2）使用鼠标拖动法，改变窗体的大小，调整“照片”和子窗体的位置。

（3）使用“设计”选项卡下“控件”组中的控件，在窗体中添加三个命令按钮和一个矩形。

（4）在窗体上调整各个控件的位置、大小以及对齐方式。

（5）单击“设计”选项卡下“工具”组中的“属性表”按钮，打开“属性表”窗格。

（6）在“属性表”的对象选择列表框中，选择“窗体”，切换到“窗体”的“属性表”。

（7）在“格式”选项卡下，设置“记录选择器”、“分隔线”、“导航按钮”为“否”，“自动居中”为“是”。

（8）单击“开始”选项卡中的“视图”按钮，从弹出的列表中，选择“窗体视图”命令，查看窗体的运行效果。

（9）保存。

3．继续修改上题中的“学生基本数据”。如图 7-72 所示。

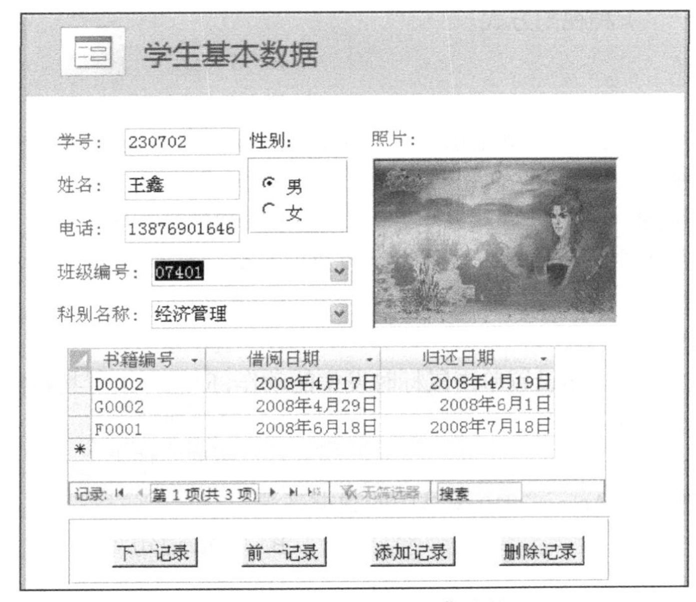

图 7-72 “学生借书信息”窗体

操作步骤如下所示。

（1）打开“学生基本数据”窗体的设计视图。

（2）删除“性别”文本框。

（3）调整“学号”、“姓名”、“电话”文本框的位置、大小和对齐方式。

（4）添加一个“性别”标签，并调整到适当的位置。

（5）添加一个“选项组”控件。

（6）为每个选项指定标签：第一行输入“男”，第二行输入“女”。

（7）确定默认项“是”，默认选项是“男”。

（8）确定在选项组中使用何种类型的控件：选项按钮，蚀刻。

（9）将新添加的“选项组”按钮的默认标签删除掉。

（10）将“班级编号”文本框，更改为“组合框”。

（11）切换到“窗体视图”查看以上设置效果。

（12）保存。

7.7 练习与思考

一、选择题

（1）在一个窗体中显示多条记录内容的窗体是（　　）。

A. 纵栏式　　B. 数据透视表

C. 图表式　　D. 表格式

（2）如果在窗体上输入的数据总是取自于查询或某个固定内容的数据，或者某一个表中记录的数据，可以使用以下（　　）控件来完成。

A. 列表框和组合框　　B. 文本框

C. 选项组　　D. 选项卡

（3）窗体有（　　）种视力方式。

A. 3　　B. 5

C. 4　　D. 6

（4）在窗体的设计视图中，既能够显示结果，又能够对控件进行调整的视图是（　　）。

A. 窗体视图　　B. 布局视图

C. 设计视图　　D. 数据表视图

（5）Access 数据库中，用于输入或编辑字段数据的交互控件是（　　）。

A. 文本框　　B. 标签

C. 复选框　　D. 组合框

（6）为窗口中的命令按钮设置单击鼠标时发生的动作，应选择设置其属性对话框的（　　）。

A. 格式选项卡　　B. 事件选项卡

C. 方法选项卡　　D. 数据选项卡

（7）（　　）不属于 Access 2010 窗体中的数据来源。

A. 查询　　B. SQL 语句

C. 信息　　D. 表

（8）下列关于窗体的说法中错误的是（　　）。

A. 窗体是一种主要用于在数据库中输入和显示数据的数据库对象。

B. 不可以对窗体进行查找、排序和筛选。

C. 窗体是数据库中用户和应用程序之间的主要接口。

D. 在窗体中可以有文字、图像、图形和声音。

（9）窗体有多个节组成，其中可以用于在每一个打印页底部显示信息的是（　　）。

A. 页面页眉　　B. 页面页脚

C. 窗体页脚　　D. 窗体页眉

二、简答题

1. 窗体可分为哪几种类型？各有什么特点？

2. 窗体的主要功能有哪些？
3. 创建窗体的方法主要有哪些？
4. 窗体主要由几部分组成，各部分主要用来放置哪些信息和数据？
5. 控件有哪几种类型？举例说明其功能。
6. 如何创建主/子窗体？子窗体有哪些作用？

PART 8

第8章 设计和创建报表

任务与目标

1．任务描述

报表是数据库中显示和打印数据的主要工具。本章学习报表的作用和能够完成的功能，利用 Access 2010 设计和创建报表。通过实际用例的学习，了解报表的基本概念、掌握创建报表的方法、报表外观的设计技巧以及如何使用报表。

2．任务分解

任务 8.1　了解报表的概念、基本类型及其组成。

任务 8.2　利用 Access 2010 向导、自动功能创建报表和标签报表。

任务 8.3　利用 Access 2010 预览和打印报表。

任务 8.4　利用 Access 2010 设计视图自定义报表。

任务 8.5　利用报表对数据进行排序、计算、设置条件格式等。

3．学习目标

目标 1：熟练掌握报表的含义、基本类型、视图类型及相关属性。

目标 2：熟练掌握使用 Access 2010 自动创建报表的不同方法。

目标 3：熟练掌握预览和打印报表的方法。

目标 4：熟练掌握使用 Access 2010 设计视图创建报表、修改报表和外观设计的技巧。

目标 5：熟练掌握对报表中的数据进行排序、汇总、分组、计算、设置条件等的方法。

8.1　认识报表

任务 8.1 了解报表的概念、基本类型及其组成。

使用数据库中的表保存实际数据，使用查询和窗体可以用不同方式查看数据，但在最后要将数据库中存储的信息展现出来，则需要利用报表。报表是以打印格式输出数据的一种有效方法。将数据存放在 Access 2010 建立的数据库中，其目的就是要利用 Access 强大的数据管理功能，对数据进行整理、计算和统计等工作，最后得到符合要求的数据信息报表。

报表和窗体的创建过程类似，区别是报表可将最终结果打印为纸质文档，而窗体数据只能在屏幕显示查看。创建窗体的目的是用来显示数据与交互编辑数据，创建报表的目的是预览数据与打印数据，而不能用于交互。

8.1.1 报表的作用

报表是一种数据对象，能够将数据或信息输出到屏幕显示或者从打印设备上输出，提供了其他数据库对象所不具备的排版和汇总分析功能。在报表中可以应用文本、数据、图片等元素进行排版，可以对数据进行分组、排序，也可以把数据相加汇总，计算平均值或其他统计信息等。

报表的主要功能如下。

（1）对数据库中的原始数据进行排序、分类汇总，然后输出报表，进行数据浏览。

（2）制成打印出各种不同风格外观的报表，使用户的报表更易于阅读和理解。

（3）能够生成电话表、定单、发票、标签等多种形式的报表。

（4）可以生成含图表和图形的报表。

（5）可以在页的顶部和底部打印标识信息的页眉及页脚。

8.1.2 报表的视图

与窗体一样，报表也有各种视图。打开任一报表，单击屏幕左上角的“视图”按钮，弹出视图列表，从中看出报表共有4种视图，各种视图可以方便地进行切换，如图8-1所示。

图8-1 报表的各种视图

（1）设计视图：报表的设计视图用来设计和修改报表，可以添加控件、设置布局、显示字段列表、添加表达式控件以及设置控件的各种属性等，如图8-2所示。

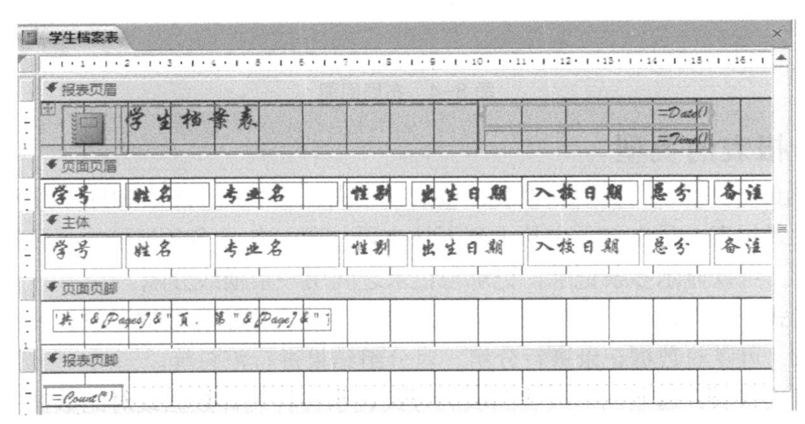

图8-2 设计视图

（2）报表视图：是报表设计完成后，最终被打印的视图。在报表视图中可以执行数据的筛选和查找操作，如图8-3所示。

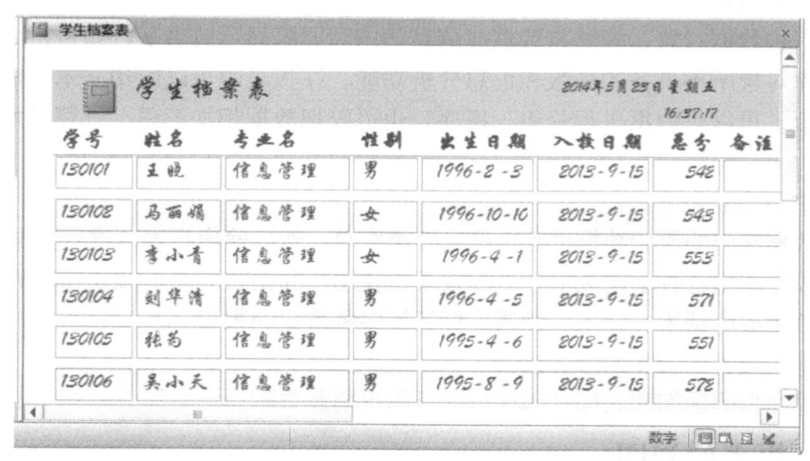

学生档案表

2014年5月23日 星期五 16:37:17

学号	姓名	专业名	性别	出生日期	入校日期	总分	备注
130101	王晓	信息管理	男	1996-2-3	2013-9-15	542	
130102	马丽娟	信息管理	女	1996-10-10	2013-9-15	543	
130103	李小青	信息管理	女	1996-4-1	2013-9-15	555	
130104	刘华清	信息管理	男	1996-4-5	2013-9-15	571	
130105	张芮	信息管理	男	1995-4-6	2013-9-15	551	
130106	吴小天	信息管理	男	1995-8-9	2013-9-15	572	

图 8-3　报表视图

（3）布局视图：可以在预览方式下调整报表的设计。界面和报表视图几乎一样，但可以调整列宽、行高及相关格式，可以移动控件的位置，执行添加徽标控件、删除控件等操作。不能添加一般常用的控件，如标签、按钮等控件，如图 8-4 所示。

（4）打印预览：可以查看报表的打印效果，如果不理想，可以随时更改设置。

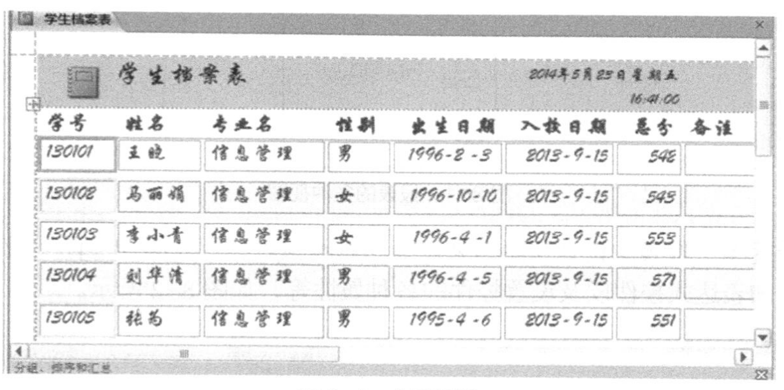

学生档案表

2014年5月23日 星期五 16:41:00

学号	姓名	专业名	性别	出生日期	入校日期	总分	备注
130101	王晓	信息管理	男	1996-2-3	2013-9-15	542	
130102	马丽娟	信息管理	女	1996-10-10	2013-9-15	543	
130103	李小青	信息管理	女	1996-4-1	2013-9-15	555	
130104	刘华清	信息管理	男	1996-4-5	2013-9-15	571	
130105	张芮	信息管理	男	1995-4-6	2013-9-15	551	

图 8-4　布局视图

8.1.3　报表的类型

Access 2010 提供了不同类型的报表，包括纵栏式、表格式、图表和标签报表。

（1）纵栏式报表：是在每页中从上到下按字段打印一条或多条记录的一种报表，其中每个字段占一行，可以显示多条记录，记录与记录之间用一条横线分隔。

（2）表格式报表：以行、列的形式显示和打印表或查询中的数据记录，一次可以显示多个字段和记录，可以对数据记录进行分组，对分组结果进行汇总等。

（3）图表式报表：通过图形或者图表的方式显示各种统计数据或对比数据的一类报表。如折线图、柱形图等，如图 8-5 所示。利用图表型报表可以更加直观地表达数据之间的关系。

（4）标签式报表：将特定字段中的数据提取出来，打印成一个小小的标签。

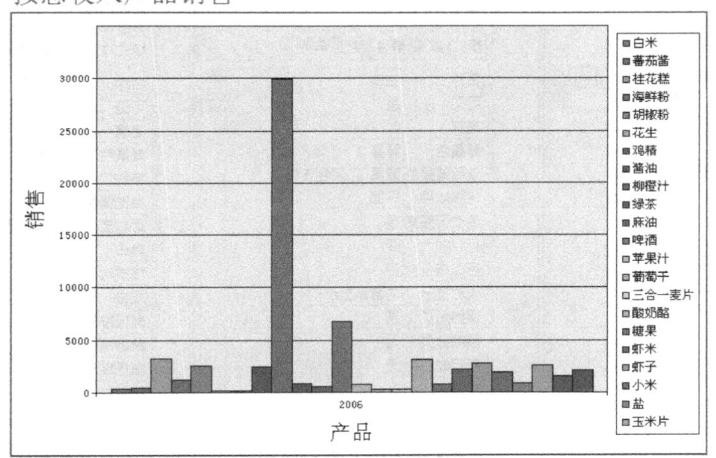

图 8-5　图表报表

8.1.4　报表的属性

使用“设计视图”创建和修改报表时，常在“属性表”窗格中，对选定的对象的属性进行设置。双击选定的对象，打开该对象的“属性表”窗格，报表的属性以 5 个选项卡的方式显示。

1．报表常用属性

报表的常用属性有记录源、标题、宽度、滚动条等属性，如图 8-6 所示。

（1）记录源：设置报表的数据源。

（2）筛选：设置从数据源中筛选数据的依据。

（3）加载时的筛选器：设置上述设置的筛选规则是否有效。

（4）排序依据：用来指定排序原则，由字段名或者字段名表达式组成。

（5）加载时的排序方式：设置上述设置的排序规则是否有效。

（6）标题：用来设置报表标题栏的内容。

（7）页面页眉/页面页脚：用来设置页面页眉和页面页脚中的内容是否打印出来。该属性共有 4 个选项值：所有页、报表页眉不要、报表页脚不要、报表页眉/页脚都不要。

（8）所有页：默认值，页眉页脚在报表的所有页中都打印。

（9）报表页眉不要：在报表页眉所在的页不打印报表页眉。

（10）报表页脚不要：在报表页脚所在的页不打印报表页脚。

（11）报表页眉/页脚都不要：在报表页眉所在的页或在报表页脚所在的页都不打印页眉页脚。

（12）宽度：用来设置报表的宽度，单位是 CM，但这个宽度不可大于“页面设置”中设定的页面宽度。

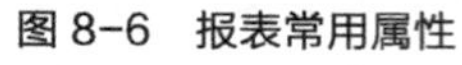
图 8-6　报表常用属性

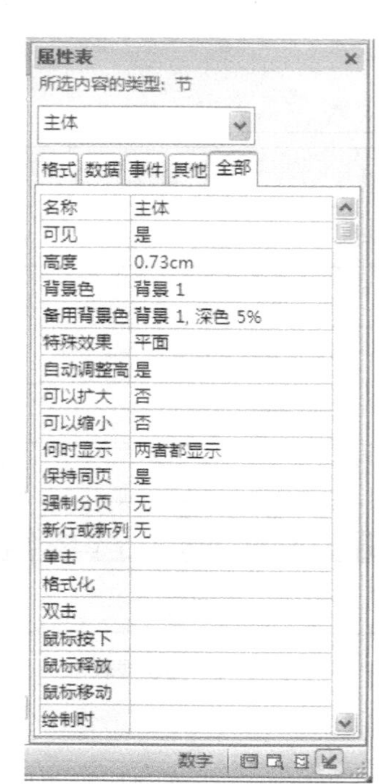

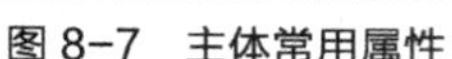
图 8-7　主体常用属性

图 8-8　页面页眉常用属性

2．主体常用属性

主体常用属性主要有名称、强制分页、保持同页、格式化等，如图 8-7 所示。

（1）强制分页：用来设置分页模式。共 4 个选项值：无、在节前、在节后、节前和节后。

（2）保持同页：设置该节的内容是否打印在同一页上，默认为“否”。如选择“是”，表示当剩余的空间无法显示节内全部的内容时，就移到下一页的开始处打印。

（3）可见：设置该节的内容是否可见。

（4）可以扩大：设置该节是否能够自动垂直放大，以显示节内包含的所有内容。

（5）可以缩小：设置该节是否能够自动垂直缩小，以防数据太少时显示空白。

3．页面页眉常用属性

页面页眉常用属性有何时显示、背景色、特殊效果、自动调整高度等。如图 8-8 所示。

（1）何时显示：设置是在打印时显示，还是在屏幕上显示，或是两者都显示。

（2）背景色：设置背景的颜色。

（3）特殊效果：设置平面、凸起、凹陷。

（4）自动调整高度：设置页面页眉的高度是否根据实际自动实现调整。

通常系统窗口右侧的属性表窗口，可以对报表中的所有控件和部件的属性进行设置。方法就是选中需要调整属性的对象，双击即可弹出其对应的属性窗口，选择相关属性进行设计即可。

8.2　创建报表

任务 8.2 利用 Access 2010 向导、自动功能创建报表和标签报表。

在 Access 2010 中可以创建由简到繁的各种不同报表。从“创建”选项卡下的“报表”

命令组中，显示了创建报表的 5 种方法，如图 8-9 所示。

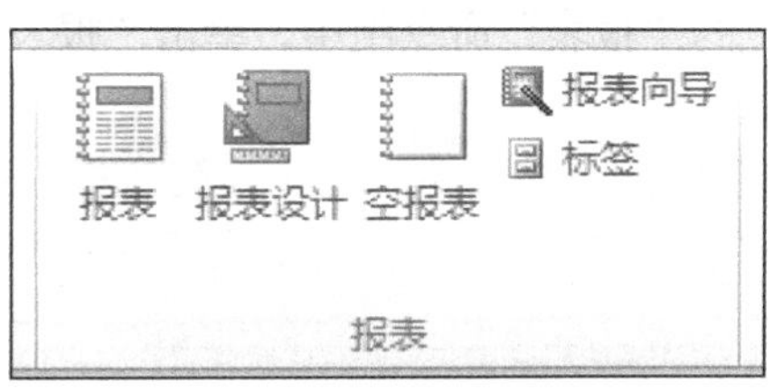

图 8-9 “报表”组

8.2.1 使用自动方式创建报表

使用“报表”命令组中的“报表”工具，可以最快方式立即生成报表，生成时不需要提供其他信息，报表中将显示表或查询中的所有字段。保存该报表，在布局视图或设计视图中进行修改，可以既快又好地创建满足需求的报表。

例 8.1 以“学生档案表”作为数据源，利用“报表”工具创建一个“学生基本信息报表”。

操作步骤如下所示。

（1）在导航窗格中，单击“学生档案表”。

（2）在“创建”选项卡上的“报表”命令组中，单击“报表”按钮，即可生成如图 8-10 所示的报表。

（3）保存为“学生基本信息报表”。

学生档案表

2014年5月23日 星期五
17:55:21

学号	姓名	专业名	性别	出生日期	入校日期	总分
130101	王晓	信息管理	男	1996-2-3	2013-9-15	542
130102	马丽娟	信息管理	女	1996-10-10	2013-9-15	543
130103	李小青	信息管理	女	1996-4-1	2013-9-15	553
130104	刘华清	信息管理	男	1996-4-5	2013-9-15	571
130105	张昌	信息管理	男	1995-4-6	2013-9-15	551
130106	吴小天	信息管理	男	1995-8-9	2013-9-15	572
130207	贺龙云	网络技术	男	1994-7-8	2013-9-15	531

图 8-10 “学生基本信息报表”

自动创建后的报表，就是报表的布局视图，在布局视图内可以对报表进行修改或删除操作。保存报表后，下次打开报表时，Access 2010 将显示记录源中最新的数据。

8.2.2 使用向导创建报表

使用报表向导创建报表时可以选择在报表上显示哪些字段。同时还可以指定数据的分组和排序方式。如果您事先指定了表与查询之间的关系，那么还可以使用来自多个表或查询的字段。

例 8.2 以“学生成绩表”作为数据源，利用报表向导工具创建一个“学生平均成绩信息报表”。

操作步骤如下所示。

（1）在“创建”选项卡上的“报表”命令组中，单击“报表向导”，弹出“报表向导”对话框。

（2）单击“表/查询”选项中的下拉箭头，在下拉列表框中选择“表：学生成绩表”，并将该表内的所有字段添加到“选定字段”列表框中，如图 8-11 所示。

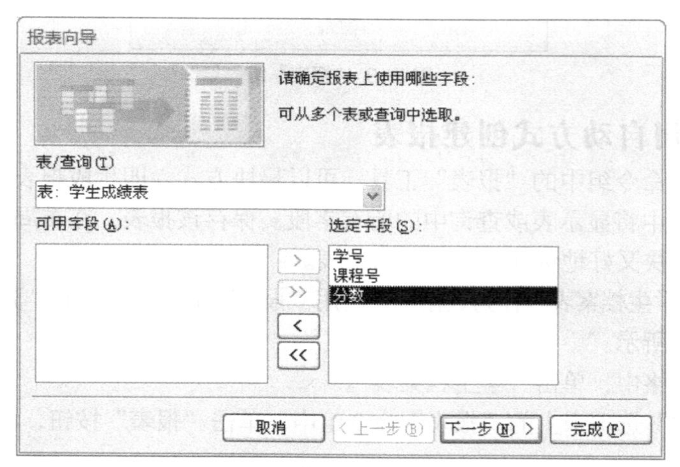

图 8-11 “报表向导”对话框

（3）单击“下一步”按钮，弹出设置是否添加分组级别的对话框，如图 8-12 所示。选择左边列表中的“学号”作为分组依据。

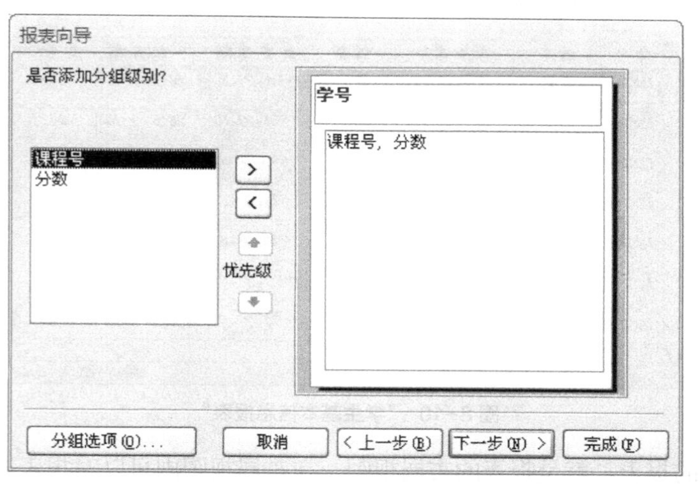

图 8-12 添加分组级别

（4）单击“下一步”按钮，弹出设置数据排序次序对话框，如图 8-13 所示。

（5）单击“汇总选项”按钮，弹出“汇总选项”对话框，如图 8-14 所示。对选定的字段设置汇总选项。这里对“分数”字段设置“平均”汇总。单击“确定”按钮，返回“报表向导”对话框。

（6）单击“下一步”按钮，弹出设置报表布局方式的对话框，如图 8-15 所示。这里采用系统默认的布局。

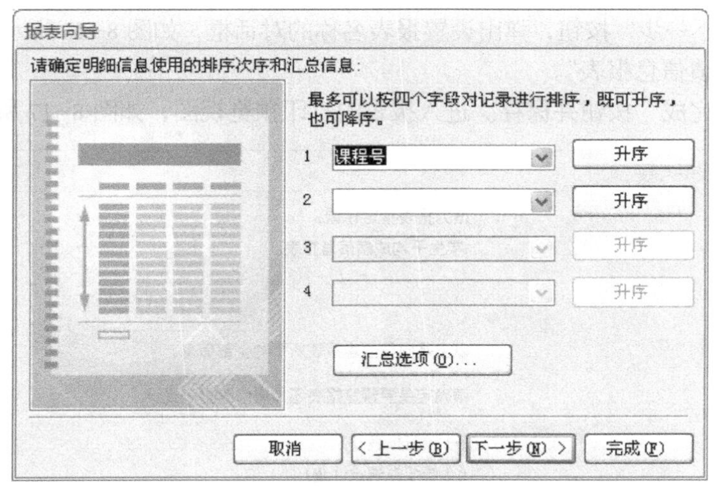

图 8-13 设置数据排序

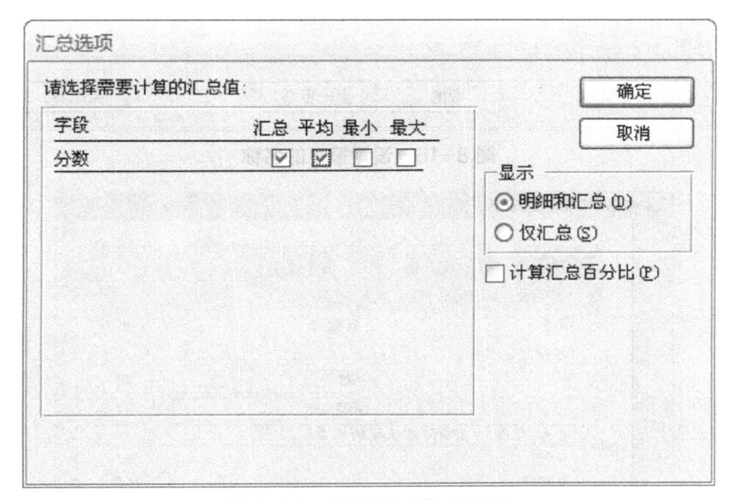

图 8-14 “汇总选项”对话框

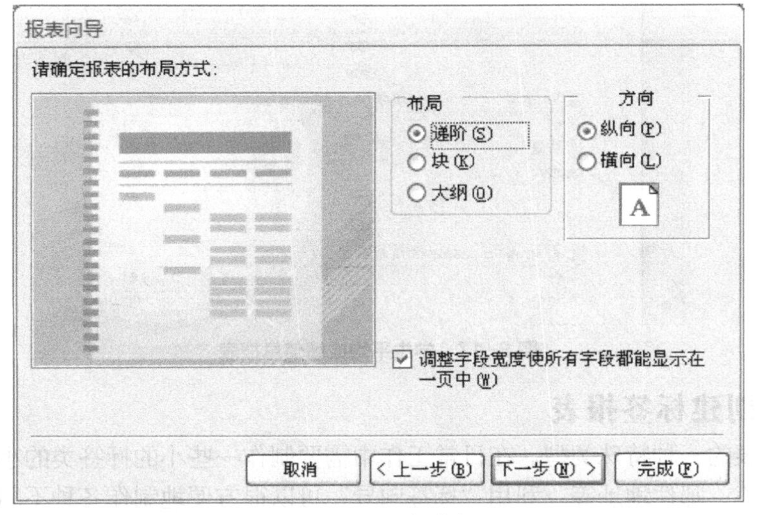

图 8-15 设置报表布局

（7）单击“下一步”按钮，弹出设置报表名称的对话框，如图 8-16 所示。输入报表的名称“学生平均成绩信息报表”。

（8）单击“完成”按钮并保存。进入报表的打印预览视图，如图 8-17 所示。

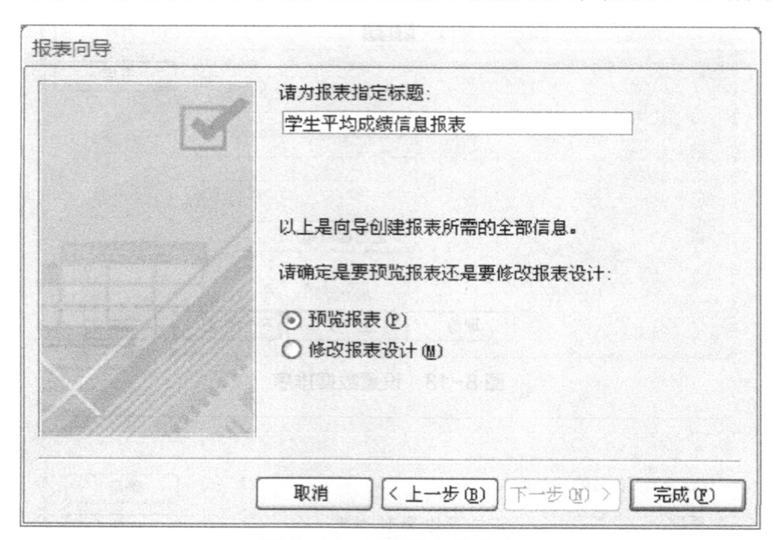

图 8-16　设置报表的名称

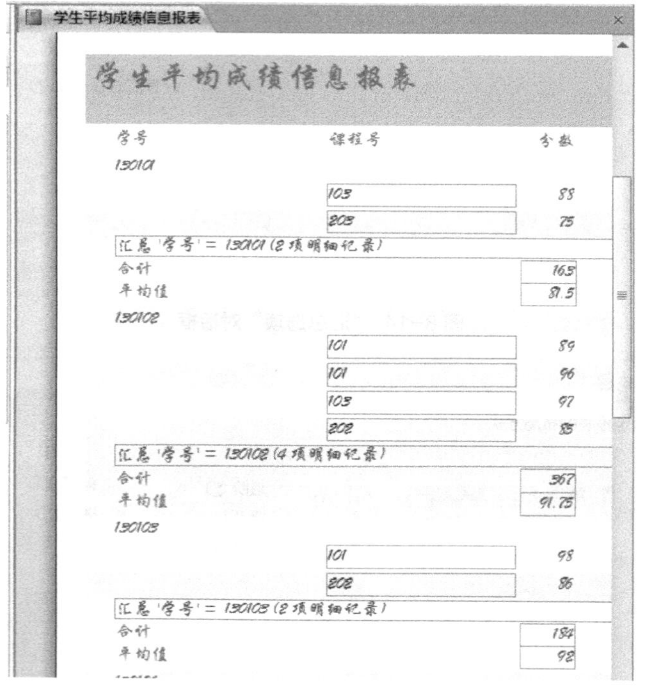

图 8-17　学生平均成绩信息报表

8.2.3　创建标签报表

标签是报表的一种特殊类型。在日常工作中需要制作一些小的标签类的小卡片，如价格标签、图书标签、邮件地址等。利用“标签向导”可以很方便地制作各种不同规格的标签式报表。

例 8.3 以“课程表”中的数据为数据源，为每门课程设计一个简单标签。

操作步骤如下所示。

（1）在导航栏中“表”区域选定 “课程表”。

（2）单击“创建”选项卡下的“报表”命令组中的“标签”按钮，弹出“标签向导”对话框，如图 8-18 所示。在该对话框中，选择标签的型号，选择系统默认型号。

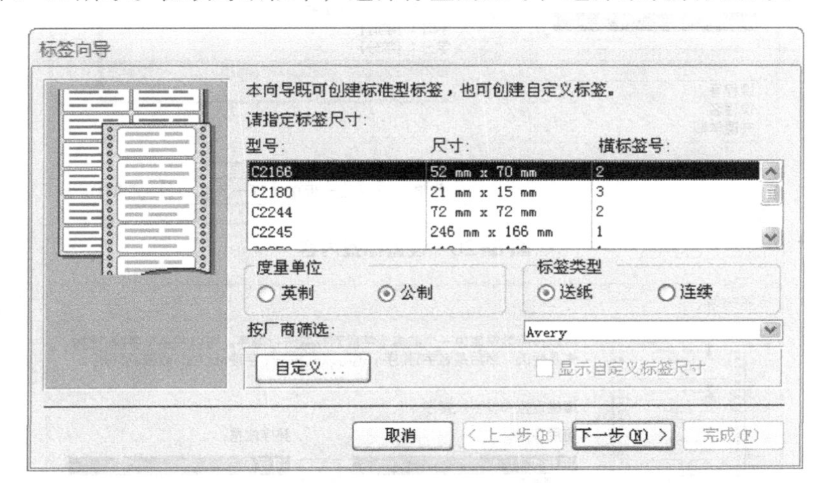

图 8-18 “标签向导”对话框

（3）单击“下一步”按钮，弹出设置标签文本的对话框，如图 8-19 所示。设置字体为“华文新魏”、字号为“14”号、字体粗细为“加粗”、文本颜色为“蓝色” 。

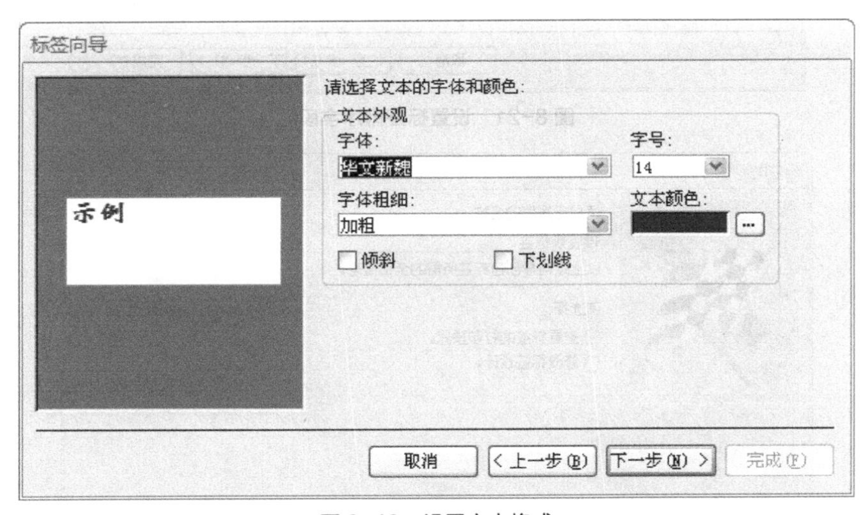

图 8-19 设置文本格式

（4）单击“下一步”按钮，弹出设置标签显示内容的对话框，如图 8-20 所示。从左边的“可用字段”列表框中选择要显示的字段，每选择一个字段，按回车键，以使其分行显示。选择完字段后，在每个字段前输入说明文字，如“课程号：”、“课程名：”等。

（5）单击“下一步”，设置标签排序依据字段。如图 8-21 所示，选择“课程号”。

（6）单击“下一步”，在出现的对话框中输入报表的名称为“课程表标签”。如图 8-22 所示。

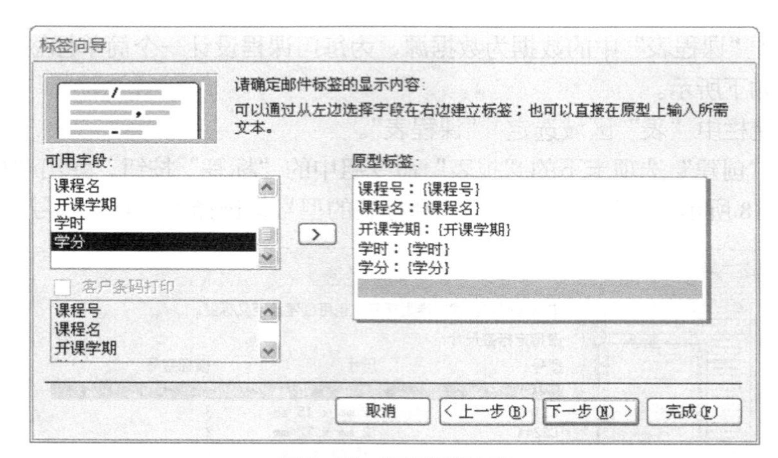

图 8-20 设置标签内容

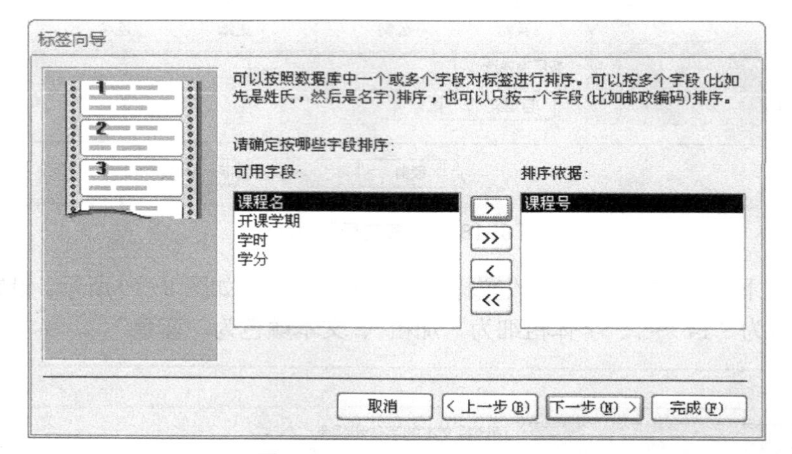

图 8-21 设置标签排序字段

图 8-22 设置标签报表名称

(7)单击“完成”按钮。最后生成报表如图 8-23 所示。

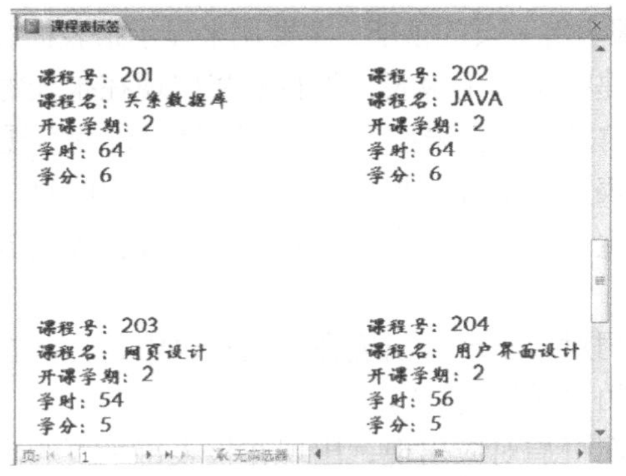

图 8-23　课程表标签报表

8.3　自定义报表

任务 8.3 利用 Access 2010 预览和打印报表。

利用报表的设计视图，对自动生成的报表或是以报表向导方式创建的报表加以修改，可以使之成为一个标准的、满足需求的报表。使用设计视图创建报表，可以对数据进行分析、汇总，可以添加交互条件以实现复杂的综合应用功能。

8.3.1　报表的结构

报表和窗体一样，其整个结构也是由多个部分构成的。打开“学生平均成绩信息报表”的设计视图，如图 8-24 所示。从图上可以看出，报表被分为报表页眉、页面页眉、学号页眉、主体、学号页脚、页面页脚和报表页脚等部分。在 Access 中报表是按节来设计的，各节的作用如下。

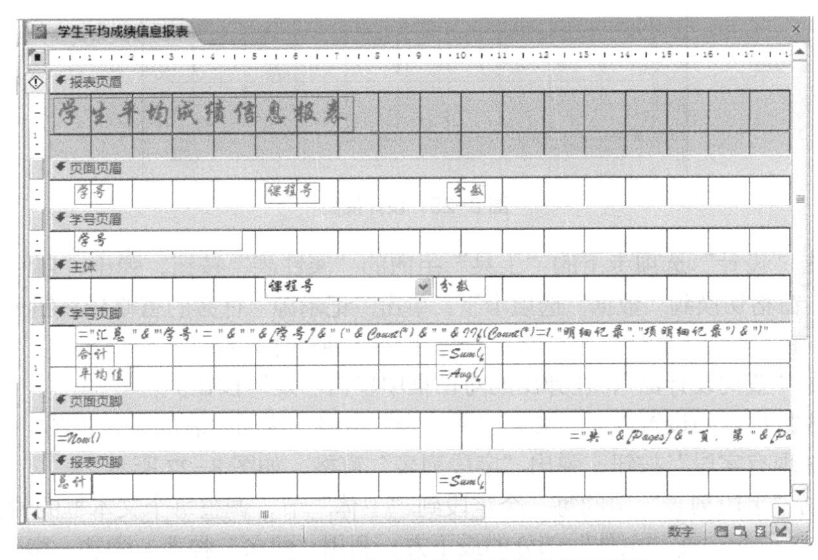

图 8-24　“学生平均成绩信息报表”的设计视图

（1）报表页眉：出现在整个报表的开始部分，位于第一页报表的顶部，且只出现一次。常用于显示整个报表的一般性说明文字以及报表标题、徽标或当前日期等。

（2）页面页眉：位于报表每一页的顶部，主要用来显示报表标题、字段名、图标、日期等。

（3）组页眉：如果创建的是分组报表，组页眉将出现在报表每一个分组字段的开始处，用于显示组的标题及相关信息。如报表按照“学号”分组，就出现了“学号页眉”。

（4）主体：包含了报表数据部分。报表的基表记录源中的每一条记录都放置在主体中。可以将控件放置到报表的主体部分，或者将报表中的字段直接拖放到主体以显示数据源中的详细数据。

（5）组页脚：和组页眉对应出现，出现在分组报表中，打印在一组记录的最后面。一般用来放置组的汇总信息，如“学号页脚”。

（6）页面页脚：和页面页眉对应出现，出现在报表每一页的底部。主要用来显示当前日期、页码等和报表相关的信息。

（7）报表页脚：和报表页眉对应出现，用于在报表的底部放置信息，如报表的求和、计数、平均值等信息。

8.3.2 修改报表内容

与窗体的修改模式一样，可以向报表中添加控件，设置报表属性等，其操作方法和在设计视图内修改窗体是一样的。下面以一个实例来说明修改报表内容的方法。

例 8.4 以“课程表”和“学生成绩表”为数据源，建立带有课程查询功能的报表。

（1）单击“创建”选项卡下“报表”命令组中的“报表设计”按钮，进入报表的设计视图，如图 8-25 所示。

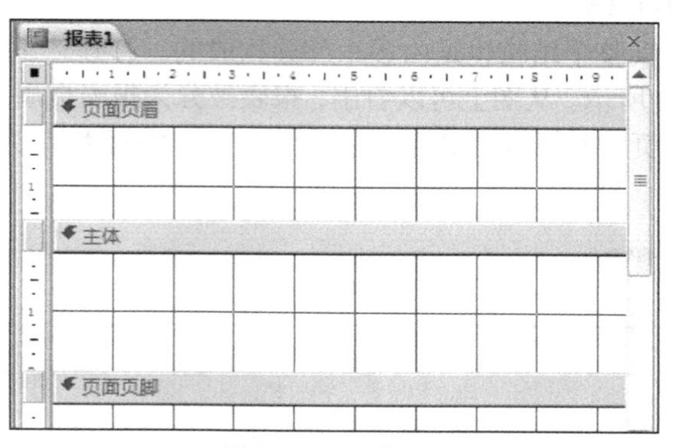

图 8-25 设计视图

（2）单击“设计”选项卡下的“工具”组内的“属性表”按钮，弹出“属性表”窗格。将“属性表”窗格切换到“数据”选项卡下，单击“记录源”行旁的省略号按钮，打开“查询生成器”，在“查询生成器”中，将进行如图 8-26 所示的设置。

（3）关闭“查询设计器”，在弹出的对话框中单击“是”按钮。

（4）完成数据源的设置以后，关闭“属性表”窗格，返回报表的设计视图。单击“工具”组内的“添加现有字段”按钮，弹出“字段列表”窗格，如图 8-27 所示。

（5）拖动“字段列表”中的每一个字段到“主体”节，调整每个文本框的位置和字体格式，如图 8-28 所示。在“主体”部分的最下方，利用“线条”控件，添加一根线条。

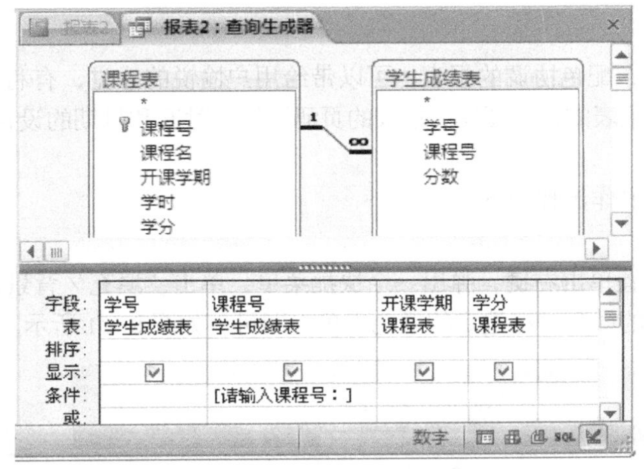

报表2：查询生成器
课程表
课程号
课程名
开课学期
学时
学分
学生成绩表
学号
课程号
分数
字段：学号 课程号 开课学期 学分
表：学生成绩表 学生成绩表 课程表 课程表
排序：
显示：
条件：[请输入课程号：]
或：

图 8-26 “查询设计器”的设置

字段列表
显示所有表
可用于此视图的字段:
学号
课程号
开课学期
学分

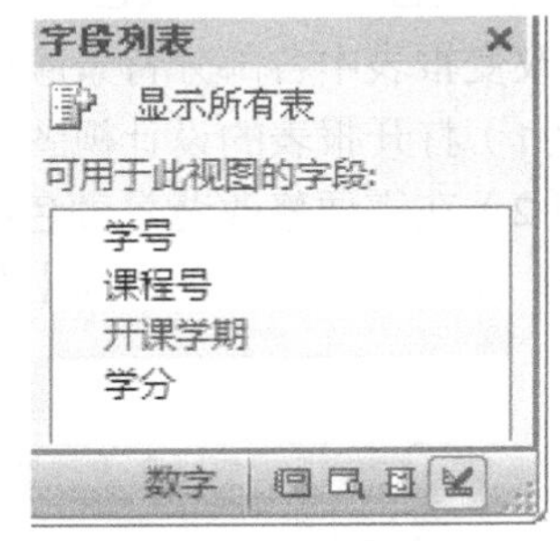

图 8-27 字段列表

（6）将建立好的报表切换到“打印预览视图”，弹出“输入参数值”的对话框，如图 8-29 所示。在该对话框内输入“101”。

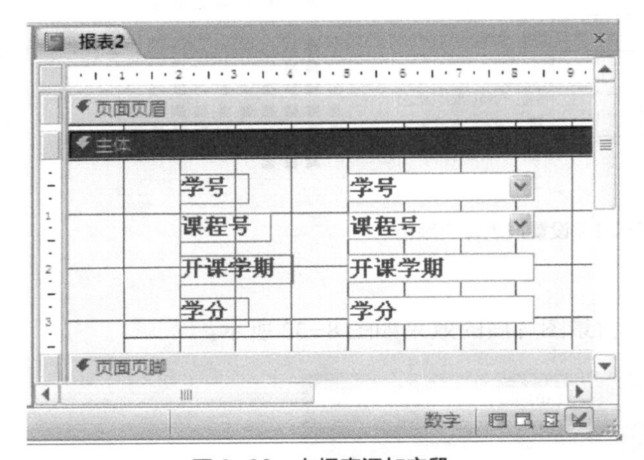

报表2
页面页眉
主体
学号
课程号
开课学期
学分
页面页脚

图 8-28 向报表添加字段

输入参数值
请输入课程号：
101
确定
取消

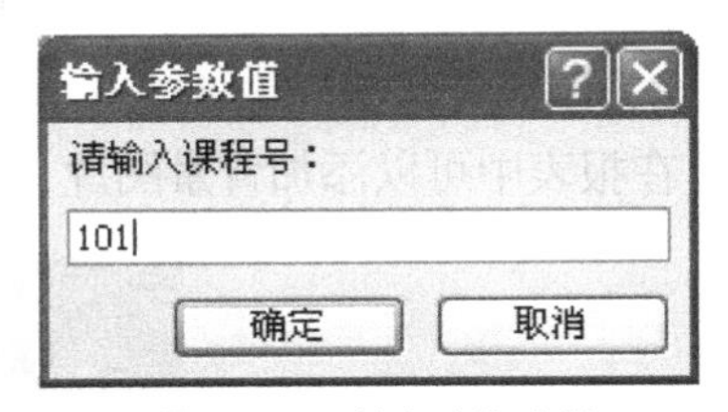

图 8-29 输入查询参数

（7）单击“确定”按钮，返回参数的结果，如图 8-30 所示。

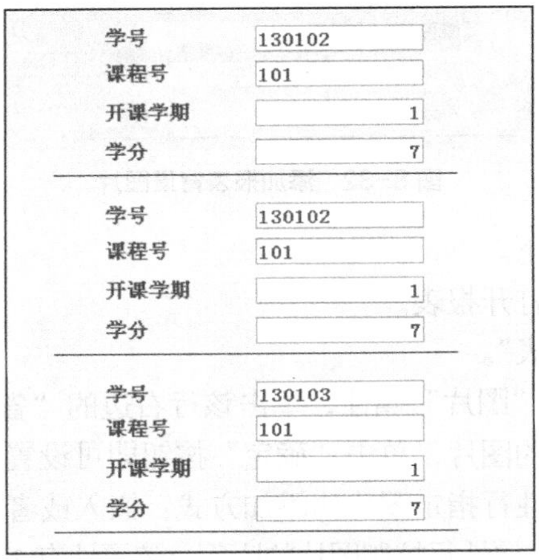

学号 130102
课程号 101
开课学期 1
学分 7
学号 130102
课程号 101
开课学期 1
学分 7
学号 130103
课程号 101
开课学期 1
学分 7

图 8-30 参数报表显示结果

8.3.3 报表外观设置

一个数据清晰，版面设置合理，配色协调的报表，可以带给用户愉悦的感觉，有利于提高工作效率。报表的外观设置包括报表的背景图案、报表的页码设置、时间和日期的设置等。

1. 设置报表背景颜色

改变报表中各部分背景颜色的操作步骤如下。

（1）打开报表的设计视图。

（2）在需要修改背景颜色的位置单击右键，弹出一个快捷菜单，单击“填充／背景色”命令，弹出一个子菜单，列出背景的颜色。在选定的颜色上单击即可。如图 8-31 所示。

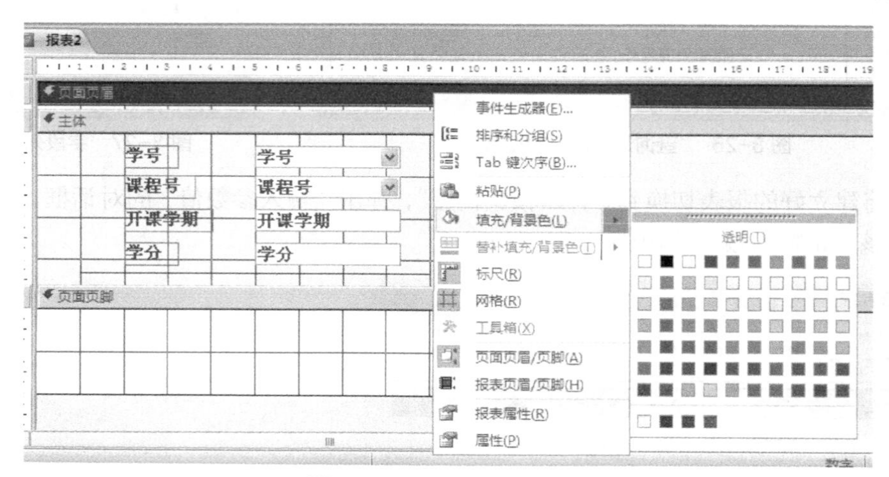

图 8-31 设置报表背景颜色

2. 添加背景图片

在报表中可以添加背景图片，添加背景图片后的效果如图 8-32 所示。

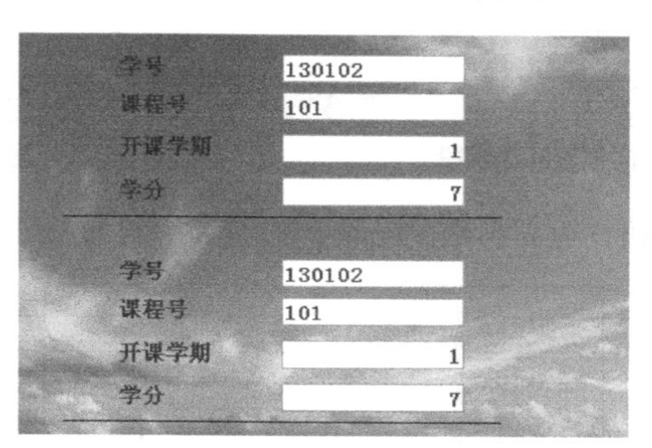

图 8-32 添加报表背景图片

添加图片的操作方法如下。

（1）在“设计视图”中打开报表。

（2）打开报表的“属性表”。

（3）选择“属性表”的“图片”属性，单击该行右边的“省略号”按钮，在弹出的“插入图片”对话框中选择合适的图片，单击“确定”按钮即可设置图片作为报表的背景。

（4）用“图片类型”属性行指定图片的添加方式：嵌入或者链接。

（5）用“图片缩放模式”属性行控制图片的比例，该属性有 3 个选项：剪裁、拉伸、缩放。

（6）用“图片对齐方式”属性行指定图片在报表页面上的位置。有 5 个选项：左上、右上、中心、左下及右下。

（7）和“图片出现的页”属性行指定图片在报表中出现的页码。有 3 个选项：所有页、第一页及无。

3．添加报表页码

给输出的报表添加页码，是一项非常重要的工作。在报表中添加页码的操作步骤是：

（1）打开报表的设计视图。

（2）单击“设计”选项卡下的“页眉/页脚”命令组中的“页码”按钮，弹出页码对话框，如图 8-33 所示。在该对话框内设置页码的格式和位置。如果要在第一页中显示页码，请选中“首页显示页码”复选框。

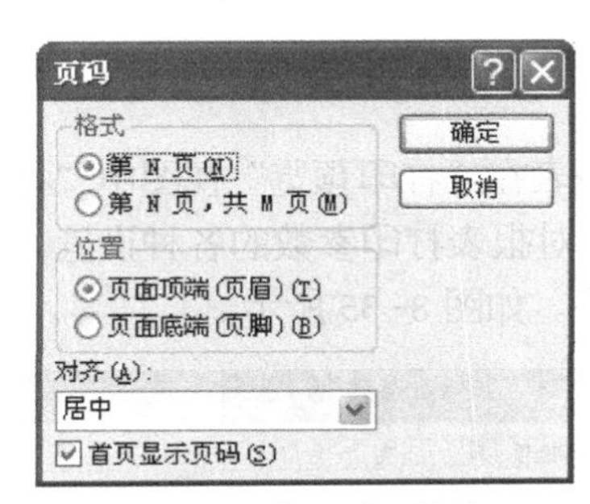

图 8-33 “页码”对话框

（3） 单击“确定”按钮，保存设置。

4．报表的日期和时间设置

添加日期时间是实际工作中经常碰到的问题。添加日期和时间的方法和添加页码相似，其操作方法如下：

（1）打开报表的设计视图。

（2）单击“设计”选项卡下的“页眉/页脚”命令组中的“日期和时间”按钮，弹出“日期和时间”对话框，如图 8-34 所示。在该对话框内设置时间和日期的格式。

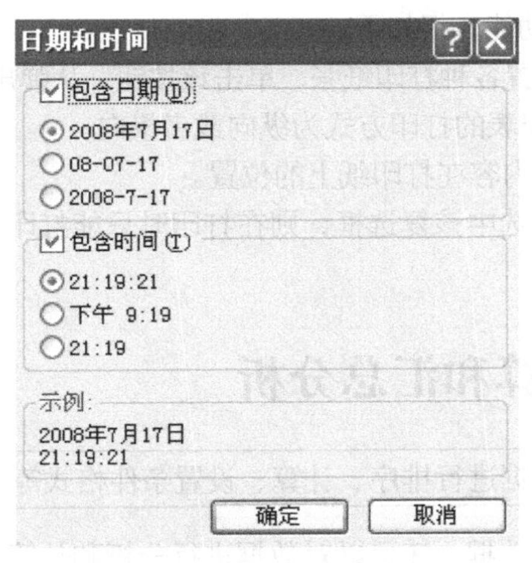

图 8-34 “日期和时间”对话框

（3）单击“确定”按钮，保存设置。

8.4 预览和页面设置

任务 8.4 利用 Access 2010 设计视图自定义报表。

打印出美观、正确的报表是报表设计的最终目标。为确保报表的设计质量，在正式打印低质文档以前，先进入报表的打印预览视图，预览报表，如有问题，修改定稿后再打印。

1. 打印预览

打印预览的目的就是让用户提前查看打印样式和打印内容，确认是否满意，若有不足，进去报表的“设计视图”重新修改，直到满意为止。

单击“视图”按钮下的小箭头，在弹出的列表中，选择“打印预览”命令，即可进入报表的预览视图。

2. 页面设置

报表的页面设置就是利用报表在“打印预览”视图中“打印预览”选项卡下“页面布局”命令组中的“页面设置”工具，对报表打印参数的各种设置。如打印纸张的大小、打印方式、页边距的设置和打印机的设置等。如图 8-35 所示。

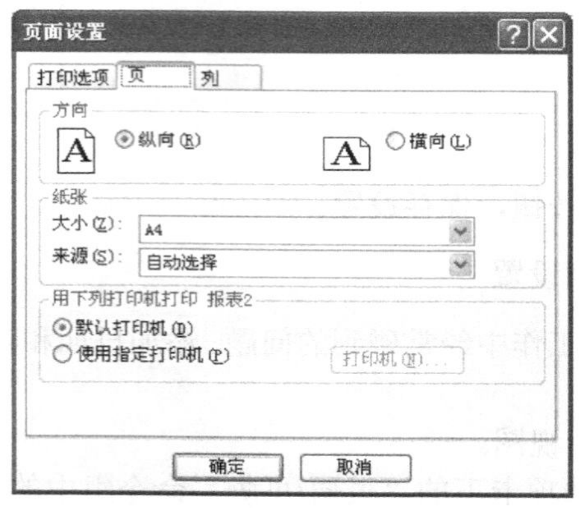

图 8-35 “页面布局”组

“页面设置”的各常用功能介绍如下。

(1) 纸张大小：用于设置各种打印纸张，单击该按钮，从弹出纸张选项菜单中进行选择。

(2) 纵向/横向：设置报表的打印方式为纵向或者横向。

(3) 页边距：设置打印内容在打印纸上的位置。

(4) 只打印数据：如果选中该复选框，则在打印时只能打印数据内容，而页码、标签等信息不打印。

8.5 报表中的计算和汇总分析

任务 8.5 利用报表对数据进行排序、计算、设置条件格式等。

报表不仅能显示和打印数据，还可以对数据进行分析和计算。如按照某个字段排序，对数据字段进行分类汇总，计算某个字段的总计或者平均值，计算某些记录占总记录数的百分比等。

8.5.1 报表的排序、分组和汇总

1．报表排序

打印报表时，通常希望按特定顺序输出记录。例如，在打印学生成绩表时，通常都是按学号的顺序依次输出的，这样方便资料的收集和整理。

① 单字段排序。对某一个字段的排序称为单字段排序。其操作方法是，选中要排序的字段，右键单击任意值，在弹出的快捷菜单中，单击所需的排序选项。例如，要按升序对文本字段进行排序，请单击“升序排序”命令；要按降序对数值字段进行排序，请单击“降序排序”命令。

② 多个字段排序。当报表中需要添加多个排序顺序时，使用“分组、排序和汇总”方式。在布局视图中比较容易观察排序后数据显示发生的变化。

操作步骤如下所示。

（1）在布局视图中，在“设计”选项卡上的“分组和汇总”命令组中，单击“分组和排序”按钮。Access 2010 系统在布局视图的下方弹出“分组、排序和汇总”窗格，如图 8-36 所示。

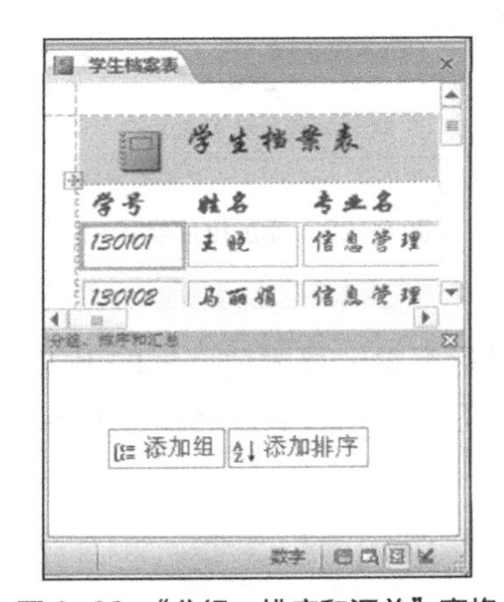

图 8-36 “分组、排序和汇总”窗格

（2）若要添加新的排序，请在该窗格内单击“添加排序”按钮。“分组、排序和汇总”窗格中将添加一个新行，并显示可用字段的列表，如图 8-37 所示。添加排序字段后如图 8-38 所示。

图 8-37 添加排序字段

（3）单击其中一个排序字段名称，选择字段后，Access 将在报表中添加排序依据。如果位于布局视图中，则显示内容将立即更改为排序顺序。默认情况下是按照该字段升序排序。如果需要可以通过单击排序顺序下拉列表，然后单击所需的选项来更改排序顺序。

（4）重复上述操作，继续添加其他排序字段。

2．报表分组

对于很多报表来说，仅对记录排序还不够，将数据进行分组后将更直观，更容易理解。例如，在报表中按专业对成绩进行分组，更方便对教学效果进行分析。

利用报表向导创建报表时，可以设置对报表的分组、排序和汇总。但一旦报表创建好了，要修改该报表现有的分组，就只能使用图 8-38 中所示的“添加组”的方法了。

添加分组和添加排序的方法相似，在图 8-38 所示的“分组、排序和汇总”窗格内单击“添加组”按钮，添加一个分组行，选择一个分组字段。在布局视图中，报表数据将按选定字段分组显示。重复上述操作，继续添加其他分组字段。

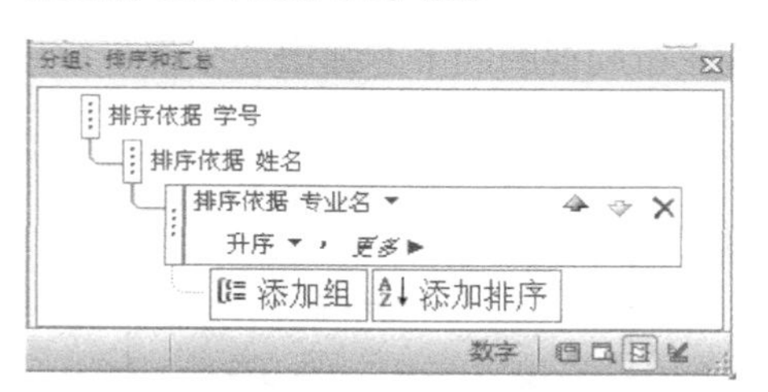

图 8-38 添加排序字段后

3．报表汇总

在报表中各个组的结尾处进行汇总，可避免大量的手工计算工作。在“分组、排序和汇总”窗格内，添加完分组以后，还可以对每个分组进行更多设置。单击分组行右边的“更多”按钮。出现对话框如图 8-39 所示。

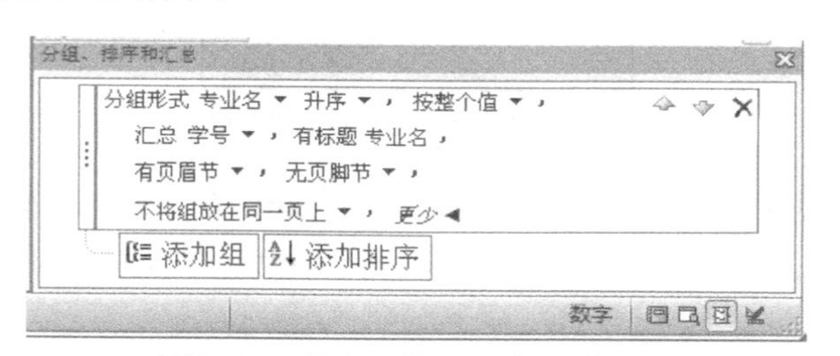

图 8-39 “添加组”单击“更多”按钮

若要添加汇总，请单图 8-39 中的“汇总”选项。可以添加多个字段的汇总，并且可以对同一字段执行多种类型的汇总。单击“汇总”项右边的向下箭头，弹出汇总选项对话框，如图 8-40 所示。

在该对话框中，单击“汇总方式”下拉箭头，可以选择要进行汇总的字段；单击“类型”下拉箭头，可以设置要执行的计算类型；选择“显示总计”可以在报表页脚中添加总计；选择“显示组小计占总计的百分比”可以在组页脚中添加用于计算每个组的小计占总计的百分比的控件；选择“在组页眉中显示小计”或“在组页脚中显示小计”可以将汇总数据显示在所需的位置。

当不需要这些排序或分组的时候，也可以删除它。操作方法是选中要删除的分组或排序，单击其右边的删除按钮即可。

例 8.5 对例 8.1 中创建的“学生基本信息报表”按照“所在专业”字段分组，并计算出每组的人数，以增强数据的可读性。

操作步骤如下所示。

（1）进入“学生基本信息报表”的布局视图。

（2）单击“设计”选项卡下“分组和汇总”命令组中的“分组和排序”按钮，如图 8-41 所示。

（3）在报表的布局视图下方出现“分组、排序和汇总”窗格。在该窗格内单击“添加排序”按钮。“分组、排序和汇总”窗格中将添加一个新行，并显示可用字段的列表。在这里我们选择“专业名”字段。

（4）单击刚才添加的按“所在专业”分组的分组行右边的“更多”按钮，显示更多设置。然后在该行内单击 “汇总”项右边的向下箭头，弹出汇总选项对话框。在该对话框内进行汇总设置，如图 8-42 所示。

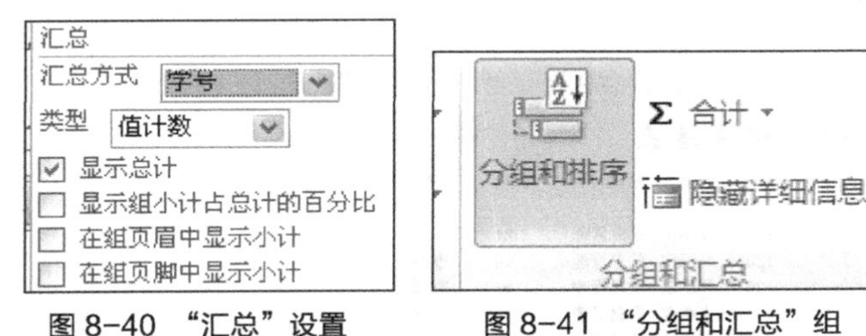

图 8-40 “汇总”设置　　图 8-41 “分组和汇总”组

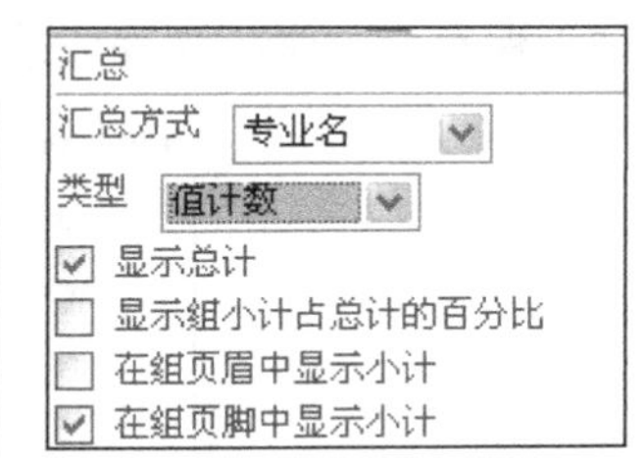

图 8-42 “汇总”设置

（5）为了更清楚地查看分组后的效果，将“学生基本信息报表”切换到如图 8-43 所示的“打印预览”视图 。

学生档案表　2014年5月23日 星期五　21:23:31

专业名	学号	姓名	性别	出生日期	入校日期	总分	备注
软件技术							
	130315	徐明林	男	1995-5-25	2013-9-17	539	
	130314	卢锋	男	1995-7-6	2013-9-16	557	
	130313	李明明	男	1994-4-8	2013-9-15	544	
	130312	郭艳芳	女	1995-12-8	2013-9-18	537	
4							
网络技术							
	130211	徐少杰	男	1996-1-1	2013-9-16	538	
	130210	陈杰	男	1995-4-30	2013-9-17	546	
	130209	何文光	男	1996-2-12	2013-9-15	572	
	130208	赵子曜	男	1994-12-20	2013-9-16	536	
	130207	贺龙云	男	1994-7-8	2013-9-15	531	
5							

图 8-43 添加分组后的“学生基本信息报表”

8.5.2 在报表中添加计算控件

使用“分组、排序和汇总”窗格对报表中的数据进行汇总计算比较简单实用。但是要实现特殊的计算，通常采用向报表添加“计算控件”的方法，常用的是文本框。

例 8.6 以“学生档案表”、“成绩表”、“课程表”为数据源创建一个报表，名为“学生课程成绩表”，并为报表添加一个显示某门功课是否优秀的计算控件，如图 8-44 所示。

操作步骤如下所示。

（1）使用向导方式，以“学生档案表”、“成绩表”、“课程表”为数据源创建一个报表。该报表中包含“课程名”、“姓名”、“专业名”、“成绩”字段，并且通过“课程表”查看数据。

（2）进入该报表的设计视图，如图 8-45 所示。在该报表的页面页眉节添加一个标签控件“优秀否”。

（3）在主体节对应的“优秀否”标签下方插入一个文本框控件，在该文本框中输入函数表达式：=IIF（[成绩]>=85,“优秀”，“一般”） 。

（4）切换到报表“预览视图”，就可以看到添加了计算控件后的效果，如图 8-44 所示。

（5）保存为“学生课程成绩表”报表。

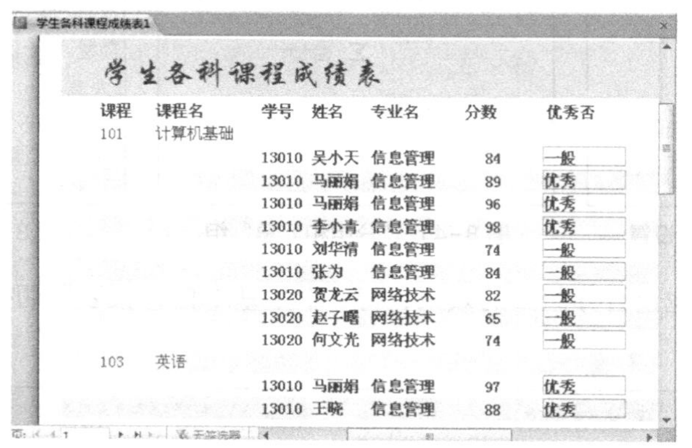

图 8-44 “学生课程成绩表”报表

当然，计算控件的数据来源还可以是一些常用的函数，如求总计的 Sum()函数、求平均值的 Avg()函数、用来计数的 Count()函数等。

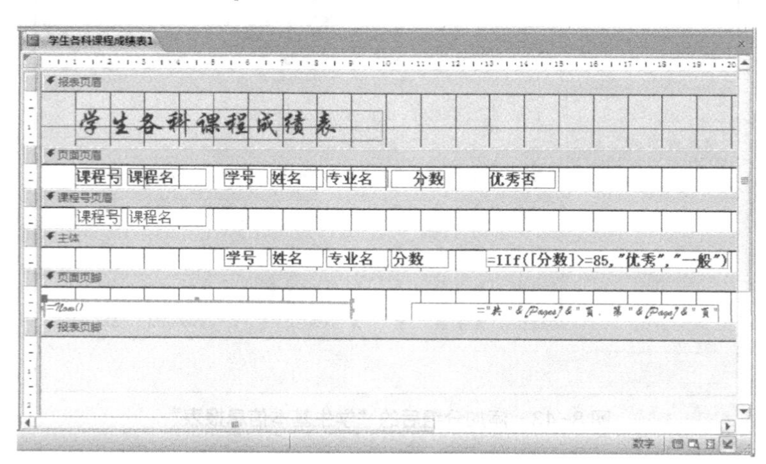

图 8-45 “学生课程成绩表”报表的“设计视图”

8.5.3 在报表中使用条件格式

设计报表时，通过设置条件格式，可以有选择地突出显示报表上的某些数据，以使其更易于理解。

条件格式是基于控件本身的值对控件应用格式。如果报表上的控件本身的值满足特定条件，则可以对该控件应用条件格式。例如，假设有一个表格式报表，其中显示了教师的信息。对于报表上所显示的工资，希望在其值介于 3000 元和 5000 元之间时将工资字体显示为红色加粗，如图 8-46 所示。

教师档案表1

职工号	职工姓名	性别	出生日期	所在专业	职称	工资	任教课程
ZG0920	牛莉	女	1972-6-6	信息管理	讲师	4356	101
ZG0812	唐小芳	女	1970-5-12	软件技术	副教授	6292	101
ZG1008	文汉林	男	1980-6-7	软件技术	讲师	3388	104
ZG1201	刘力力	男	1972-9-9	网络技术	讲师	4356	204
ZG1204	胡平右	男	1972-5-8	网络技术	讲师	6439	302
ZG1308	李子含	男	1970-1-1	信息管理	讲师	3444	102
ZG1011	何林林	男	1968-9-25	网络技术	副教授	8615	201
ZG1002	吴江	男	1965-12-12	软件技术	教授	7865	102
ZG1125	钱长林	男	1961-4-27	网络技术	教授	7865	305
ZG1145	陈子杰	男	1967-8-9	网络技术	讲师	4356	304

数字

图 8-46　应用条件格式后的“教师档案表 1”

操作步骤如下所示。

（1）打开要设置条件格式的“教师档案表”报表的“布局视图”，单击要对其应用条件格式的“工资”控件，将其选中。

（2）在“格式”选项卡上的“格式控件”命令组中，单击“条件格式”按钮，弹出“条件格式规则管理器”对话框，如图 8-47 所示。

（3）单击“新建规则”，弹出“新建格式规则”对话框。在“介于”后面的两个文本框中分别输入“3000”和“5000”，单击颜色按钮选中红色，选中“加粗”按钮。如图 8-48 所示。

（4）单击“确定”按钮，即得到如图 8-49 所示的条件设置效果。

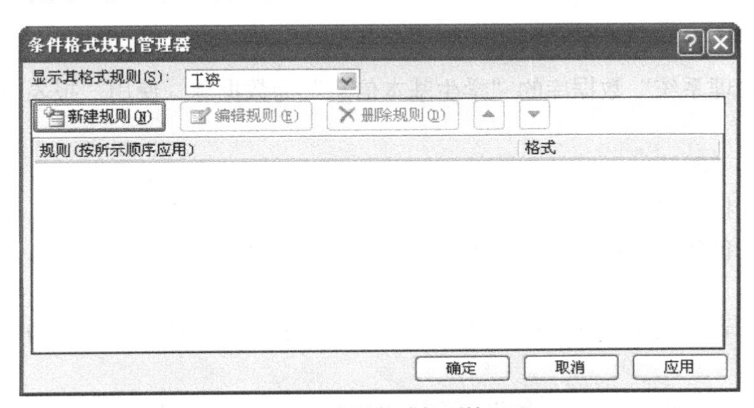

图 8-47　条件格式规则管理器

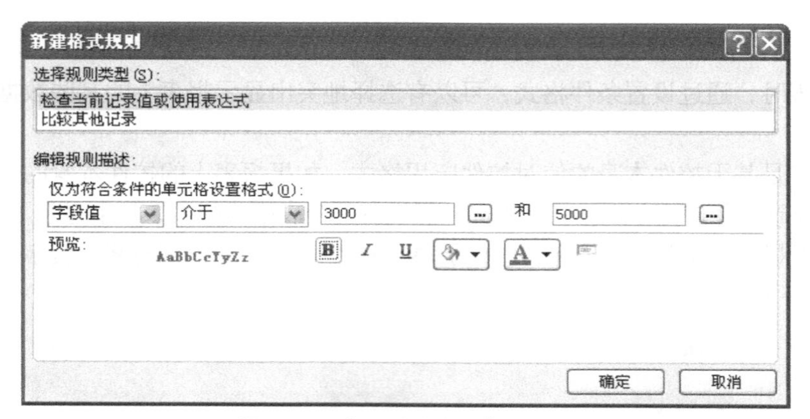

图 8-48 “设置条件格式”对话框

修改和删除条件格式操作方法如下。

（1）打开要设置条件格式报表的“布局视图”，选择要修改或删除条件格式的控件。

（2）打开“条件格式规则管理器”，单击“删除规则”，将条件格式删除；单击“编辑规则”，进入“编辑格式规则”对话框，对相关条件进行编辑，如图 8-49 所示。

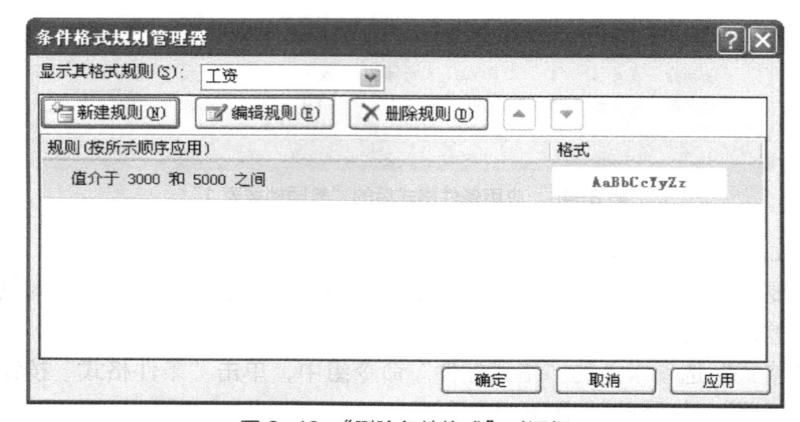

图 8-49 “删除条件格式”对话框

8.6 实验

1. 创建报表

以“图书管理系统”数据库的“学生基本信息”为数据源，使用“报表向导”创建一个报表。

操作步骤如下所示。

（1）选定或打开“学生基本信息”表。

（2）单击“创建”选项卡下“报表”命令组中的“报表向导”按钮。打开“报表向导”对话框。

（3）确定报表上使用下列字段“学生基本信息”表中除“照片”以外的所有字段。单击“下一步”按钮。

（4）确定分组级别。这里选择“学院名称”作为分组级别，单击“下一步”按钮。

（5）确定明细信息使用的排序次序和汇总信息。这里选择“学号”、“升序”作为排序依据，单击“下一步”按钮。

（6）确定报表的布局方式。选择“阶梯”布局，方向选择“纵向”，单击“下一步”按钮。

（7）确定报表的标题为“学生基本信息明细”。选定“修改报表设计”选项，单击“完成”按钮。打开报表的设计视图。

（8）调整报表内各个控件的位置、大小和对齐方式。

（9）选择“打印预览”命令。报表切换到“打印预览”视图，查看报表打印效果。

2．使用“报表设计”工具，为每个学生制作一个“借书证”。如图 8-50 所示。

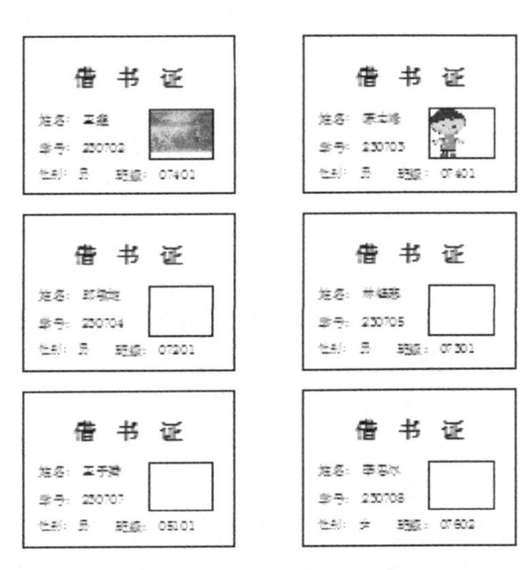

图 8-50　学生“图书证”

操作步骤如下所示。

（1）打开“图书管理系统”数据库，单击“创建”选项卡下“报表”组命令中的“报表设计”按钮。

（2）在新建报表的设计视图中，单击“设计”选项卡的“控件”组中的“矩形”控件，在窗体的主体位置单击，使用鼠标拖动，调整矩形的大小和位置。

（3）设置矩形的属性：双击“矩形”，打开该“矩形”的“属性表”窗格。设置“边框样式”为“实线”，“边框宽度”为“细线”，“边框颜色”为“#000000”。

（4）在该矩形上，添加一个“借书证”标签。在该标签的“属性表”的“格式”选项卡内设置字号为 20，文本对齐为分散，字体粗细为加粗。

（5）打开报表的“属性表”窗格。切换到“数据”选项卡，设置记录源为“学生基本信息”。

（6）向报表添加字段。单击“设计”选项卡下的“工具”组中的“添加现有字段”按钮。分别拖动“姓名”、“学号”、“性别”、“学院名称”和“照片”字段到矩形上的合适位置。

（7）利用“排列”选项卡下的“控件对齐”和“控件大小”组内的工具以及鼠标拖动，调整控件的大小、位置和对齐方式。

（8）右击“性别”控件，在弹出的快捷菜单内选择“更改为”级联菜单内的“组合框”命令。即将原来的文本框控件更改为组合框控件。

（9）设置组合框的属性。在“格式”选项卡内设置列数为 2，列宽为 0cm、1.803cm；切换到“数据”选项卡，设置行来源为 1："男"，2："女"，行来源类型为值列表。

（10）单击“页面设置”选项卡下的“页面布局”组中的“页面设置”按钮。在“页面设置”对话框内“列”选项卡下，设置列数为 2 。

（11）切换到报表的“打印预览”视图，查看设置效果。如不满意，进入设计视图继续修改，直到满意为止。

（12）保存为“图书证”。

3．创建一个“某出版社查询报表”。

根据输入的书版社名称，报表将显示图书馆中有关该出版社出版的图书信息。

操作步骤如下所示。

（1）在“导航窗格”内选定“图书基本信息”表。

（2）单击“创建”选项卡下的“报表”按钮，打开该报表的“布局视图”。

（3）单击“设计”选项卡下的“分组和汇总”组内的“分组和排序”按钮，打开“分组、排序和汇总”窗格。

（4）单击“添加组”按钮。设置按“出版社”分组；汇总设置汇总方式为“图书编号”，类型为“值计数”，选定“显示总计”和“显示在组页脚中”复选框。关闭“分组、排序和汇总”窗格，在“布局视图”内调整控件的位置和大小。

（5）切换到窗体的设计视图。在“出版社页脚”节添加一个文本框，设置该文本框的“控件来源”为“=[出版社] & "的藏书总数:"”；在“报表页脚”节添加一个文本框，设置该文本框的“控件来源”为“馆内总藏书数:”。

（6）调整第 5 步中添加的两个文本框的位置和字体大小等格式属性。

（7）切换到报表的“打印预览”视图，查看报表的效果。

（8）再次切换到报表的设计视图，更改报表的“控件来源”属性为一个“出版社参数”查询。

（9）在报表的“控件来源”属性行的右边单击…，在查询生成器内，将“书籍数据”表内的字段全部添加进去，并在“出版社”字段设置“[请输入出版社：]”参数。

（10）将报表页脚内的所有控件全部删除掉。

（11）切换到报表的“打印预览”视图，查看报表效果。

（12）保存该报表为“某出版社查询报表”。

练习与思考

一、选择题

1. 在报表中如果要显示的字段和记录较多，并且希望可以同时浏览多条记录，为了方便地比较相同字段，应该创建（　　）类型的报表。

A. 标签式　　B. 纵栏式

C. 图表式　　D. 表格式

2. 完成标签报表的创建以后，用户是不能在报表视图中预览最后的效果的，必须在下面的（　　）中才可以看到最终的效果。

A. 设计视图　　B. 布局视图

C. 报表视图 D. 预览视图

3. 报表的作用不包括（ ）。

A. 分组数据 B. 输入数据

C. 格式化数据 D. 汇总数据

4. 在报表的视图中，能够预览显示结果，并且又能够对控件进行调整的视图是（ ）。

A. 布局视图 B. 打印视图

C. 设计视图 D. 报表视图

5. 报表中最不能缺少的部分是（ ）。

A. 页面页眉 B. 页面页脚

C. 主体 D. 报表页眉

6. 用于实现报表的分组统计数据的操作区间的是（ ）。

A. 报表的主体区域 B. 页面页眉或页面页脚区域

C. 报表页眉或报表页脚区域 D. 组页眉或组页脚区域

7. 为报表指定数据源后，在报表设计窗口中由（ ）取出数据源的字段。

A. 属性表 B. 工具箱

C. 字段列表 D. 自动格式

8. 在 Access 报表中，用于统计记录个数的函数是（ ）。

A. Average( ) B. Count( )

C. Sum( ) D. IIf( )

9. 在 Access2010 中，最多可以提供（ ）个排序字段。

A. 10 B. 11

C. 5 D. 4

10. 计算控件的控件源必须是以（ ）开头的计算表达式。

A. = B. >

C. < D. ( )

二、简答题

1. 报表有几种视图？分别用于哪些情况下？
2. 报表的功能有哪些？
3. 报表和窗体的主要区别是什么？
4. 在本章中，讲述了几种创建报表的方法？
5. 报表一般有哪几部分组成？分别用来放置什么信息和数据？
6. 什么是分组？分组的作用是什么？如何添加分组？
7. 怎样实现在报表中输出对已有记录的汇总信息？

PART 9

第 9 章 创建用户界面

任务与目标

1．任务描述

数据库应用程序用户界面一般可分为系统主控界面和数据操作界面。利用宏和切换面板可以非常方便地设计制作出实用、美观的用户界面，实现用户登录进入系统应用程序，实现数据输入、数据维护、数据浏览、数据查询及报表打印。

2．任务分解

任务 9.1　了解宏的概念、作用、类型及宏操作命令。

任务 9.2　了解宏结构和创建宏的方法。

任务 9.3　了解宏的调试和运行方法。

任务 9.4　添加切换面板，设置启动选项和启动方式。

3．学习目标

目标 1：熟练掌握宏的概念、作用、类型，熟练使用宏操作命令。

目标 2：熟练掌握创建宏的方法。

目标 3：熟练掌握宏的调试和运行方法。

目标 4：熟练添加切换面板，掌握启动选项和启动方式的设置。

9.1　宏

任务 9.1　了解宏的概念、作用、类型及宏操作命令。

Access 2010 拥有强大的程序设计能力，它提供了功能强大却容易使用的宏，通过宏可以轻松完成许多在其他软件中必须编写大量程序代码才能做到的事情。

9.1.1　宏概述

宏是 Access 2010 中的一个基本对象，利用宏可以将大量重复性的操作自动完成，使管理工作和维护数据库更加简单方便。

1．宏的概念

宏（Macro）是一种功能强大的工具，是一组自动化命令的组合，可用来在系统中自动执行许多操作。宏指令命令有很多种，它们和内置函数一样，由 Access 本身提供，为应用程序的设计提供各种基本功能。在 Microsoft Access 2010 中，宏可以包含在宏对象中，也可以嵌入在窗体、报表或控件的事件属性中。嵌入的宏成为对象或控件的一部分。导航窗格中的宏可见，嵌入的宏则不可见。

2. 宏的功能

宏的使用非常方便，不需要记住语法，也不需要编程，只需利用几个简单的宏操作就可以对数据库完成一系列的操作。

宏是一组操作代码的组合，每个操作都能实现特定功能。如打开和关闭数据库对象、显示及隐藏工具栏、预览或打印报表、设置控件的值、设置窗口的大小缩放、执行查询操作、过滤数据、为数据库设计一系列的操作简化工作等。宏对象实际上是一个容器对象，其间包含着一个操作序列以及操作参数和操作执行的条件，可以使用宏处理一系列事件，为事件响应提供处理方法。

一般而言，对于较简单的事件处理，可以采用设计宏来提供处理事件的方法。而对于较复杂的事件，采用 VBA 编程来实现。

9.1.2 宏的类型

1. 独立宏

独立宏是一个独立的对象，它独立于报表、窗体等数据库对象之外，在导航窗格中可见。

2. 嵌入宏

嵌入宏是嵌入在报表、窗体等数据库对象或控件的事件中，是所嵌入的对象或控件的一部分，在导航窗格中不可见。它能使宏的功能更为强大，较大地提高安全性。

3. 条件宏

带有条件表达式的宏叫做条件宏。宏设计视图设计区的“当条件”行，用来设置操作的执行条件，用于控制宏的操作流程。在不指定操作条件的情况下，运行一个宏时，Access 2010 将顺序执行宏中包含的所有操作。若某一操作的执行是有条件的，即只有当条件成立时才执行，而当条件不成立时就不执行。

4. 数据宏

数据宏是 Access 2010 中新增加的一项功能，它允许在表事件中自动运行。按运行机制可将其分为由表事件触发的数据宏和为响应按名称调用而运行的数据宏两类。

数据宏是一种触发器，当数据表中发生添加、更新或删除数据三种事件后，或发生删除、更新两种事件前，数据宏都会运行。当数据表中输入的数据超出范围时，数据宏会给出提示信息。数据宏还可以实现插入记录、更新记录和删除记录，从而实现对数据的更新。

5. 子宏

子宏就是宏组，是共同存储在一个宏名下的一组宏的集合，作为一个宏引用。一个子宏中可以包含一个或多个子宏，每个子宏中可以包含多个宏操作。子宏具有单独的名称，可独立运行。

9.1.3 宏操作命令

Access 2010 提供了非常丰富的宏操作命令，共分为 8 大类，几乎包括了数据库系统中所有的管理功能，如图 9-1 所示。

图 9-1　宏操作命令

下面简单介绍各种常用的操作命令。

1．窗口管理

CloseWindow：关闭指定的表、查询、窗体、报表、宏等窗口或活动窗口。

MaxinizeWindow：放大活动窗口，使其充满 Access 主窗口。

MinimizeWindow：最小化窗口。

MoveAndSizeWindow：可以移动活动窗口或调整其大小。

2．宏命令

OnError：可以指定当宏出现错误时如何处理。

RunDataMacro：运行数据宏。

RunMacro：执行一个宏，还可以从其他宏中运行宏。

StopAllMacros：终止所有正在运行的宏。

StopMacros：终止当前正在运行的宏。

3．筛选/查询/搜索

FindRecord：查找符合 FindRecord 参数条件的记录。

OpenQuery：打开查询，或者执行动作查询。

FindNextRecord：查找符合最近 FindRecord 命令所指定条件的下一条记录。使用该命令可重复搜索记录。

4．数据导入/导出

ExportWithFormatting：制定数据库对象中数据的输出格式。

WordMailMerge：执行“邮件合并”操作。

5．数据库对象

OpenForm：在窗体视图、窗体设计视图、打印预览或数据表视图中打开窗体。

OpenReport：在报表“设计视图”或报表“打印预览视图”中打开报表或打印报表。

OpenTable：打开表。

GotoRecord：使用该命令，使打开的表、窗体或查询结果的特定记录成为当前活动记录。

PrintObject：打印一个打开数据库中的当前活动对象。

6．数据输入操作

DeleteRecord：删除指定的数据库对象。

SaveRecord：保存当前记录。

7．系统命令

Beep：使用该命令可以使计算机的扬声器发出嘟嘟声。

QuitAccess：使用该命令可退出 Access 2010。

8．用户界面命令

AddMenu：将菜单添加到窗体或报表的自定义菜单栏。也可以为窗体、报表添加自定义快捷菜单，或为所有的窗口添加全局菜单栏。

MssgBox：显示包含警告信息或其他信息的消息框。

9.1.4 创建宏

任务 9.2　了解宏结构和创建宏的方法。

1．宏的结构

宏是由操作、参数、注释、组、IF、子宏等几部分组成的。Access 2010 的宏结构与计算机程序结构在形式上十分相似，为以后过渡到学习 VBA 程序提供了便利。宏的操作内容比程序代码更简洁，易于理解和设计。

（1）注释。对宏的整体或宏的一部分进行说明。

（2）组。Access 的发展速度很快，需要管理越来越复杂的数据，因此宏的结构也变得复杂了。为有效地管理宏，引入了组的结构。组就是将能够完成特定任务的多个宏组合在一起，即构成一个宏组。组使得宏的结构更加清晰，方便使用。

（3）条件。是指定在执行宏操作之前必须满足的某些标准或限制。在宏中使用条件，用以判断是否要执行下一个宏命令。只有当条件成立时，该宏命令才会被执行。这样的用法可以加强宏的功能，也使宏的应用更加广泛。

2．宏设计器

在 Access 2010 的主功能区的“创建”选项卡的“宏与代码”命令组中，单击“宏”按钮，打开“宏工具设计”选项卡，其中包括三个组：“工具”、“折叠/展开”、“显示/隐藏”，如图 9-2 所示。

在宏的设计视图下，窗口的下方被分为三个并列的格。左侧的是导航窗格，中间是宏设计器窗格，右侧是“操作目录”窗格，如图 9-2 所示。

当创建一个宏后，在宏设计器中出现一个组合框，组合框中显示添加新操作的占位符，如图 9-2 所示。

3. 创建独立宏

宏设计视图用于宏的创建和设计，类似于窗体的设计视图。

例 9.1 创建一个宏。当运行宏时，自动打开“学生成绩表”窗体。

操作步骤如下所示。

（1）单击“创建”选项卡下“宏与代码”命令组中的“宏”按钮，如图 9-3 所示。

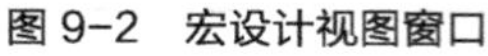
图 9-2 宏设计视图窗口

图 9-3 宏与代码命令组

（2）单击“显示/隐藏”命令组中的“操作目录”，使操作目录在窗口的右侧出现。

（3）单击“数据库对象”前的“+”号展开命令项，选择 OpenForm 命令并双击。

（4）单击“窗体名称”组合框右侧的下拉箭头，从下拉列表中选择“学生成绩表”，其他参数不变，如图 9-4 所示。

（5）在快速工具栏中单击“保存”按钮，在弹出的“另存为”对话框中输入宏名称“打开学生成绩表-宏”，如图 9-5 所示。单击“确定”按钮。

图 9-4 在宏设计器中操作参数

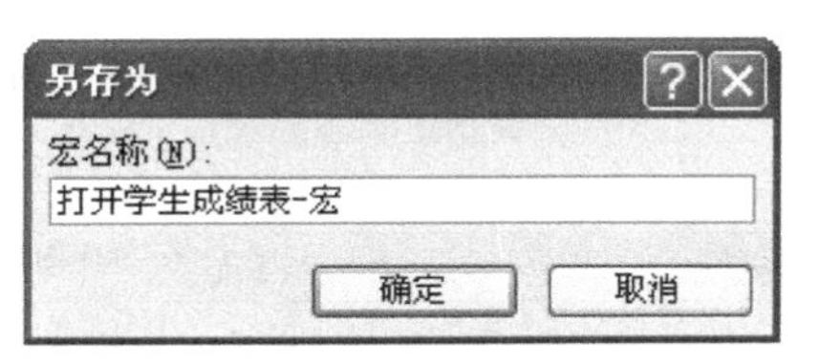

图 9-5　输入宏名称

4．创建宏组

在“教学管理”数据库中，创建一个包含3个子宏的宏组。

例 9.2　创建名为“查看档案表”的宏组。其中包括三个子宏，第一个子宏的功能是打开“学生档案表”，第二个子宏的功能是查看“学生档案表”，第三个子宏的功能是保存所有的修改后退出。

操作步骤如下所示。

（1）单击“创建”选项卡下“宏与代码”命令组中的“宏”按钮。

（2）单击“显示/隐藏”命令组中的“操作目录”，使操作目录在窗口的右侧出现。

（3）将“程序流程”中的“子宏”拖到“添加新操作”组合框中，在子宏名称文本框中，默认名称为“Sub1”，将该名称修改为“打开学生档案表”，如图 9-6 所示。

图 9-6　输入子宏名称“打开学生档案表”

（4）在“添加新操作”组合框中，单击右侧的向下的箭头，选中“OpenQuery”，设置查询名称为“学生档案表”，数据模式为只读，如图 9-7 所示。

图 9-7　输入子宏查询名称“学生档案表”

（5）在下面的“添加新操作”组合框中打开列表，选择“OnError”操作，设置转至“下一个”，如图 9-8 所示。

图 9-8　转至“下一个”

（6）按照上述方法，依次设置第二个子宏和第三个子宏，设置结果如图 9-9 所示。

（7）单击“保存”，在弹出的“另存为”对话框中输入宏名“查看档案表”，单击“确定”按钮，保存创建的宏组，如图 9-10 所示。

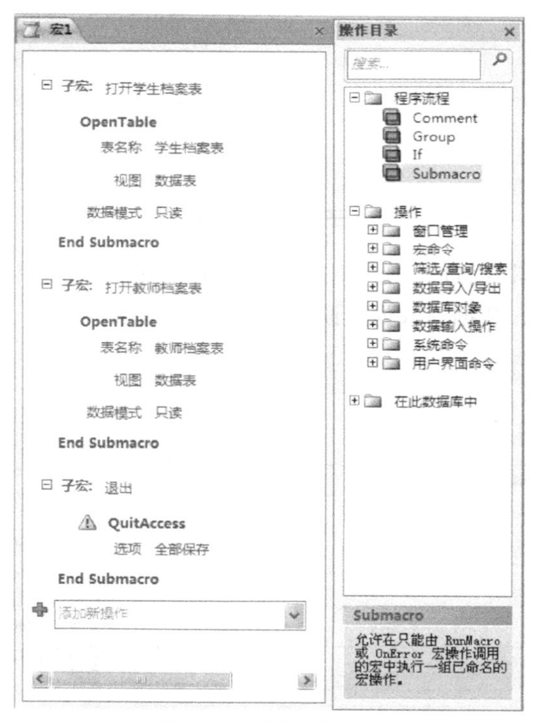

图 9-9　创建三个子宏

图 9-10 保存宏组“查看档案表”

9.1.5 运行宏

1．宏的运行

宏对象设计完成后，即可以运行它其中的各个操作。当宏执行宏时，Microsoft Access 会从一个宏对象的开始处执行，逐一执行宏对象中第一个宏中所包含的全部操作，直到执行完这个宏的最后一个操作；若宏对象是一个宏组，直接执行宏对象，将只会执行其中的第一个宏。

执行宏的几种方法如下。

（1）在宏选项卡中双击相应的宏名执行该宏。

（2）在宏设计视图窗口中单击“工具”命令组中“运行”命令按钮执行宏。

（3）在窗体、控件、报表和菜单中调用执行宏。

（4）自动执行宏。将宏的名字设为 AutoExec，则在每次启动该数据库时，将自动执行该宏，这在数据库初始化方面提供了很大方便。

（5）在“数据库工具”选项卡下的“宏”命令组中，单击“运行宏”按钮，在弹出的“执行宏”对话框中，输入要执行的宏名，如图 9-11 所示。

宏可以嵌套执行，即在一个宏中调用执行另一个宏。具体方法是：在宏中加入操作“RunMacro”，并将操作 RunMacro 的参数“宏名”设为想要执行的宏。这样在执行新创建的宏时，就可以执行已有宏中的操作，而不必在新建的宏中逐一添加所需的操作。

2．宏的调试

在宏创建以后 ，运行前都要进行调试。调试时为了测试其能否正常运行，需要逐个观察宏中每一个操作执行的情况，需要设定宏的单步执行状态。单步运行，是 Access 数据库中用来调试宏的主要工具。

调试步骤如下所示。

（1）进入宏的设计视图，单击“工具”命令组中的“单步”按钮，如图 9-12 所示。

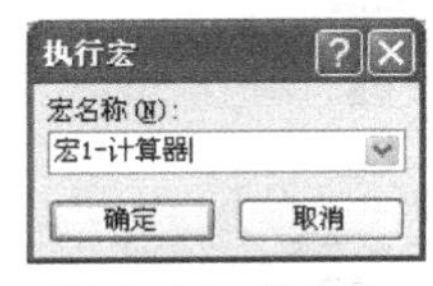

图 9-11 执行宏

图 9-12 “单步”按钮

（2）单击“运行”按钮，显示单步执行对话框。

每次单击“运行”按钮时，宏只会运行一个操作。在单步执行模式下，会有三个选项。

（1）单步执行：执行在对话框中列出的操作，如果没有错误，下一个操作会出现在对话框中。

（2）停止所有宏：停止该宏的执行并关闭该对话框。

（3）继续：关闭单步模式并继续执行该宏的后续部分。

如果用户创建的宏中存在错误，在单步执行宏中将会弹出失败对话框，Access 将显示错误操作的名称、参数以及相应的条件，利用这些信息可以了解宏出错的原因，然后就可以进入宏设计视图进行宏的修改。

9.2 制作应用程序主界面

任务 9.4 添加切换面板，设置启动选项和启动方式。

在 Access 数据库应用程序中，制作应用程序主界面，可以使用系统提供的切换面板管理器工具来实现。切换面板是一种特殊的窗体，其用途主要是打开数据库中的报表、窗体、查询和其他切换面板，还可用于退出系统。可以使用它作为应用程序的菜单或入口程序。

9.2.1 添加切换面板

应用程序主界面是用户与系统进行交互的主要通道，一个功能完善、界面美观、使用方便的用户界面，可以极大地提高工作效率。Access 2010 提供的切换面板管理器，可以创建和编辑切换面板，组织和管理应用程序。通过“启动”设置可指定在运行数据库应用程序时自动启动主切换面板。

最直观地解释切换面板就是窗体菜单，通过它可以把数据库的各种对象有机集合起来形成一个应用系统。有了切换面板，就可以通过菜单操作窗体和其他数据库对象。切换面板由数据库实用工具“切换面板管理器”生成。

1．添加“切换面板”选项卡

在 Access 2010 中，创建切换面板前，需要先添加切换面板工具到功能区中。

（1）单击主菜单栏中左侧的“文件”菜单中的“选项”，弹出“Access 选项”对话框。

（2）在对话框左侧的列表中，单击“自定义功能区”，然后单击右侧下方的“新建选项卡”，在“主选项卡”中出现“新建选项卡（自定义）”，如图 9-13 所示。

图 9-13 添加“新建选项卡（自定义）”

（3）选中“新建选项卡（自定义）”，单击“重命名”按钮，在打开的重命名对话框中输入“切换面板”，如图 9-14 所示。

（4）选中“新建组”，单击“重命名”按钮，在打开的重命名对话框中输入“工具”，选择一个合适的图标，如图 9-15 所示。

图 9-14　重命名为“切换面板”

图 9-15　重命名为“工具”

（5）单击“确定”，单击“从下列位置选择命令”组合框的下拉按钮，选择“所有命令”，在列表中选择“切换面板管理器”，单击“添加”按钮，将“切换面板管理器”命令添加到“切换面板”选项卡的“工具”组中，如图 9-16 所示。

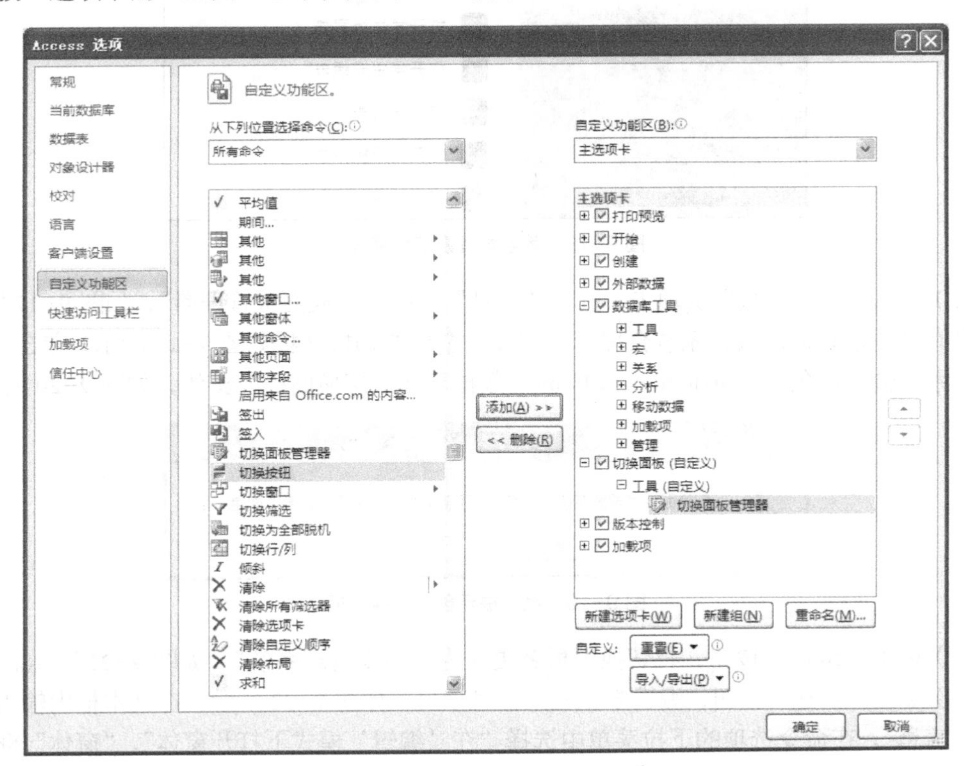

图 9-16　添加“切换面板管理器”

（6）单击“确定”按钮，关闭“Access 选项”对话框。在功能区中显示“切换面板”选项卡，其中有“工具”命令组中出现“切换面板管理器”，如图 9–17 所示。

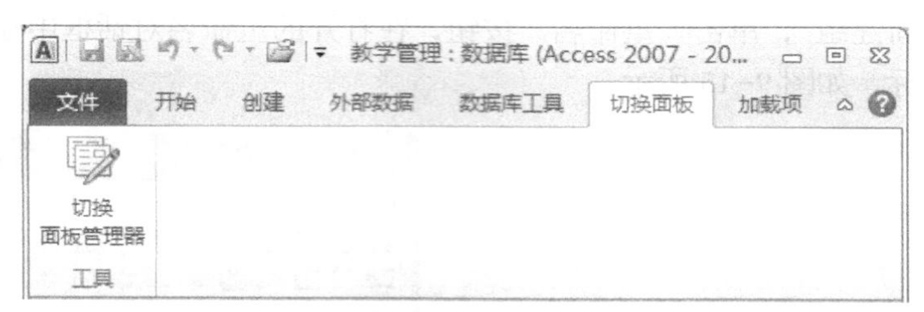

图 9–17 “切换面板”选项卡

2．创建切换面板

例 9.3 创建如图 9–18 所示的“教学管理系统”切换面板，单击“打开学生档案表”可打开学生信息窗体，单击“打开学生成绩表”可打开学生成绩信息窗体，单击“打开课程表”可打开课程信息窗体，单击“打开教师档案表”可打开教师信息窗体，单击“退出程序”可关闭教学管理系统。

操作步骤如下所示。

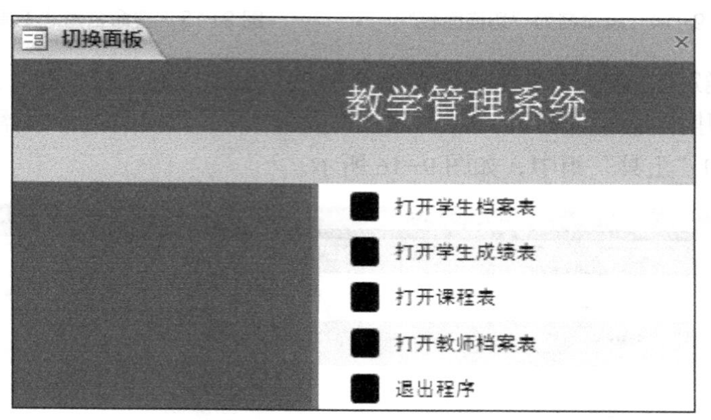

图 9–18 教学管理系统切换面板

（1）单击“切换面板”选项卡，选择“工具”中的“切换面板管理器”，如图 9–17 所示。如果没有创建过切换面板，系统会提示你创建一个新的切换面板如图 9–19 所示，单击“是”按钮，系统会自动创建“Switchboard Items”数据表和“切换面板”窗体，如图 9–20 所示。

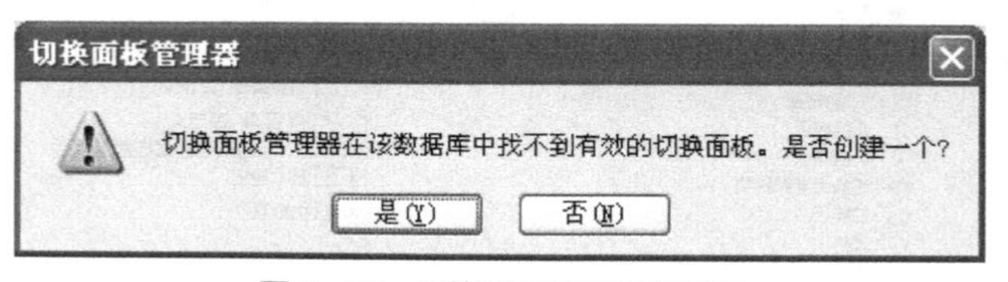

图 9–19 系统提示创建切换面板

（2）单击“编辑”按钮，将切换面板名更改为“教学管理系统”。如图 9–21 所示。

（3）单击“新建”按钮，编辑学生档案信息项目，如图 9–22 所示。在文本框内输入“学生档案信息”，在命令选项的下拉菜单中选择“在‘编辑’模式下打开窗体”，“窗体”框选择“学生档案表”，然后单击“确定”按钮。

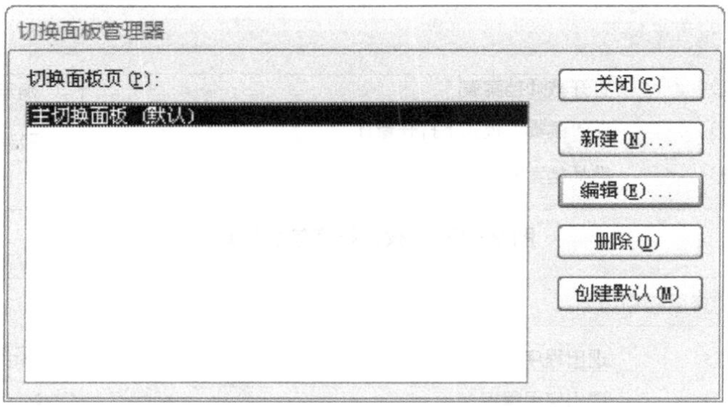

切换面板管理器
切换面板页(P):
主切换面板 (默认)
关闭(C)
新建(N)...
编辑(E)...
删除(D)
创建默认(M)

图 9-20 切换面板管理器

编辑切换面板页
切换面板名(W):
教学管理系统
切换面板上的项目(I):
关闭(C)
新建(N)...
编辑(E)...
删除(D)
向上移(U)
向下移(O)

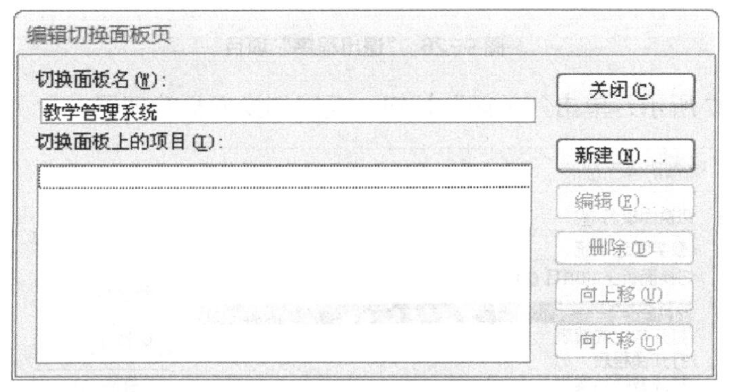

图 9-21 更改切换面板名

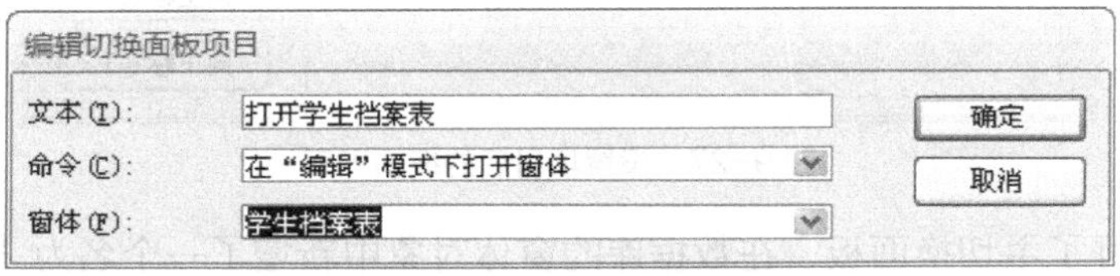

编辑切换面板项目
文本(T):
打开学生档案表
命令(C):
在“编辑”模式下打开窗体
窗体(F):
学生档案表
确定
取消

图 9-22 “学生档案信息”项目

（4）同理建立“打开学生成绩表”、“打开课程表”、“打开教师档案表”和“退出程序”项目，如图 9-23 至图 9-26 所示。

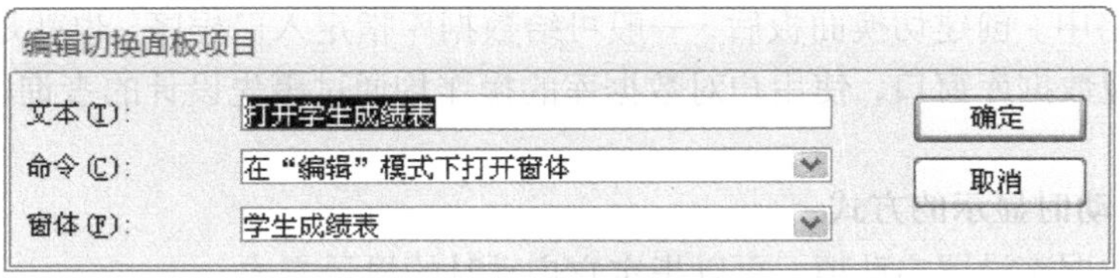

编辑切换面板项目
文本(T):
打开学生成绩表
命令(C):
在“编辑”模式下打开窗体
窗体(F):
学生成绩表
确定
取消

图 9-23 “学生成绩信息”项目

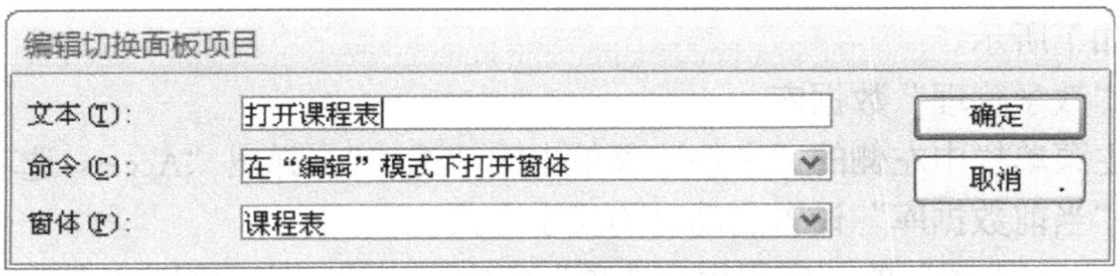

编辑切换面板项目
文本(T):
打开课程表
命令(C):
在“编辑”模式下打开窗体
窗体(F):
课程表
确定
取消

图 9-24 “课程档案信息”项目

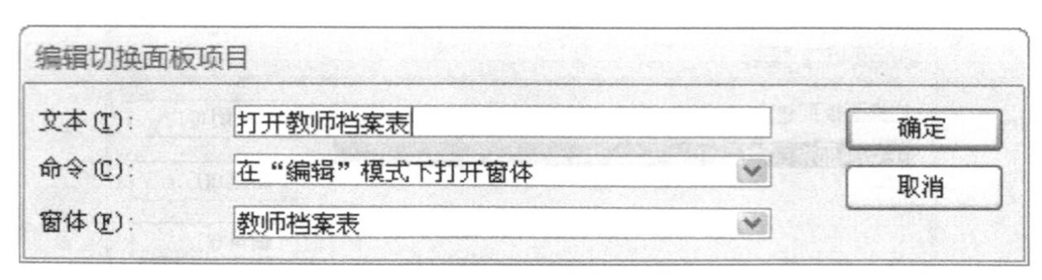

图 9-25 “教师档案信息”项目

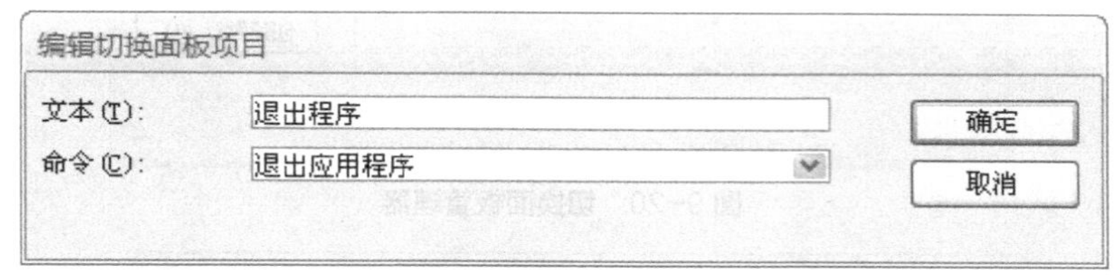

图 9-26 “退出程序”项目

（5）如图 9-27 所示，单击“关闭”按钮，返回切换面板管理器。

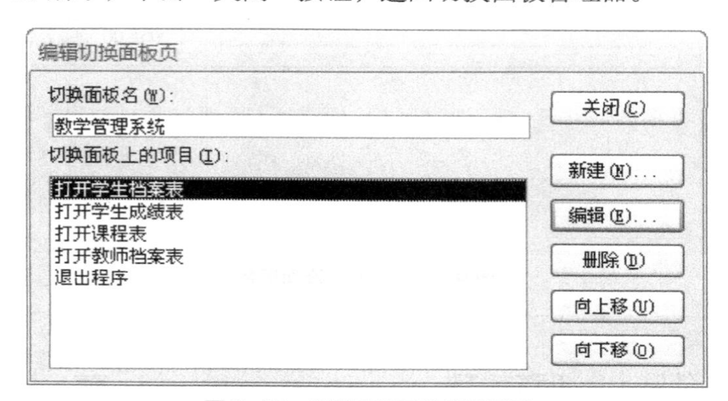

图 9-27 设置项目后的编辑界面

这样就创建好了主切换面板，在数据库的窗体对象中新增了一个名为“切换面板”的窗体，双击它就可以运行该切换面板。在数据库中也可以创建多级切换的面板。

9.2.2 指定启动时显示的方式

打开 Access 2010 数据库管理系统，通常会显示数据库窗口，将之前创建好的各种对象展现在导航窗格中。创建切换面板后，一般可给数据库指定入口程序，也就是定义一个启动窗口，避免出现数据库窗口，使用户对数据库的操作均通过事先设计的查询、窗体、报表来实现。

1. 指定启动时显示的方式

要为某个数据库设置启动项，可以指定它启动时的显示方式。

例 9.4 以“教学管理”为例，设置启动时的显示方式。

操作步骤如下所示。

（1）打开“教学管理”数据库。

（2）单击主菜单栏中左侧的“文件”菜单中的“选项”，弹出“Access 选项”对话框；

（3）选择“当前数据库”设置启动时的显示方式。

（4）在“Access 选项”的“应用程序选项”组中可以设置应用程序标题和应用程序图标。如图 9-28 所示。

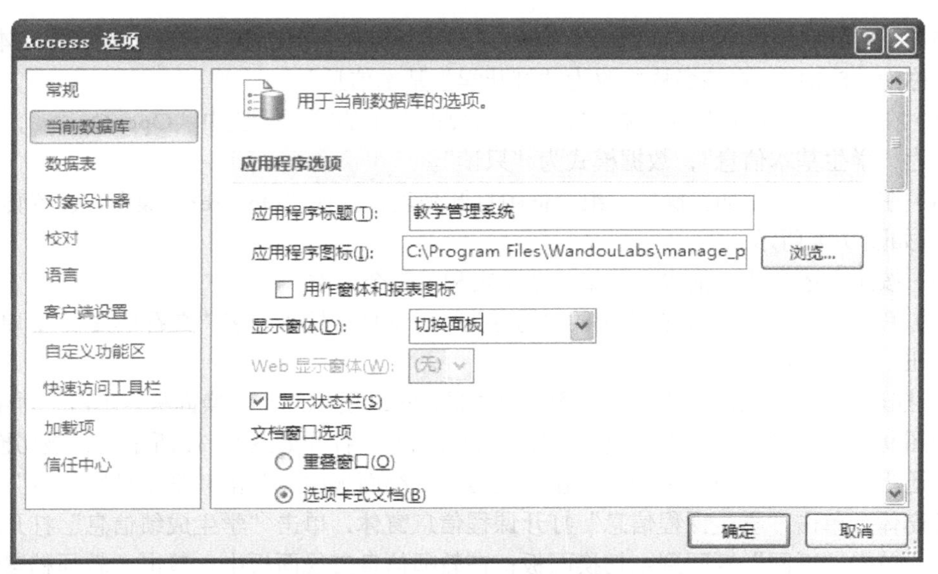

图 9-28 设置应用程序标题和图标

2. 设置数据库启动选项

例 9.5 如果以某个窗体或切换面板作为启动项，可以通过“Access 选项”进行设置。

操作步骤如下所示。

（1）打开“教学管理”数据库。

（2）单击主菜单栏中左侧的“文件”菜单中的“选项”，弹出“Access 选项”对话框。

（3）选择“当前数据库”，打开“应用程序选项”中的“显示窗体”下拉框，选择“切换面板”，如图 9-28 所示。

9.3 实验

1. 打开“教学管理”数据库文件，创建一个宏，执行该宏时打开“课程表”。

操作步骤如下所示。

（1）打开“教学管理系统”数据库文件。

（2）单击“创建”选项卡下“宏与代码”命令组中的“宏”按钮。

（3）单击“显示/隐藏”命令组中的“操作目录”，使操作目录在窗口的右侧出现。

（4）单击“数据库对象”前的“+”号展开命令项，选择 OpenTable 命令并双击。

（5）单击“窗体名称”组合框右侧的下拉箭头，从下拉列表中选择“课程表”，其他不变。

（6）在快速工具栏中单击“保存”，在弹出的“另存为”对话框中输入宏名称“打开课程表-宏”，单击“确定”按钮。

2. 创建名为“查看图书信息资料”的宏组。其中包括三个子宏，第一个子宏的功能是打开“学生基本信息”，第二个子宏的功能是查看“图书基本信息”，第三个子宏的功能是保存所有的修改后退出。

操作步骤如下所示。

（1）单击“创建”选项卡下“宏与代码”命令组中的“宏”按钮。

（2）单击“显示/隐藏”命令组中的“操作目录”，使操作目录在窗口的右侧出现。

（3）将“程序流程”中的“子宏”拖到“添加新操作”组合框中，在子宏名称文本框中，默认名称为“Sub1”，将该名称修改为“打开学生基本信息”。

（4）在“添加新操作”组合框中，单击右侧的向下的箭头，选中“OpenQuery”，设置查询名称为“学生基本信息”，数据模式为“只读”。

（5）在下面的“添加新操作”组合框中打开列表，选择“OnError”操作，设置转至“下一个”，如图 9-8 所示。

（6）按照上述方法，依次设置第二个子宏和第三个子宏。

（7）单击“保存”按钮，在弹出的“另存为”对话框中输入宏名“查看档案表”，单击“确定”按钮，保存创建的宏组。

3. 打开教学管理系统数据库，创建一个如图 9-29 所示的主切换面板。单击“学生信息”打开如图 9-30 所示的二级切换面板，单击“教师信息”打开如图 9-31 所示的二级切换面板，单击“退出”按钮，退出应用程序；在学生信息二级面板中，单击“学生档案信息”打开学生信息窗体，单击“学生课程信息”打开课程信息窗体，单击“学生成绩信息”打开成绩信息窗体，单击“返回”返回到主切换面板；在教师信息二级面板中，单击“教师档案信息”打开教师信息窗体，单击“返回”返回到主切换面板。

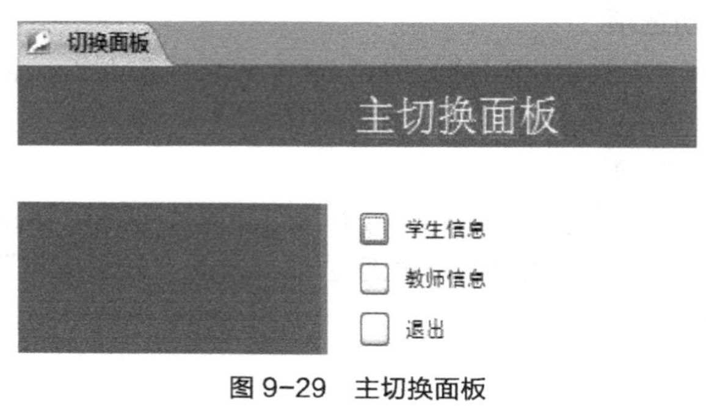

图 9-29 主切换面板

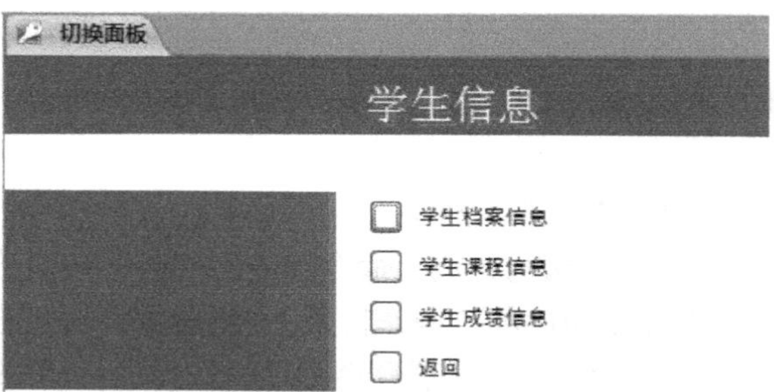

图 9-30 学生信息切换面板

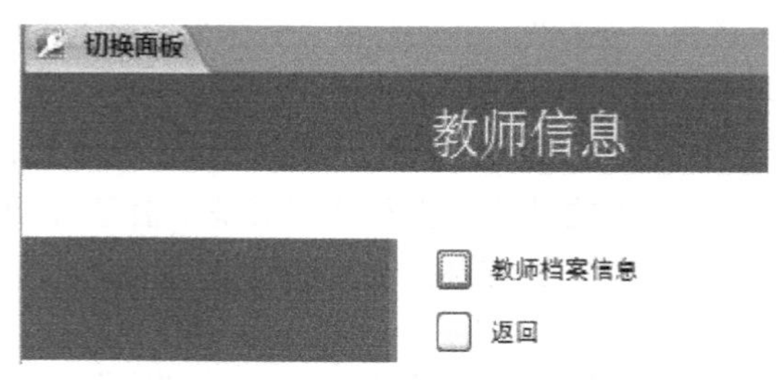

图 9-31 教师信息切换面板

操作步骤如下所示。

（1）打开“教学管理”数据库，在功能区单击“切换面板”，单击“切换面板管理器”。

（2）分别新建名为“主切换面板”、“教师信息”和“学生信息”的切换面板。

（3）选择“主切换面板”设为默认，单击“编辑”，在主切换面板增加“学生信息”、“教师信息”和“退出”项目。

（4）选择“学生信息”切换面板，设置面板上的项目为“学生档案信息”、“学生课程信息”、“学生成绩信息”和“返回”。

（5）选择“教师信息”切换面板，设置面板上的项目为“教师档案信息”和“返回”，按第4步的方法设置。

（6）关闭切换面板管理器，打开Access选项——当前数据库——显示窗体选择切换面板。关闭数据库再打开运行。

每个切换面板上的项目按照本章前述创建切换面板的方法逐一设置，在主切换面板上的“教师信息”和“学生信息”两个项目进行编辑时，其“命令”项要设置为“转置切换面板”。

练习与思考

一、选择题

1. 宏是指一个或多个（　　）的集合。
   A. 命令　　B. 操作
   C. 对象　　D. 条件表达式
2. 打开窗体的宏操作命令是（　　）。
   A. OpenForm　　B. OpenReport
   C. OpenQuery　　D. OpenTable
3. 有关宏的叙述中，错误的是（　　）。
   A. 条件为真时执行该行中对应的宏操作
   B. 如果条件为假，将跳过该行中对应的宏操作
   C. 宏的条件内为省略号表示该行的操作条件与上一行的条件相同
   D. 宏在遇到条件内有省略号时将终止操作
4. 打开查询的宏操作命令是（　　）。
   A. OpenForm　　B. OpenReport
   C. OpenQuery　　D. OpenTable
5. Access 2010中要使用切换面板，必须先（　　）工具。
   A. 添加　　B. 删除
   C. 复制　　D. 更新
6. 有关宏的叙述中，错误的是（　　）。
   A. 宏具有控制转移能力
   B. 建立宏通常需要添加宏操作并设置宏参数
   C. 宏操作没有返回值
   D. 宏是一种操作代码的组合

7. Access 2010 中的切换面板的作用是（　　）。
   A.. 切换数据库的只读和读写操作方式
   B. 对数据库中的数据进行查询
   C. 在数据库中报表、窗体等对象之间进行切换
   D. 完成对数据库的备份、压缩等管理工作
8. Access 数据库中的“切换面板”是一种（　　）。
   A. 窗体　　B. 表格
   C. Visual Basic 程序　　D. 报表
9. 创建宏时至少要定义一个宏操作，并要设置对应的（　　）。
   A. 命令按钮　　B. 注释信息
   C. 条件　　D. 宏操作参数
10. 切换面板中的“项目”是属于（　　）类型的控件。
   A. 子窗体　　B. 子报表
   C. 命令按钮　　D. 文本框

二、简答题

1. 什么是宏？宏有什么功能？
2. 什么是宏组？什么是子宏？
3. 在 Access 2010 中使用切换面板有什么功能？
4. 创建切换面板时要注意哪些问题？
5. 怎样设置数据库启动选项？

PART 10

第10章 应用实例——建立工资管理系统

任务与目标

学习任务：创建一个功能实用、通用性强的工资管理系统。系统中包括了大部分企业工资表中的常见字段，可基本满足一般单位工资管理的需求。学生能够熟练地掌握利用 Access 2010 创建工资管理数据库、创建表、创建查询、创建窗体、创建报表等，从而掌握其应用技术。

学习目标 1：深入了解和掌握创建数据库的方法。

学习目标 2：深入了解和掌握创建数据表的方法。

学习目标 3：深入了解和掌握创建查询的方法。

学习目标 4：深入了解和掌握创建窗体的方法。

学习目标 5：深入了解和掌握创建报表的方法。

学习目标 6：深入了解和掌握创建切换面板的方法。

10.1 创建数据库

使用 Access 2010 创建一个名为“珠锋公司工资管理系统”的空白数据库。

操作步骤如下所示。

（1）打开 Access 2010 的界面。

（2）单击“文件”选项卡中的“新建”，在可用模板中单击“空数据库”按钮，如图 10-1 所示。

（3）在如图 10-1 所示的文件名文本框中输入“珠锋公司工资管理系统”。

（4）单击“文件名”一栏右侧的“浏览到某个位置来存放数据库”按钮，在出现的 “文件新建数据库”对话框中选择数据库文件存放的位置，单击“确定”按钮。

（5）单击“创建”按钮即可创建一个新的数据库，如图 10-2 所示。

图 10-1　创建空白数据库并输入数据库名称

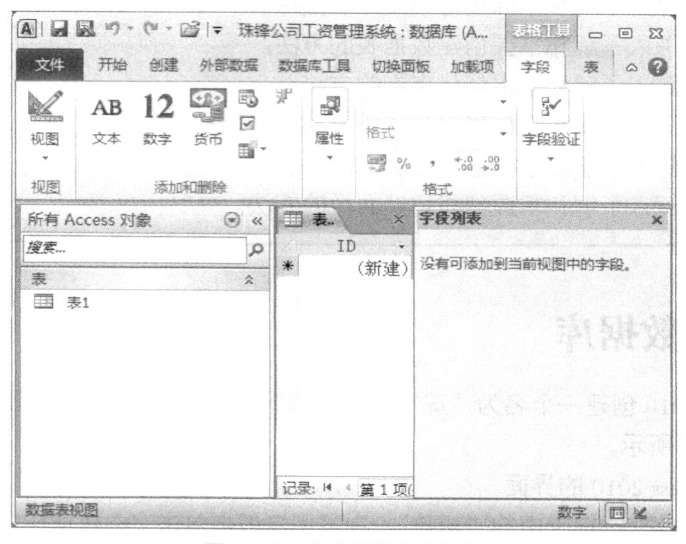

图 10-2　创建的数据库视图

10.2　创建表

在“珠锋公司工资管理系统”数据库中，记录员工的基本信息、工资的基本信息、部门的基本信息及工作情况统计等，需要创建五个表。在本例中设计建立部门信息表（Department）、员工信息表（Person）、工资发放表（Salary）、工作状态表（State）、工资登记表（Salary-other）。

1．表的逻辑设计

通过对需求数据的分析，表的逻辑设计见表 10-1 至表 10-5。

表 10-1 Department 表的逻辑设计

字 段 名	数据类型	字段宽度	说　　明
ID	文本	3	部门编号
DName	文本	20	部门名称
Manage	文本	10	部门经理
Intro	文本	50	部门介绍

表 10-2 Person 表的逻辑设计

字 段 名	数据类型	字段宽度	说　　明
ID	文本	6	员工编号
PassWord	文本	10	密　　码
Authority	文本	10	职　　权
PName	文本	10	员工姓名
Gender	文本	10	级　　别
Birthday	时间/日期		出生日期
Department	文本	20	所在部门
Job	文本	10	工　　种
Edu-level	文本	10	教育程度
Speciality	文本	20	特　　长
Adress	文本	50	地　　址
Tel	文本	15	电　　话
Email	文本	30	电子邮箱
State	文本	20	国　　家

表 10-3 Salary 表的逻辑设计

字 段 名	数据类型	字段宽度	说　　明
ID（有索引）	自动编号	长整形	
YearMonth	文本	7	年　　月
Person	文本	6	员工编号
Basic	货币		基本工资
Bonus	货币		奖　　金
Over_Total	货币		加 班 费
Add_Total	货币		其他补助
Sub_ Late	货币		迟到扣发
Sub_ Absent	货币		旷工扣发
Total	货币		实发总额

表 10-4　State 表的逻辑设计

字 段 名	数据类型	字段宽度	说　明
ID（有索引）	自动编号	长整形	
Year-Month	文本	7	统计月份
Person	文本	6	员工编号
Work-Hour	数字	长整形	累计工作时间
Over-Hour	数字	长整形	累计加班时间
Leave-Hday	数字	长整形	累计请假时间
Errand-Hday	数字	长整形	累计出差时间
Late-Times	数字	长整形	迟到次数
Absent-Times	数字	长整形	旷工次数

表 10-5　Salary-other 表的逻辑设计

字 段 名	数据类型	字段宽度	说　明
ID（有索引）	自动编号	长整形	
YearMonth	文本	7	年　月
Person	文本	6	员工编号
Type	文本	10	类　型
PName	文本	10	姓　名
Money	货币		工资标准
Description	备注		说　明

2．表的创建

使用 Access 2010 创建表（以创建 Department 表为例）。

（1）创建表。在“珠锋公司工资管理系统”数据库中，选择“创建”选项卡，在“表格”命令组中单击“表设计”按钮，如图 10-3 所示。

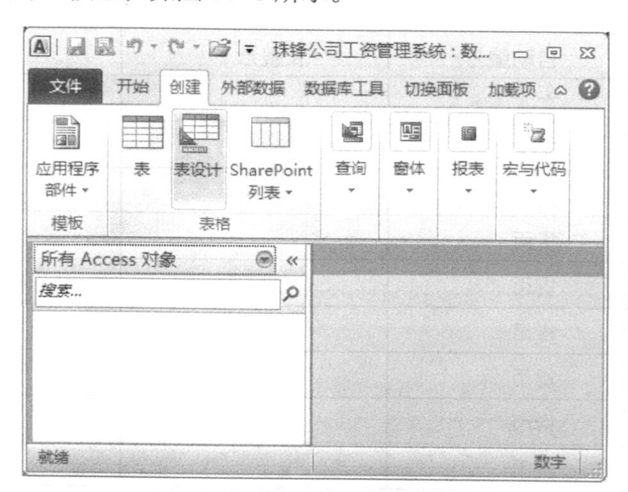

图 10-3　使用“表设计”创建表

（2）输入字段。在打开的表设计视图中的“字段名称”列中的第一行输入 ID，然后选择其数据类型为“文本”，如图 10-4 所示。

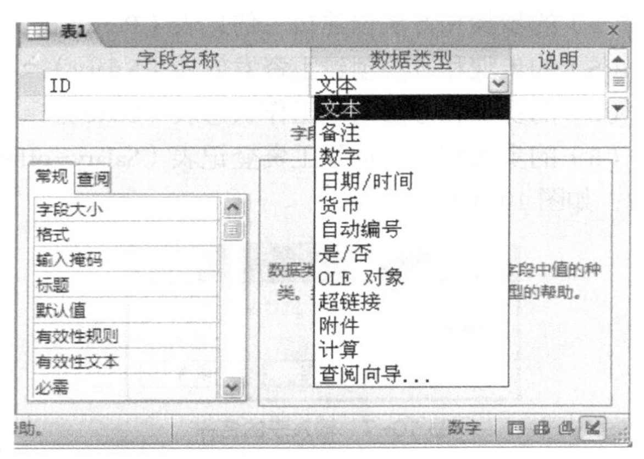

图 10-4　输入表中的“ID”字段

（3）输入字段。按照 Department 表的逻辑设计，在设计视图中依次输入所有的字段及其数据类型，如图 10-5 所示。

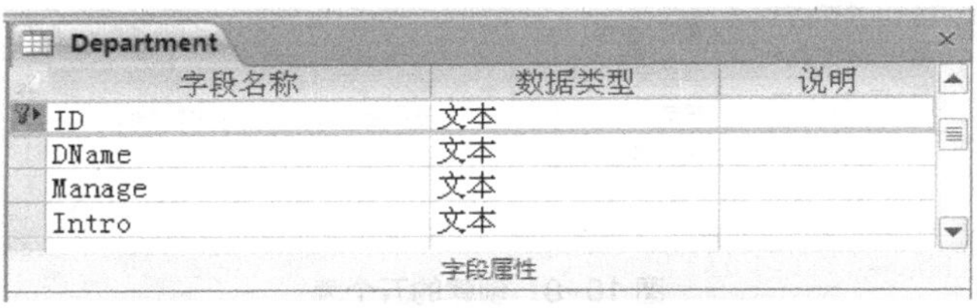

Department

字段名称	数据类型	说明
ID	文本	
DName	文本	
Manage	文本	
Intro	文本	

字段属性

图 10-5　输入表中的所有字段及其数据类型

（4）设置主键。选中 ID 字段，单击右键，在弹出的下拉菜单中单击“主键”按钮。或单击功能区中的“主键”按钮，如图 10-6 所示。

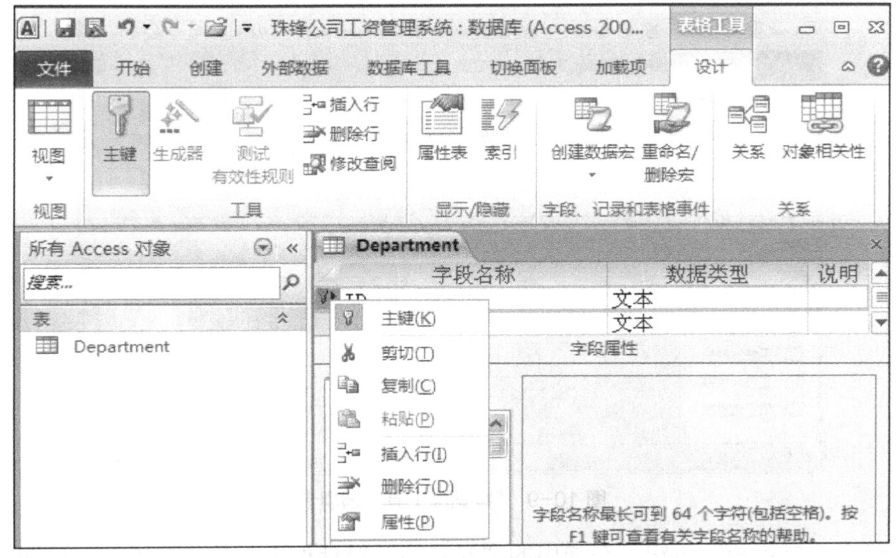

图 10-6　设置主键

（5）单击工具栏中的“保存”按钮。在打开的“另存为”对话框中输入如图 10-7 所示的表名称“Department”，然后单击“确定”按钮。

（6）依照（1）--（5）的步骤和方法创建员工信息表（Person）。

（7）依照（1）--（5）的步骤和方法创建工资发放表（Salary）。

（8）依照（1）--（5）的步骤和方法创建工作状态表（State）。

（9）依照（1）--（5）的步骤和方法创建工资登记表（Salary-other）。

五个表创建完毕后，如图 10-8 所示。

图 10-7　输入表的名称

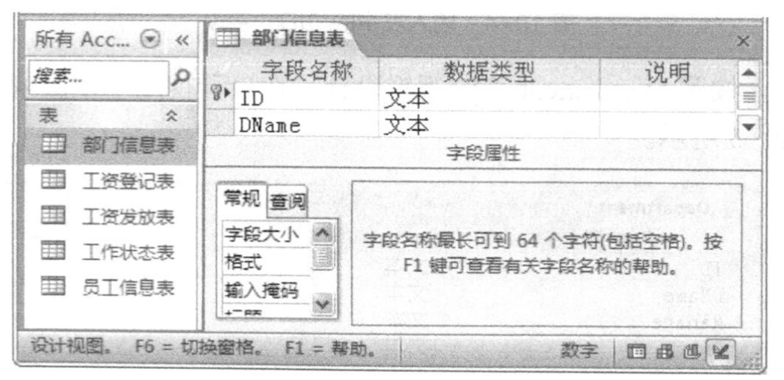

图 10-8　创建的五个表

3．创建表间关系

五个表创建之后，为保证数据的一致性和准确性，需要创建表间的关系。

（1）选择“数据库工具”选项卡，在“关系”功能区中单击“关系”按钮，如图 10-9 所示。

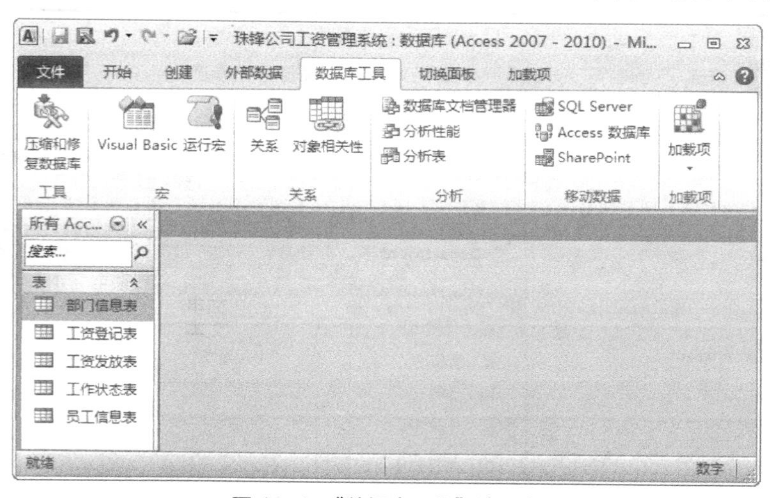

图 10-9　“数据库工具”选项卡

（2）单击“显示表”按钮，在弹出的“显示表”对话框中，单击“添加”按钮，将五个表都添加到工作区中，如图 10-10 所示。

图 10-10 “显示表”对话框

（3）在工作区所显示的表中，选择对应的表，设置关系。在弹出的如图 10-11 所示的“编辑关系”对话框中进行设置，然后单击“创建”按钮。

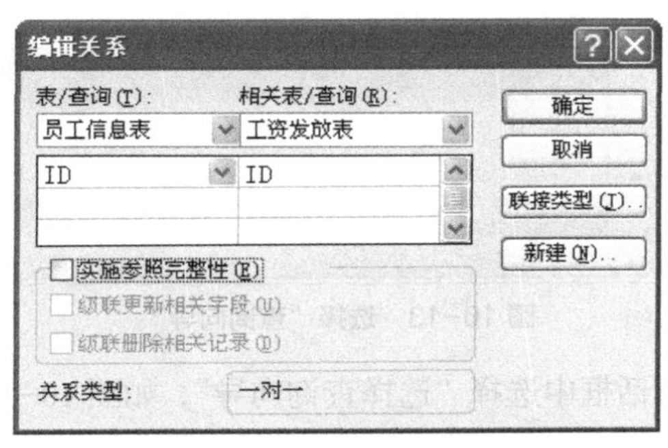

图 10-11 “编辑关系”对话框

（4）依次创建好需要的关系，创建后的关系如图 10-12 所示。

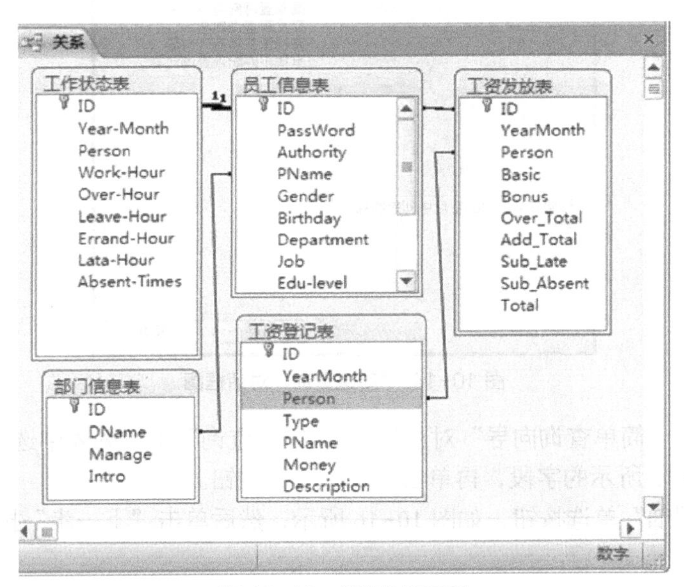

图 10-12 创建的关系图

10.3 创建查询

在“珠锋公司工资管理系统”中，根据实际需要创建多个查询。如“工资总计查询”、“工资基数查询”、“各部门工资查询”、“奖金查询”、“工作时间查询”等。

以创建“工资总计查询”为例说明创建查询的方法。其余的查询设计学生自己完成。

使用查询向导基于 Salary 表创建一个简单的选择查询。

（1）选择“创建”选项卡，在“查询”命令组中单击“查询向导”按钮，如图 10-13 所示。

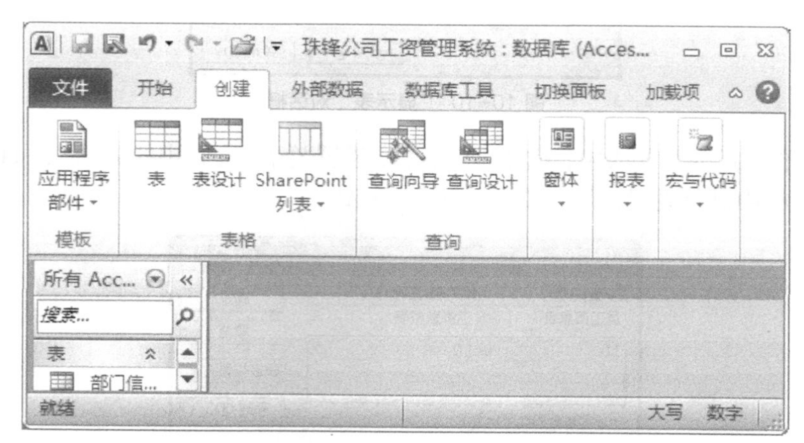

图 10-13　选择“查询向导”

（2）在“新建查询”对话框中选择“选择查询向导”，如图 10-14 所示，然后单击“确定”按钮。

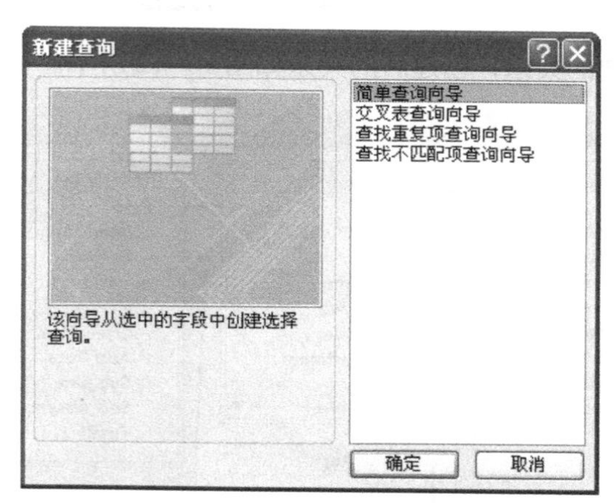

图 10-14　“新建查询”对话框图

（3）在打开的“简单查询向导”对话框中的“表/查询”下拉列表中选择“表：Salary”，然后添加如图 10-15 所示的字段，再单击“下一步”按钮。

（4）选择“明细”单选按钮，如图 10-16 所示，然后单击“下一步”按钮。

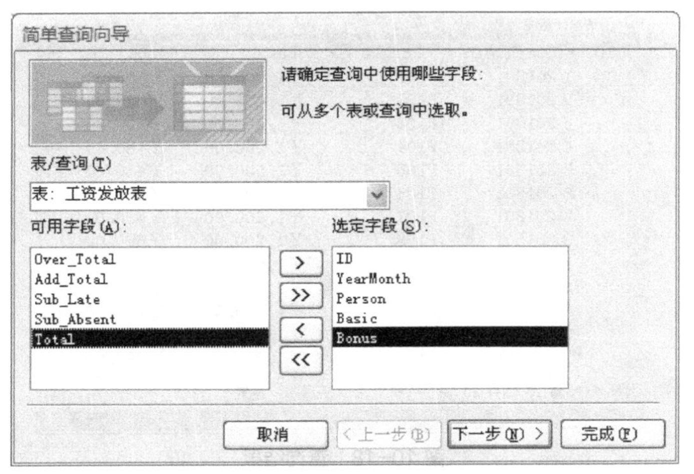

图 10-15　在“简单查询向导”对话框中“选定字段”

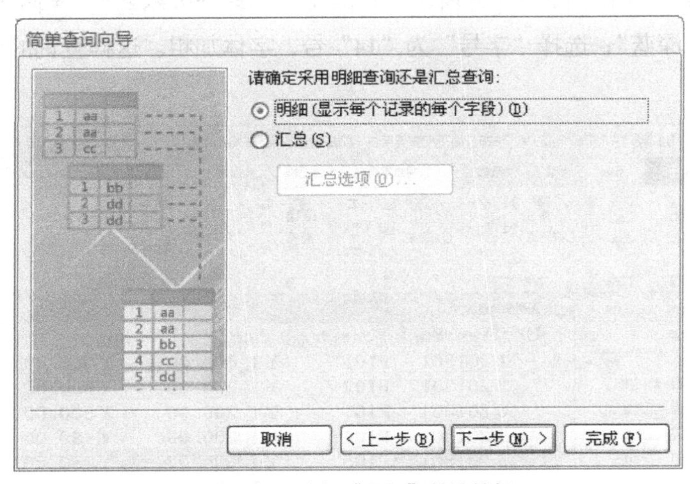

图 10-16　选择“明细”单选按钮

（5）如图 10-17 所示，输入查询的名称“工资总计查询”，选择“打开查询查看信息”单选按钮，单击“完成”按钮。图 10-18 所显示的就是查询的结果。

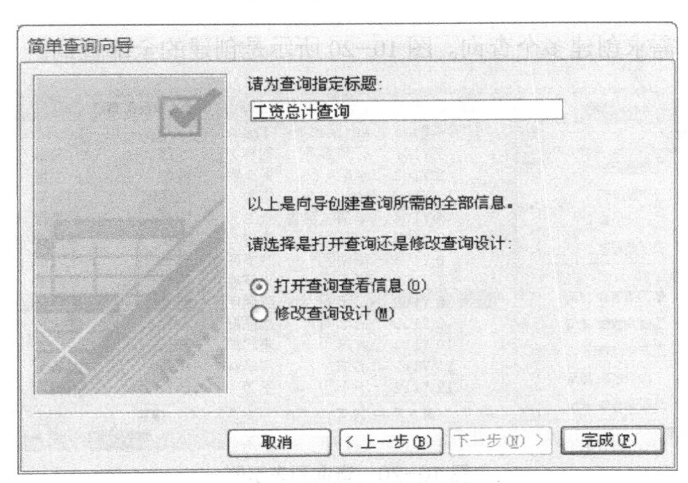

图 10-17　输入查询名称

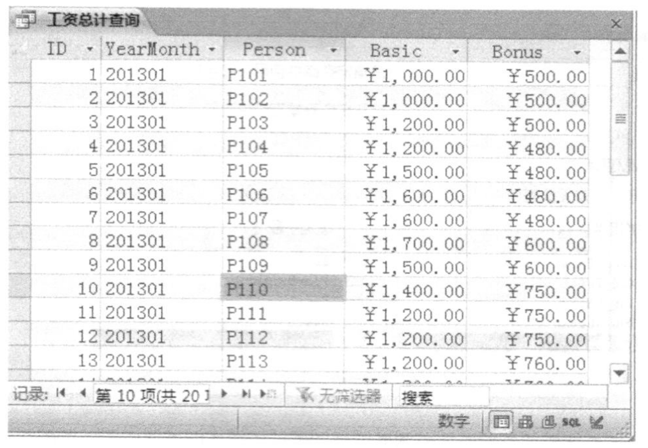

图 10-18 查询结果

（6）在“开始”选项卡的“文本格式”功能区中选择“网络线”，选择“网格线：横向”；选择“颜色”为“深蓝”；选择“字号”为“14”号，字体加粗。这样查询的外观就设置好了，如图 10-19 所示。

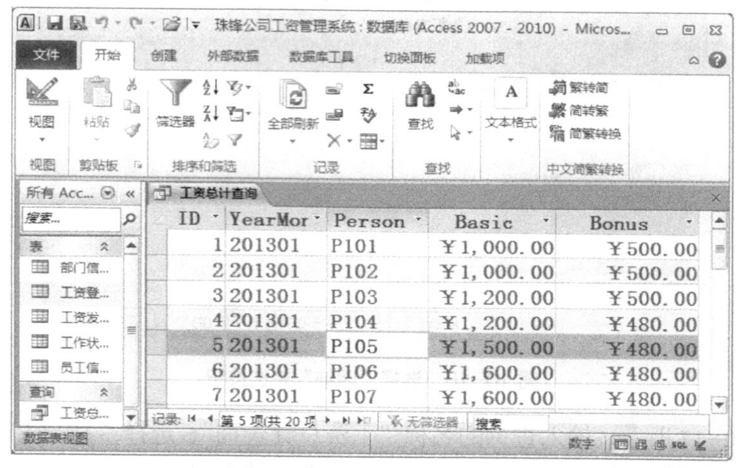

图 10-19 查询结果外观设计

（7）根据实际需求创建多个查询。图 10-20 所示是创建的全部查询。

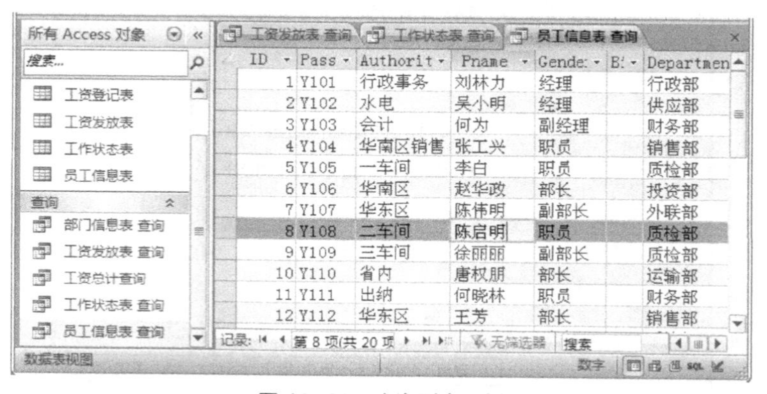

图 10-20 查询列表示例

10.4 创建窗体

在“珠锋公司工资管理系统”数据库中需要创建窗体，分别用来录入员工信息、工资信息、部门信息、工作信息和其他相关数据。以设计录入员工信息的窗体为例，来说明设计过程。

（1）在“创建”选项卡的“窗体”命令组中单击“窗体设计”按钮，如图 10-21 所示。

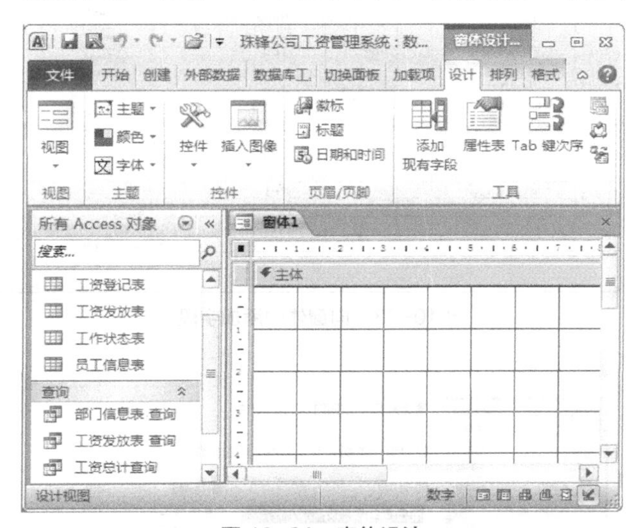

图 10-21 窗体设计

（2）单击“设计”下拉按钮，在弹出的“控件”功能区中单击“标签”按钮。如图 10-22 所示。

图 10-22 选择标签控件

（3）选择“标签”控件后，将光标移动到窗体设计的“主体”中，拖动鼠标绘制出一个柜形，并在其中输入文字“员工信息录入”。然后再设置其字体的样式和位置。其结果如图 10-23 所示。

（4）在“工具”选项卡中选择“添加现有字段”按钮，在“字段列表”框中选中“Person”，单击展开符号，将列表中的字段拖动到窗体“主体”中，如图 10-23 所示。

（5）在“控件”功能区中单击“按钮”。选择“按钮”控件后，将光标移动到窗体设计的“主体”中，在所有字段的下方拖动鼠标绘制出一个柜形，在弹出的如图 10-24 所示的“命令按钮向导”对话框中选择“转至前一项记录”，单击“下一步”按钮。

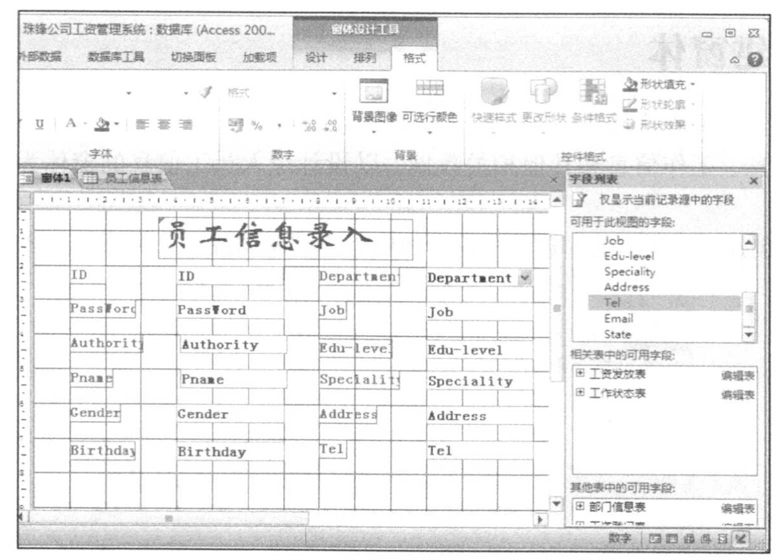

图 10-23　向窗体中添加字段

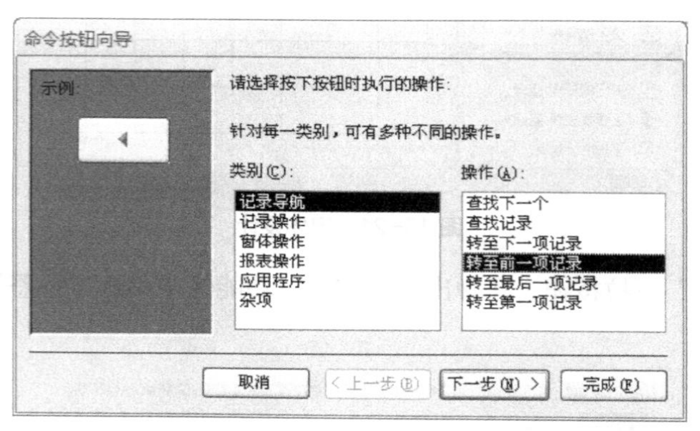

图 10-24　转至前一记录

（6）选择“文本”单选按钮，单击“下一步”按钮。如图 10-25 所示。

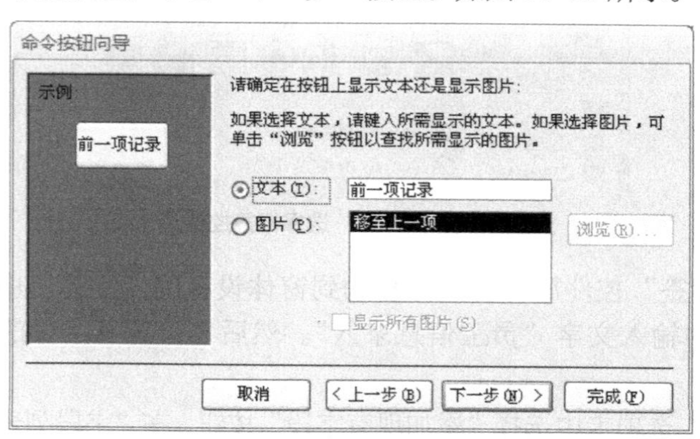

图 10-25　选择“文本”按钮

（7）单击“下一步”按钮，单击“完成”按钮。然后依次再创建“下一项记录”、“第一项记录”、“最后一项记录”，这三个按钮，添加背景色“淡红”，如图 10-26 所示。

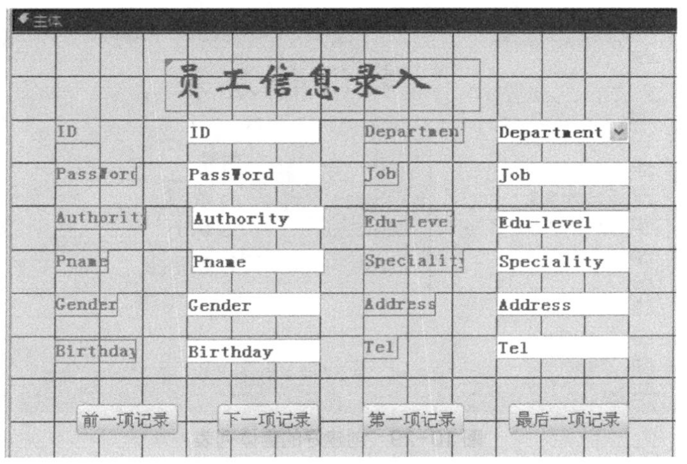

图 10-26　设置“按钮”控件

（8）单击“关闭”按钮，在弹出的如图 10-27 所示的对话框中，输入窗体的名称“员工信息录入”，单击“确定”按钮。

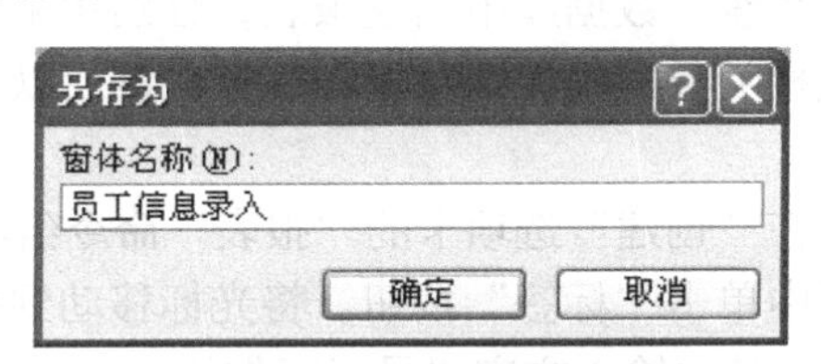

图 10-27　输入窗体名称

（9）在“所有 Access 对象”框中选择“员工信息录入”，打开此窗体，得到的结果如图 10-28 所示。在此可以查看和录入员工信息。

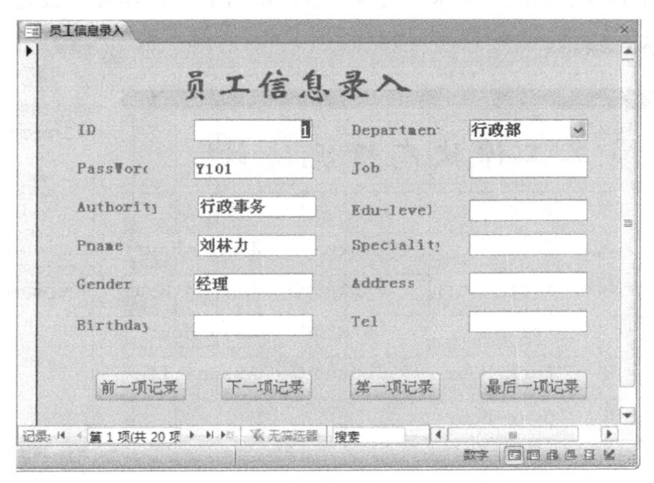

图 10-28　从窗体查看和录入员工信息

（10）其他的几个分别用来录入工资信息、部门信息、工作信息和其他相关数据的窗体要求学生自主设计。窗体创建后如图 10-29 所示。

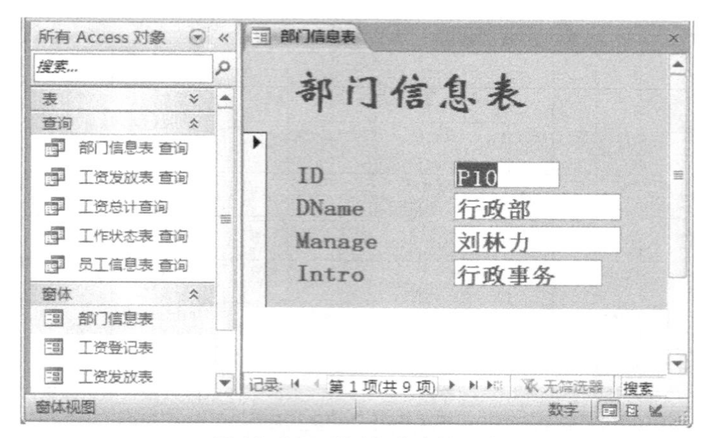

图 10-29　创建好的窗体列表

10.5　创建报表

在“珠锋公司工资管理系统”数据库中创建报表，分别用来显示员工信息、工资信息、部门信息、工作信息和其他相关数据的详细数据和统计数据。以设计员工工作信息的报表为例，来说明设计过程。

（1）如图 10-21 所示，在“创建”选项卡的“报表”命令组中单击“报表设计”按钮。

（2）在“控件”功能区中单击“标签”按钮。将光标移动到报表设计的“主体”中，拖动鼠标绘制出一个柜形，并在其中输入文字“员工工作状态情况统计”。然后再设置其字体的样式和位置。其结果如图 10-30 所示。

（3）在“工具”选项卡中选择“添加现有字段”按钮，在“字段列表”框中选中“工作状态表”，将列表中的字段拖动到窗体“主体”中，如图 10-30 所示。设置字体、字号等格式。

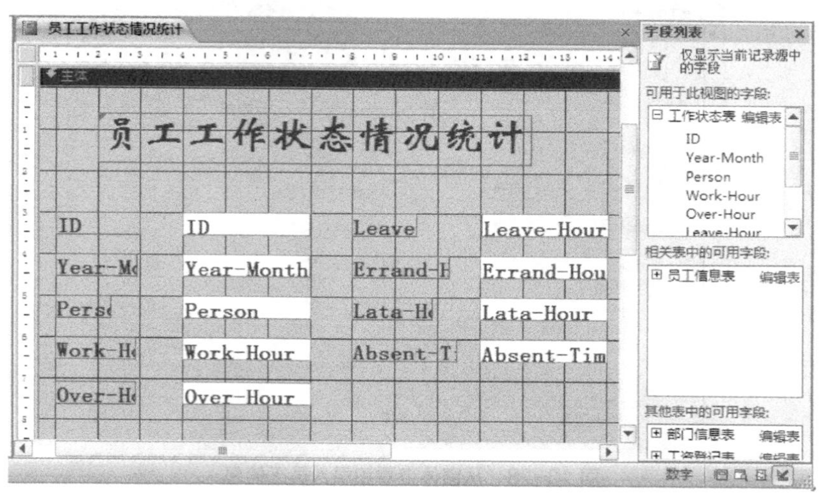

图 10-30　报表设计视图

（4）单击“关闭”按钮，在弹出的如图 10-31 所示的对话框中，输入报表名称“员工工作状态情况统计”，单击“确定”按钮。

（5）切换到报表视图，得到的结果如图 10-32 所示。在此可以查看和录入员工工作信息。

（6）其他的几个分别用来显示员工信息、工资信息、部门信息和其他相关数据的报表要求学生自主设计。创建后的报表如图 10-32 所示。

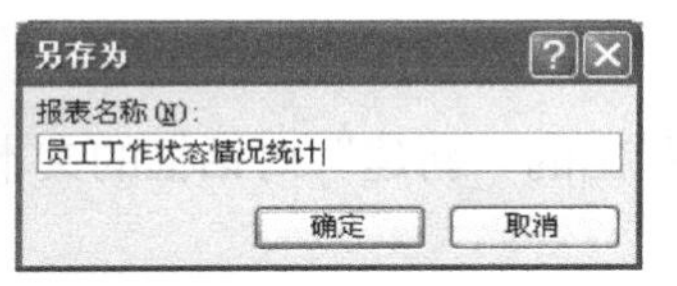

图 10-31　输入报表名称

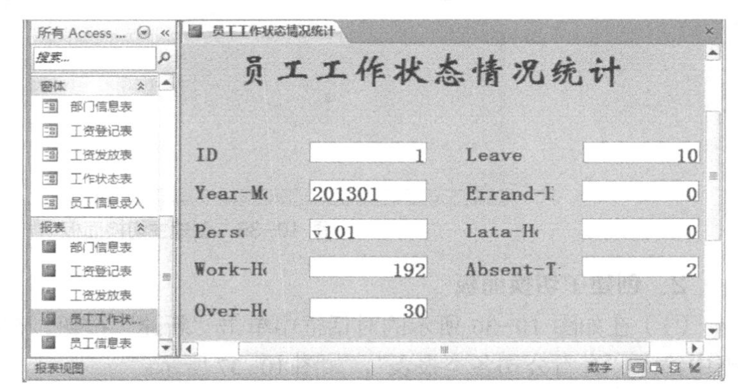

图 10-32　从报表查看员工工作情况信息

10.6　创建切换面板

在“珠锋公司工资管理系统”中创建两级切换面板。一个主切换面板，两个子切换面板。

创建如图 10-33 所示的“工资管理系统”主切换面板，把数据库的各种对象有机集合起来形成一个应用系统。单击“查看公司种类报表”前的按钮可进入打开报表的子面板，查看各类信息；单击“录入公司各种数据”可打开查看各类窗体，录入各类数据。单击“退出应用程序”可关闭“珠锋公司工资管理系统”。

两个子切换面板上的项目如图 10-34 和图 10-35 所示。在“查看公司种类报表”面板中单击“打开员工信息表”即可打开相应的报表，单击“返回”按钮可返回到主切换面板。在“录入公司各种数据”面板中单击“录入部门信息”即可打开相应的窗体，进行数据的录入和查询；单击“返回”按钮可返回到主切换面板。

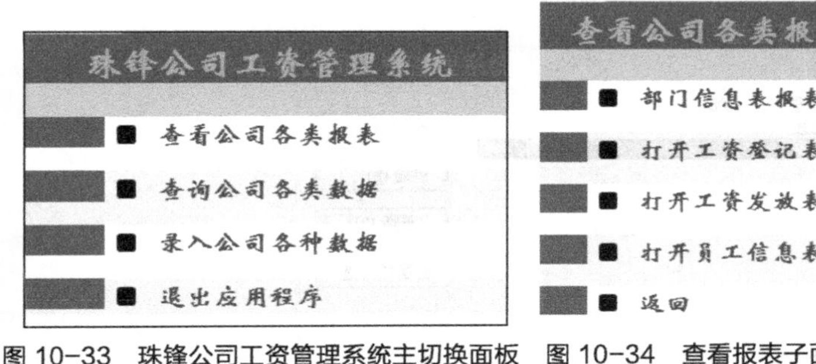

图 10-33　珠锋公司工资管理系统主切换面板　图 10-34　查看报表子面板

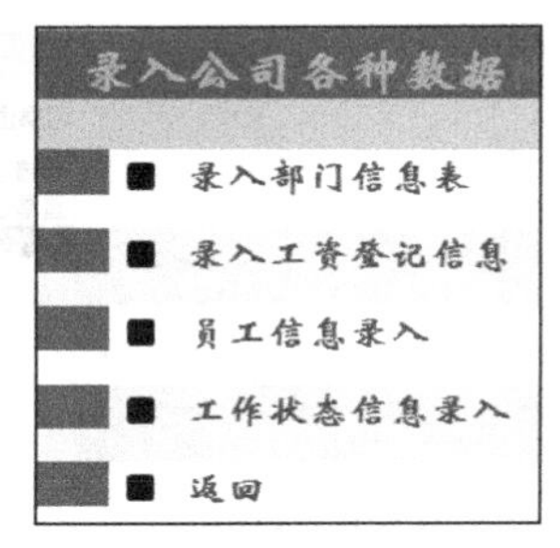

图 10-35　录入和查询子面板

1. 创建主切换面板

（1）选择功能区的“切换面板”选项卡，单击“工具”命令组中的“切换面板管理器”。

（2）单击“编辑”，更改“主切换面板”为“珠锋公司工资管理系统”，如图 10-36 所示。

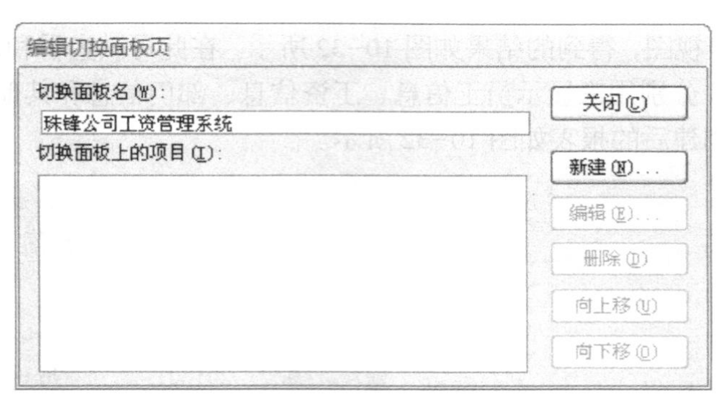

图 10-36　创建主切换面板

2．创建子切换面板

（1）在如图 10-36 所示的对话框中单击“新建”按钮，在弹出的“新建”对话框的文本框中输入“查看公司各类报表”，如图 10-37 所示。

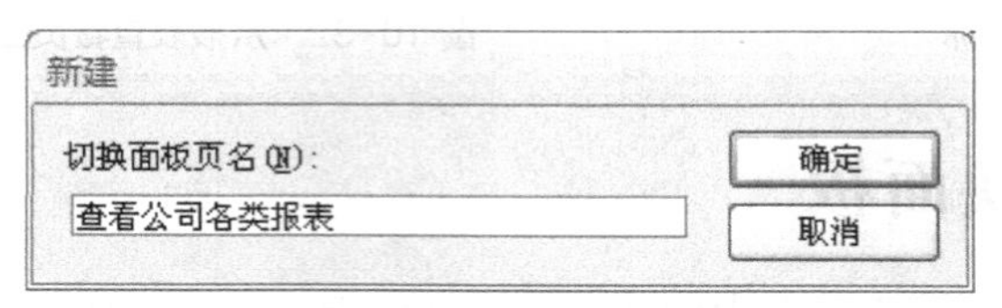

图 10-37 创建查询切换面板

（2）在如图 10-36 所示的对话框中单击“新建”，在弹出的“新建”对话框的文本框中输入“录入公司各种数据”，如图 10-38 所示。创建好的切换面板页如图 10-39 所示。

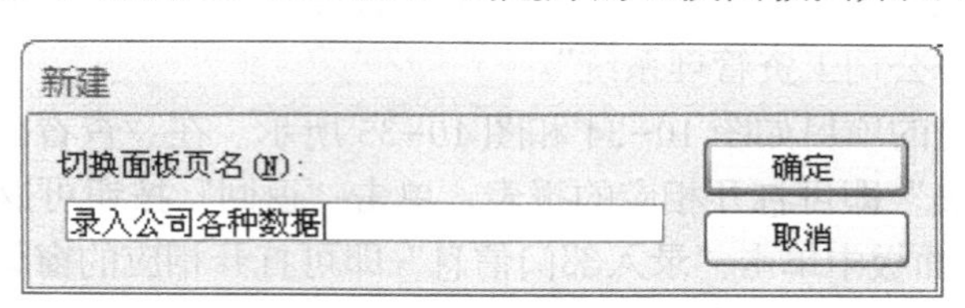

图 14-38　创建报表切换面板

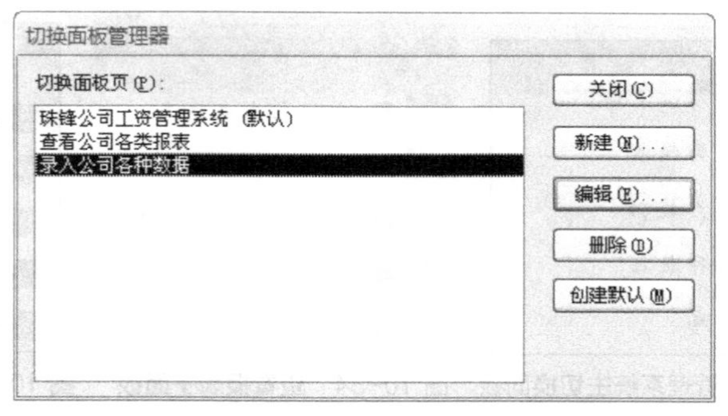

图 10-39　创建后的三个切换面板

3．编辑主切换面板项目

在“珠锋公司工资管理系统”面板上添加三个项目，如图 10-40 所示。

操作步骤：

（1）在“编辑切换面板页”上选中“查看公司各类报表”，单击“编辑”，在“编辑切换面板项目”中单击“命令（C）”文本框右侧的下拉按钮，选择“转至切换面板”；单击“切换面板（S）”文本框右侧的下拉按钮，选择“查看公司各类报表”；在“文本（T）”文本框中输入“查看公司种类报表”；单击“确定”，如图 10-41 所示。

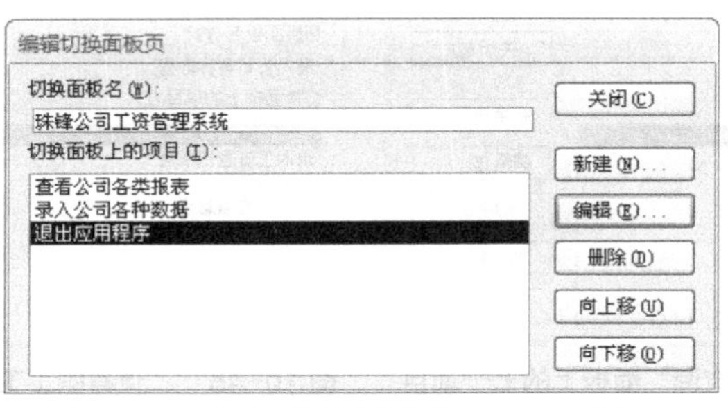

图 10-40 “工资管理系统”面板上的三个项目

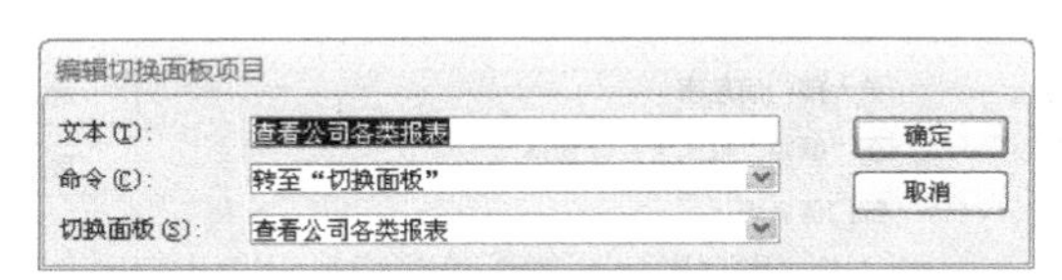

图 10-41 编辑“职工工资信息查询”项目

（2）在“编辑切换面板页”上选中“录入公司各种数据”，单击“编辑”，在“编辑切换面板项目”中单击“命令（C）”文本框右侧的下拉按钮，选择“转至切换面板”。单击“切换面板（S）”文本框右侧的下拉按钮，选择“录入公司各种数据”。在“文本（T）”文本框中输入“录入公司各种数据”，单击“确定”按钮，如图 10-42 所示。

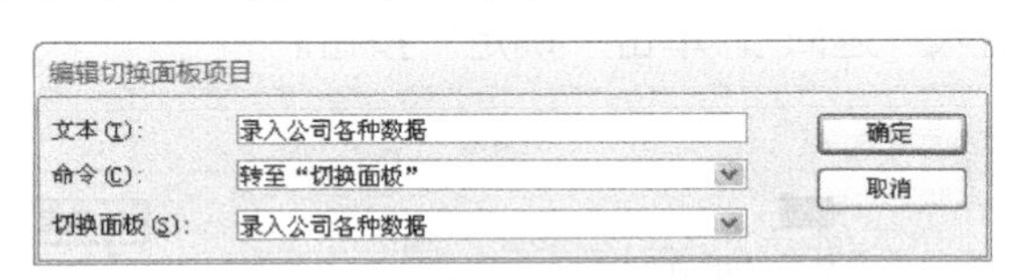

图 14-42 编辑“查看职工工资报表”项目

（3）在“编辑切换面板页”上选中“退出应用程序”，单击“编辑”，在“编辑切换面板项目”中单击“命令（C）”文本框右侧的下拉按钮，选择“退出应用程序。在“文本（T）”文本框中输入“退出应用程序”，单击“确定”，如图 10-43 所示。

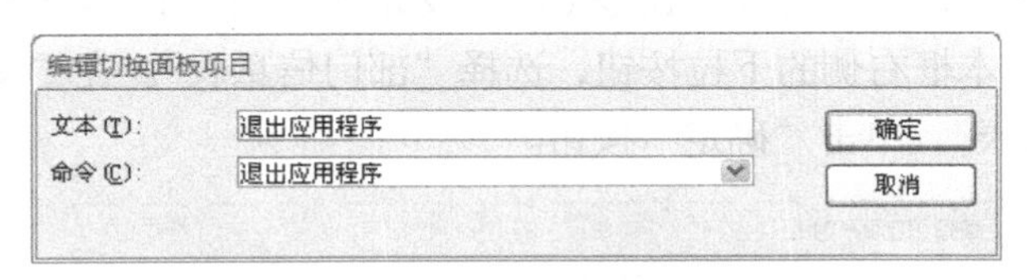

图 10-43 编辑退出应用程序项目

4．编辑子切换面板项目

在“查看公司各类报表”面板上添加如图 10-44 所示的 5 个项目。

在“录入公司各类数据”面板上添加如图 10-45 所示的 5 个项目。

操作步骤如下所示。

（1）在“切换面板管理器”上选中“录入公司各种数据”，单击“新建”。如图 10-46 所示，在“编辑切换面板项目”中单击“命令（C）”文本框右侧的下拉按钮，选择“在‘编辑’模式下打开窗体”。单击“窗体（F）”文本框右侧的下拉按钮，选择“部门信息表”。在“文本（T）”文本框中输入“录入部门信息”，单击“确定”按钮。

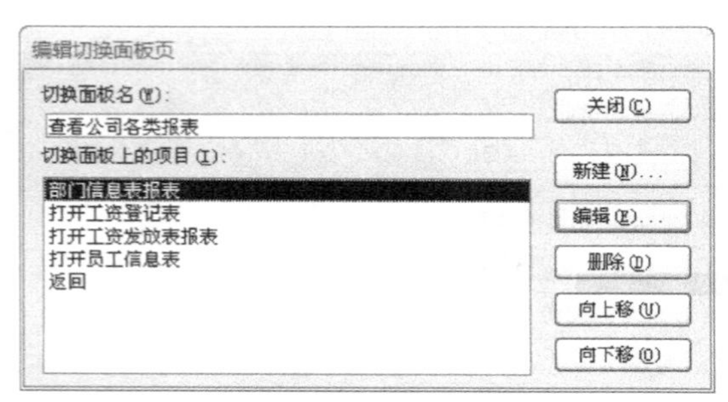

图 10-44 “职工工资信息查询”面板上的七个项目

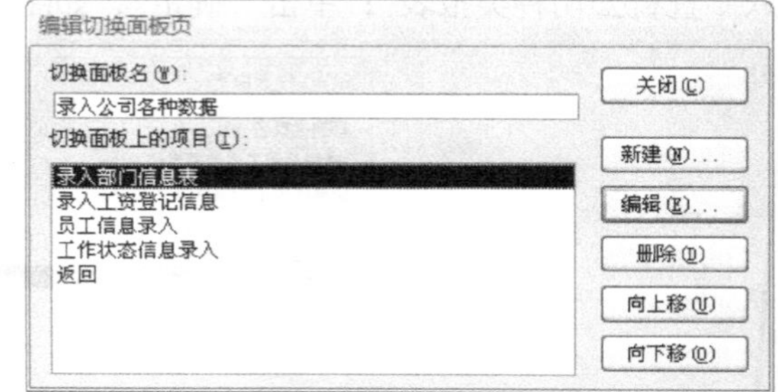

图 10-45 “查看职工工资报表”面板上的 5 个项目

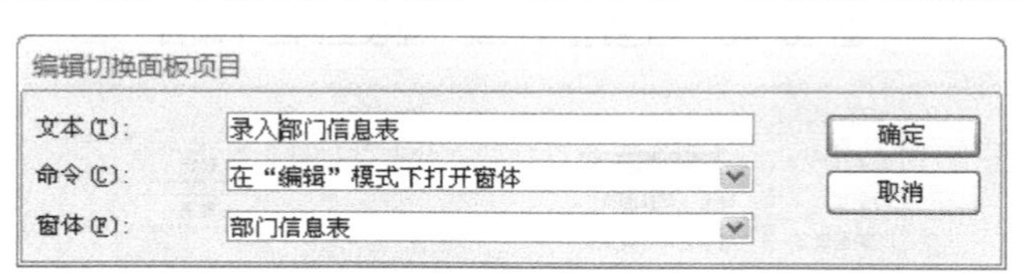

图 10-46 编辑“部门信息录入”项目

按上述方法，依次编辑“职工工资信息查询”面板上的二至四个项目。

（2）在“切换面板管理器”上选中“职工工资信息查询”，单击“新建”，如图 10-47 所示，在“编辑切换面板项目”中单击“命令（C）”文本框右侧的下拉按钮，选择“转至切换面板”。单击“切换面板（S）”文本框右侧的下拉按钮，选择“珠锋公司工资管理系统”。在“文本（T）”文本框中输入“返回”，单击“确定”按钮。

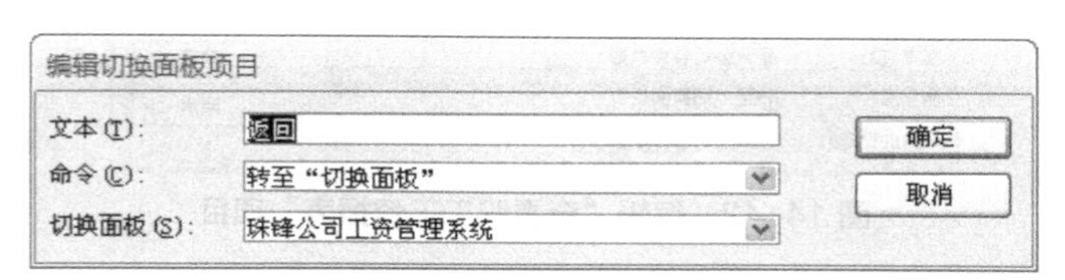

图 10-47 编辑“部门信息录入”项目

（3）在“切换面板管理器”上选中“查看公司各类报表”，单击“新建”，如图 10-48 所示，在“编辑切换面板项目”中单击“命令（C）”文本框右侧的下拉按钮，选择“打开报表”。单击“报表（R）”文本框右侧的下拉按钮，选择“部门信息表”。在“文本（T）”文本框中输入“部门信息表报表”，单击“确定”按钮。

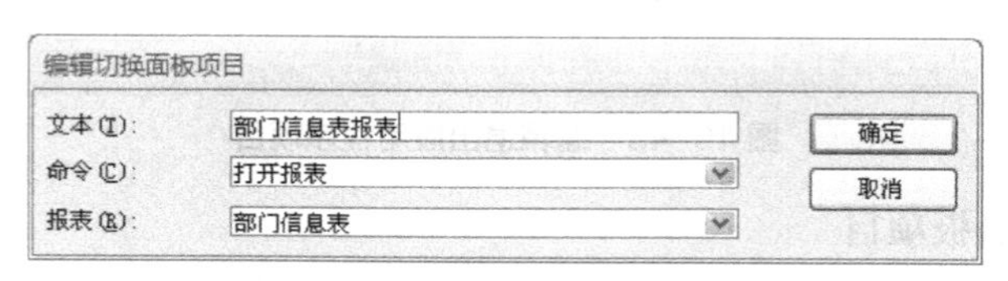

图 10-48 编辑“部门情况报表”项目

按上述方法，依次编辑“查看职工工资报表”中其余的二至四个项目。

（4）按照上述（2）的方法，建立“返回”项目。

至此，应用程序设计完成，在数据库的窗体对象中新增了一个名为“切换面板”的窗体，双击它就可以运行该切换面板，使用创建好的应用程序。

附　录

附录一：表达式中常用的计算符号及功能

符　号	说　明
–	两个字段或常量的值相减
+	两个字段或常量的值相加
*	两个字段或常量的积
/	两个字段或常量的商
\	取整，用来对两个数作除法并返回一个整数
mod	取余整，用来对两个数作除法并且只返回余数
^	求一个字段的值或常量的多少次方
<	符号两边比较大小，小于时为“真”
<=	符号两边比较大小，小于等于时为“真”
>	符号两边比较大小，大于时为“真”
>=	符号两边比较大小，大于等于时为“真”
=	符号两边比较大小，等于时为“真”
<>	符号两边比较大小，不等于时为“真”
Between X and Y	取值在 X 和 Y 之间时为“真”
Like	用来比较两个字符串是否相同
&	用来强制两个表达式进行字符串连接
and	当两个条件都满足时，值为“真”
or	当满足两个条件之一进，值为“真”
not	对一个逻辑量作“否”运算
*	替代任意多个任意字符或字符串
?	替代任意一个字符
in	确定给定的值是否与子查询或列表中的值相匹配
any	用标量值与单列集中的值进行比较
all	用标量值与单列集中的值进行比较
is [not] null	确定一个给定的表达式是否为 NULL

附录二：常用的统计计算函数

函　数	说　明
Avg	计算返回指定字段中所有记录值的平均值
Sum	计算返回指定字段中所有记录值的总和

续表

函　　数	说　　明
Max	计算返回指定字段值中的最大值
Min	计算返回指定字段值中的最小值
Count	计算返回某列值的个数
Count（*）	计算指定范围内记录的个数
First	返回在表或查询中第一个记录所指定字段的字段值
Last	返回在表或查询中最后一个记录所指定字段的字段值
StDev	返回指定字段记录值的标准偏差值
StDevp	返回指定字段记录值的填充统计标准偏差
Var	返回指定字段记录值的总体方差值
Varp	返回指定字段记录值的填充的统计方差

附录三：常用的窗体与报表的属性

属　　性	功　　能
标题	窗体或报表标题栏中显示的内容，与窗体本身的内容无关，系统默认值为窗体或报表的名称
默认视图	当窗体被打开时所要显示的视图类型
允许的视图	用户可切换的视图
滚动条	窗体是否显示滚动条和显示什么样的滚动条
分隔线	在窗体的节之间是否显示分隔线
自动调整	为了能显示一条记录的全部字段，是否可以调整窗体的大小
自动居中	窗体是否在屏幕的中心
边框宽度	控件边框的宽度
边框样式	控件边框样式
控制框	是否在窗体的左上角显示控制菜单。
最大化最小化按钮	在窗体上是否显示最大化和最小化按钮
关闭按钮	在窗体上是否显示关闭按钮
问号按钮	在窗体上是否显示问号按钮
宽度	窗体的宽度
图片	窗体的背景图片和路径及名称
图片类型	背景图片是链接还是嵌入
图片缩放模式	指定窗体或报表中的图片调整大小的方式
图片对齐方式	指定背景图片在图像控件、窗体或报表中显示的位置
图片平铺	指定背景图片是否在整个图像控件、窗体窗口或报表页面中平铺
网络线 X 坐标	网格中每一单位量度的（水平）分隔数

续表

属　性	功　能
网络线 Y 坐标	网格中每一单位量度的（垂直）分隔数
打印版式	是否使用打印机字体
调色板来源	调色板的图形的路径或文件名称
强制分页	指定窗体节或报表节是否在新的一页打印，还是从当前页打印
保持同页	是否使节都包含在同一页上
可见性	对象是否可见
高度	控件的高度
背景颜色	控件或节的颜色
前景颜色	文本在控件中的颜色，或文本在打印中的颜色
特殊效果	控件或节的外观效果
超级链接地址	为命令按钮、图像控件或标签控件指定或确定其链接到对象、文档、Web 页或其他目标的路径
左边距	控件左端相对于窗体或报表的位置
上边距	控件上部相对于窗体或报表的位置
背景样式	控件的背景样式
字体名称	文本的字体
字体大小	文本的大小
字体的粗细	文本的线条宽度
斜体	文本是否倾斜
下划线	文本是否带有下画线
文本对齐	控件内文本的对齐方式
小数位数	控件中小数的位数
列数	组合框中下拉列表的列数
列标头	是否用字段名称、标题或数据的首行列标题或图表的标签
列宽	多列列表框或组合框中下拉列表中的列宽
列表行数	组合框下拉列表中所显示的最大行数
列表宽度	组合框下拉列表的宽度
记录来源	窗体或报表所基于的表、查询或 SQL 语句
控件来源	作为控件数据来源的字段名称或表达式
行来源	控件数据的来源
行来源类型	控件数据来源的类型
筛选	窗体/报表自动加载的筛选
排序依据	窗体/报表自动加载的排序依据

续表

属　性	功　能
允许筛选	是否允许记录筛选
允许编辑	在窗体中能否修改记录
允许删除	在窗体中能否删除记录
允许添加	在窗体中能否添加记录
数据入口	是否仅允许添加新记录
记录集类型	决定哪些表可以编辑
记录锁定	是否及如何锁定基础表或查询中的记录
默认值	自动输入到此字段记录中的值
日期分组	指定如何在报表中分组日期字段
记录锁定	是否及如何锁定基础表或查询的记录
Tab 键索引	通过生成器可以定义 Tab 键的次序
自动 Tab 键	输入最后一个掩码允许的字符后，是否自动跳到下一个控件
允许自动更正	是否自动更正此控件中输入的文字
状态栏文本	当控件被选定时，状态栏中所显示的内容
输入法模式	鼠标进入控件时是否打开输入法
控件提示文本	提示信息
垂直放置	指定在垂直方向显示、编辑窗体中的控件，可在水平方向显示、打印报表中的控件
帮助文件	此窗体自定义帮助文件名称
快捷菜单栏	自定义快捷菜单和菜单宏的名称
快捷菜单	允许在浏览模式中使用鼠标键菜单
工具栏	窗体被打开时显示的工具栏
菜单栏	自定义菜单栏或菜单栏宏的名称
循环	Tab 键应如何循环
独占方式	窗体是否保留焦点，直到关闭
弹出方式	窗体是否为弹出式窗口，自动出现在其他窗体之前
单击	当控件被单击时所要执行的宏或函数
双击	当控件被双击时所要执行的宏或函数
获得焦点	当一个窗体或控件获得焦点时所要执行的宏或函数
失去焦点	当一个窗体或控件失去焦点时所要执行的宏或函数
插入前	在新记录的第一个字符被键入时所要执行的宏或函数
插入后	在新记录被键入后所要执行的宏或函数
更新前	在字段或记录被更新前所要执行的宏或函数

续表

属　性	功　能
更新后	在字段或记录被更新后所要执行的宏或函数
删除	在记录被删除时所要执行的宏或函数
确认删除前	在确认记录被删除前所要执行的宏或函数
确认删除后	在确认记录被删除后所要执行的宏或函数
打开	在窗体或报表打开时所要执行的宏或函数
进入	当控件第一次获得焦点时所要执行的宏或函数
退出	当控件在同一个窗体上失去焦点时所要执行的宏或函数
加载	窗体/报表在加载时所要执行的宏或函数
调整大小	窗体/报表在调整大小时所要执行的宏或函数
卸载	窗体/报表在卸载时所要执行的宏或函数
关闭	窗体/报表在关闭时所要执行的宏或函数
激活	当一个窗体/报表被激活时所要执行的宏或函数
停用	当一个窗体/报表失去激活时所要执行的宏或函数
鼠标按下	当鼠标按下时所要执行的宏或函数
鼠标移动	当鼠标移动时所要执行的宏或函数
鼠标释放	当鼠标释放时所要执行的宏或函数
键按下	当键按下时所要执行的宏或函数
键释放	当键释放时所要执行的宏或函数
击键	当键被按下或键释放时所要执行的宏或函数
筛选	当一个筛选被编辑时所要执行的宏或函数
应用筛选	当一个筛选被应用或移去时所要执行的宏或函数
出错	当窗体或报表在发生运行错误时所要执行的宏或函数
计时器触发	当计时器时间间隔为‘0’时所要执行的宏或函数
计时器间隔	以毫秒为单位来指定计时器时间间隔

附录四：常用的字段的属性

属　性	功　能
字段大小	设置一个字段存储数据的最大字节数
格式	用来限制数据的显示和打印方式
输入掩码	控制以指定的格式输入数据或检查输入过程中的错误
标题	是字段的别名，在表视图中，是字段列标题显示的内容。在窗体和报表中是该字段标签所显示的内容
默认值	设置的当用户输入信息时，自动填充的字段值
有效性规则	设置对输入到记录、字段或控件中的数据限制条件，防止非法数据输入到表中

续表

属性	功能
有效性文本	当用户输入的数据违反了有效性规则时，所显示的提示性文本信息
必添字段	设置该字段是否必须添入数据
索引	定义是否对该字段设置索引及索引的类型
小数位数	定义字段中的数据的小数位数
新值	定义自动编号字段的值，是以递增方式，还是以随机方式产生
显示控件	定义字段是以文本框显示的方式，还是以列表框显示的方式，或是以组合框显示的方式显示
行来源类型	定义控件数据来源的类型
行来源	定义查阅向导字段类型控件的数据来源
结合型列	定义设置控件值的列表框或组合框的列
列数	定义要显示的列数目
列标头	定义是否用字段名称、标题或数据的首行作为列标题或图表标签
列宽	定义多列列表框或组合框中的列宽
列表行数	定义在组合框中显示的行的最大数目
列表宽度	定义组合框中下拉列表的宽度
限于列表	定义当首字符与所选择列之一相符时是否接受文本
筛选	定义是否和表或查询一起加载筛选
排序依据	定义是否和表或查询一起加载排序依据
说明	定义表或查询的说明
输出所有字段	定义是否从来源表中或从查询中输出所有字段
上限值	定义查询所返回的行数或百分比
唯一值	定义查询中是否有重复的字段值
执行权限	定义可执行查询的用户
记录锁定	定义是否及如何锁定基础表或查询中的记录
记录集类型	定义哪些表可能编辑
来源连接字符串	定义连接字符串的源数据库
源数据库	定义输入表或查询的源数据库名称和路径

附录五：常用快捷键

快捷键	功能
1. 显示帮助	
F1	显示“Office 助手”和“Microsoft Access 帮助”
Shift+F1	在使用键盘选择选项之后，在对话框中显示“屏幕提示”

续表

快 捷 键	功　能
2. 打开数据库	
Ctrl+N	打开一个新的数据库
Ctrl+O	打开现在数据库
Alt+F4	退出 Microsoft　Access 2010
3. 打印和保存	
Ctrl+P	打印当前或选定对象
S	打开“页面设置”对话框
C 或 Esc	取消“打印预览”或“版面预览”
Ctrl+S	保存数据库对象
Shift+F12	保存数据库对象
Alt+Shift+F2	保存数据库对象
F12	打开“另存为”对话框
Alt+F2	打开“另存为”对话框
4. 使用组合框或列表框	
F4	打开组合框
F9	刷新“查阅”字段列表框或组合框的内容
Tab	退出组合框或列表框
Page Down	向下移动一页
Page Up	向上移动一页
↓	下移一行
↑	上移一行
5. 查找和替换文本或数据	
Ctrl+F	打开“查找和替换”对话框中的“查找”选项卡
Ctrl+H	打开“查找和替换”对话框中的“替换”选项卡
Shift+F4	“查找和替换”对话框关闭时，查找该对话框中下一处指定的文本
6. 在“设计”视图中	
F2	在“编辑”模式和“导航”模式间切换
F4	切换到属性表（“窗体”和“报表”的设计视图）
F5	从“设计”视图切换到“窗体”视图
F6	在窗口的上下两部分之间切换
F7	从窗体或报表的“设计”视图切换到“代码生成器”
Shift+F7	从“Visual Basic 编辑器”切换到窗体或报表的“设计”视图
Alt+V+P	打开选定对象的属性表

续表

快 捷 键	功 能
7. 编辑窗体和报表“设计”视图中的控件	
Shift+Enter	在节上添加控件
Ctrl+C	将选定的控件复制到“剪贴板”
Ctrl+X	剪切选定的控件并将它复制到“剪贴板”中
Ctrl+V	将“剪贴板”的内容粘贴到选定节的左上角
Ctrl+→	向右移动选定的控件
Ctrl+←	向左移动选定的控件
Ctrl+↑	向上移动选定的控件
Ctrl+↓	向下移动选定的控件
Shift+↓	增加选定控件的高度
Shift+↑	减少选定控件的高度
Shift+←	减少选定控件的宽度
Shift+→	增加选定控件的宽度
8. 窗口操作	
F11	将“数据库”窗口置于前端
Ctrl+F6	在打开的窗口之间循环切换
Enter	在所有的窗口都最小化时，还原选定最小化窗口
Ctrl+F8	活动窗口不在最大化状态时，打开其“调整大小”模式按箭头键来调整窗口大小
Alt+空格键	显示“控制”菜单
Shift+F10	显示快捷菜单
Ctrl+W	关闭活动窗口
Ctrl+F4	关闭活动窗口
Alt+F11	在“Visual Basic 编辑器”和先前的活动窗口之间切换
Alt+Shift+F11	从先前的活动窗口切换到“Microsoft 脚本编辑器”
9. 使用向导	
Tab	移动到向导中的“帮助”按钮
空格	在“帮助”按钮被选定的情况下，在向导或对话框中显示“助手”
Alt+N	移动到向导中的下一个窗口
Alt+B	移动到向导中的前一个窗口
Alt+F	关闭向导窗口

续表

快 捷 键	功　　能
10. 使用菜单	
Shift+F10	显示快捷菜单
Alt+空格键	显示程序图标菜单
F10	激活菜单栏
↓或↑	如果显示菜单或子菜单。用于选择下一个或上一个命令
←或→	向左或向右选择菜单。有子菜单显示时，在主菜单和子菜单之间进行切换
Home 或 End	选择菜单或子菜单上的第一个命令或最后一个命令
Alt	同时关闭所有显示的菜单和子菜单
Esc	关闭显示的菜单。有子菜单显示时，仅关闭子菜单

参考文献

[1] 顾得君. Access 2010 数据库基础与应用. 北京：人民邮电出版社，2013.

[2] 谭建伟，韩卫媛. Access 数据库应用项目教程. 北京：电子工业出版社，2013.

[3] 叶恺，张思卿. Access 2010 数据库案例教程. 北京：化学工业出版社，2012.

[4] 吕洪柱，李君. Access 数据库系统与应用. 北京：北京邮电大学出版社，2012.

[5] 张强，杨玉明. Access 2010 入门与实例教程. 北京：电子工业出版社，2011.

[6] 颜金传，陈德全，黄平山. Access 2007 从入门到精通. 北京：电子工业出版社，2007.